共享理念视域下的公共空间设计研究

李鸿祥 董晓晓 著

U0302309

吉林大学出版社

·长春·

图书在版编目（CIP）数据

共享理念视域下的公共空间设计研究 / 李鸿祥，董晓晓著 . —— 长春 : 吉林
大学出版社 , 2023.3
ISBN 978-7-5768-1882-6

Ⅰ . ①共… Ⅱ . ①李… ②董… Ⅲ . ①公共建筑 – 室内装饰设计 Ⅳ . ①
TU242

中国国家版本馆 CIP 数据核字 (2023) 第 134100 号

书　　名　共享理念视域下的公共空间设计研究
　　　　　GONGXIANG LINIAN SHIYUXIA DE GONGGONG KONGJIAN SHEJI YANJIU

作　　者　李鸿祥　董晓晓
策划编辑　矫　正
责任编辑　矫　正
责任校对　王寒冰
装帧设计　久利图文
出版发行　吉林大学出版社
社　　址　长春市人民大街 4059 号
邮政编码　130021
发行电话　0431-89580028/29/21
网　　址　http://www.jlup.com.cn
电子邮箱　jldxcbs@sina.com
印　　刷　天津鑫恒彩印刷有限公司
开　　本　787mm×1092mm　　　1/16
印　　张　19
字　　数　450 千字
版　　次　2024 年 3 月　　第 1 版
印　　次　2024 年 3 月　　第 1 次
书　　号　ISBN 978-7-5768-1882-6
定　　价　88.00 元

前　言

世界正处于向循环型社会的转变过程之中。资源的过度消耗让我们意识到传统社会产业体系需要改革，因此，我们需要在现有的社会体系中摸索出一种更为经济、智能的产业社会的全新体系。

自 20 世纪 90 年代以来，我国步入城市化快速发展阶段，其间伴随着城市基础设施建设的不断完善和产业结构的优化升级，城市化率和城市人口密度迅速增加。国家统计局 2020 年统计公报和第七次人口普查数据显示，30 年间中国城市化率从 26% 上升至60%，截至 2020 年末已有 109 个人口超过 500 万的城市和 41 个即将超过 500 万的城市。当下在如此高密度的城市人口基数上已衍生出了中国特有的高度集中的城市公共空间发展需求。[①]

再加上我国整体步入小康社会后，人们的需求和意识也逐渐发生变化。根据马斯洛需求层次理论，随着人们生活水平不断提高，在满足其对物质和安全的基本需求后，需求架构会向更高层次的交往需求、尊重需求和自我价值实现转变。而城市公共空间作为人们在城市中追求更高层次的精神需求的重要载体，在城市生活中起到至关重要的作用。在一些调查中，约 80% 的市民认为城市公共空间在生活中的作用十分重要。城市公共空间的功能丰富多样，如交流、休憩、购物、旅游，而现在更要求关注生态、文化、情感等因素，是服务大众、共同使用的公众性开放空间。[②] 针对城市公共空间而言，评价其是否良好具体涉及的标准包括参与性、丰富性、公共性以及互动性等。然而，随着城市化进程的加快，我国城市公共空间出现了许多问题，如因国内学界对公共空间概念定义的不统一和不准确性，导致我国城市公共空间在各类规范、设计、管理等环节上产生许多误区。与国外发展相比，一大批新的理念、新的技术在全世界范围传播开来，传统的城市公共空间已然跟不上世界发展的节奏，存在的问题具体表现为：单一的空间形式、僵硬的红线界面、破碎的城市"肌理"、重复的城市图景、僵化的分割管理等。

在城市空间这个复杂的系统中想要解决上述问题已不能局限于单一空间要素的建设，需要不断优化和调整城市设计体系，以整合和渗透的方式重新塑造城市空间界面，促使城市空间要素之间合理组织、相互渗透和有机整合，从而提高城市空间品质，满足

---

① [美]潘德明. 有心的城市 [M]. 北京：中国建筑工业出版社，2014：90.
② 杨文平. 城市公共空间的行为特征 [J]. 科学时代，2014（18）：169–171.

当下中国特有的高度集中的城市公共空间发展需求。

"共享"是最近两年在经济领域提出来的应对全球资源减少、资源循环使用的一个话题。为应对环境污染、经济结构单一化、社会凝聚力不强等一系列的社会问题，通过建立共享系统，将其纳入经济体系，在资源总量不变的情况下缓解以上情况。[①]自 2017年来，共享经济的发展引发了许多共享模式诞生，并涌现出大量的共享项目，如共享汽车、共享单车等，对人们的出行、工作等产生了深远影响。

共享空间是公共空间的转型方向，是为了适应 21 世纪信息全球化社会提出的一种更为灵活的空间设计策略。如今，互联网迅猛发展，各种社交软件的出现让人们的交流更加便捷，交际距离也不断拉近，然而在具体生活中人们却越来越疏远。人与人之间的分享转而寄托于网络化与虚拟化的世界，与之相伴的就是实体空间失去个性以及缺乏共享，生活由个性化转变为符号化与单一化。面对这种情况，很多人都希望可以在生活中进行交际活动，因此提出了"共享空间"这一理念，包括居住层面等。当我们用"共享"的视角看待城市，将共享经济的理念、互联网思维应用到城市中，就意味着城市空间将重新构建。

本书主要围绕如何营造具有共享理念的城市公共空间展开论述：通过对共享理念的理论解读，分析共享理念的核心要义与时代价值；梳理"公共空间"的概念演变，强调新时代公共空间的社会属性，详细分析公共空间的设计要素；运用"共享"的相关理论研究，提出城市公共空间共享模式及其运作机制，深入研究空间要素，确定空间要素共享层次，并结合大量的实证研究，还原和演绎共享理念视域下不同自适应模式的应用机制；以德国、法国、日本等国的公共空间设计经验和国内典型城市的公共空间设计经验为借鉴，探索面向我国的城市公共空间设计理念、目标、原则和策略；基于信息技术是这个时代产生变革的关键动因，在公共空间设计中充分考虑信息技术和受其影响的建筑因素，提出在构筑物、界面、节点和信息等四个方面与互动设计相结合，并选取成功的经典案例进行设计解读，以期为共享理念视域下的公共空间设计提供思路和参考。

总之，本书提出了城市公共空间在空间维度和时间维度下相应的共享策略，鼓励更多人参与到城市公共空间的营造中，重塑城市活力。新时代的城市公共空间在功能需求、空间规模、使用方式发生改变的前提下，更需要共享理念贯穿其中。

共享理念在现阶段城市发展过程中，要在资源总量不变的基础上提升城市空间的活力，进而改善居民生活质量。将共享理念引入城市空间建设，在理论与实践层面都有着重要意义：在理论层面，对于城市公共空间更新中空间资源的重复利用和人与人交往有积极的研究意义，丰富和完善了公共空间设计理论体系；在实践层面，本书探讨了提升城市公共空间活力的共享设计策略，解决了在现实生活中出现的问题，促进了实体空间城市生活的共享度，塑造美好生活，使网络技术与科技成为辅助我们体验美好生活的工

---

① 夏皓轩. 从共享经济到共享城市——谈共享城市发展新思路 [J]. 房地产导刊，2018（02）：1-2.

具，让我们重新掌握自己的生活。

本书的创新点如下。

第一，基于对共享概念和共享理念的分析和总结，以共享的视角解决城市公共空间存在的一系列问题。

第二，基于对共享理念的系统性认识，提出针对城市公共空间基于物质层面和社会层面的设计原则，总结了空间与空间的缝合、空间内部的切分、空间内部的营造、时间维度的共享等四种设计策略。

本书由李鸿祥和董晓晓两人共同完成，全书共有十章，其中第一、二、三、四、十章和前言部分由李鸿祥撰写，第五、六、七、八、九章由董晓晓撰写。

目　录

第一章 共享理念的理论解读

一个国家的发展理念既是对社会发展思想和发展观念的凝练概括，也是对社会发展实践与经验的深刻总结。共享发展理念是以习近平同志为核心的党中央，在科学把握新时代中国特色社会主义建设发展道路及目标，系统理顺中国经济社会改革发展条件与态势的基础上，对中国特色社会主义现代化建设卓越成就和宝贵经验的思想性概括。这一理念的提出，是中国共产党在发展思想、发展理念维度的重大理论创造，也是对中国社会发展道路、发展模式、发展路径的全新表达，深刻地体现出党和国家站位新时代宏大征程的理论自觉与责任担当，充分彰显了党一心为民、服务于民的立场和情怀。从理念理论的思想方位来讲，共享发展理念是中国共产党对马克思主义人民立场、理论原则和实践要旨一以贯之的继承发展和与时俱进的创造创新。因此，研究共享理念视域下的公共空间设计，需要对共享理念进行理论解读，解释共享理念的理论含义与理论特质，梳理共享理念的思想源流，阐明共享理念的核心要义与时代价值，为全书的研究做好理论铺垫。

一、共享理念的内涵及基本特征

党的十八届五中全会提出的"创新、协调、绿色、开放、共享"五大发展新理念，是我们党在新的历史起点上对发展动力、发展方式、发展模式、发展目标与发展取向等的最新认识与突破。其中，"共享"是五大发展理念的核心和归宿，事关发展的出发点与落脚点。共享发展理念体现了社会主义的本质要求，践行该理念对提高人民的生活幸福感和获得感、对促进社会主义现代化建设具有重要意义，因此，深刻理解共享理念的内涵及基本特征极为关键。只有深刻领会其内涵，掌握其特征，才能真正抓住工作重点，为建设社会主义现代化强国提供理论引领。

（一）共享理念的内涵

共享理念以社会主义本质要求为参考并不断发展，从政治上的消灭剥削，到经济上的发展生产力，再到伴随建设始终的消除两极分化，以及实现共富的终极目标，无一不体现以人民为中心、以社会主义本质为遵循，同时也揭示了共享发展的核心内容就是立足发展、实现公平，最终实现共同富裕。而以人为本作为主线贯穿其中。

1. 立足全面发展的基本要求

共享发展是实现共富之必然要求，而共富是马克思主义之价值追求，符合人民的利益。中国共产党为实现人民共享所创造的财富这一目标而不断奋斗着。毛泽东首先提出了共同富裕思想，立志要通过改革生产方式，消除两极分化，从而使全体农民富裕起来。这里的共富更多是作为两极分化对立面而言，首先强调消灭剥削，其次是实现共富，政治层面考虑多一些。邓小平认为生产力的发展才是解决中国问题的关键，社会主义的特质是富，而非穷，但这种富是全体人民的富，而非个人的富。他认为共富是社会主义的本质，在生产力欠发展、发展条件不均衡的中国，需要部分人通过所拥有的优势条件先富，从而带动资源匮乏地区的发展，最终促进共富，更加强调经济层面共富。江泽民提出发展成果应由人民共享，明确指出社会变革中出现的新社会阶层都是社会主义建设者，都应有机会、有权利平等共享成果。胡锦涛的科学发展观是人民共享发展成果更进一步的实践，明确了共享之前提为共建，要使人民在共建中获得满足感和成就感，进而共享日益增长的物质、精神财富，保障他们能享受改革发展的福利。江泽民、胡锦涛致力实现发展成果由人民共享，注重文化和社会的建设，扩展了发展范畴。习近平首提共享发展理念，将共享发展上升至国家战略高度，究其根本是因为其底层逻辑强调要以人民为中心去发展，体现了党对发展目的更为清晰的认识。

共享范围从优先考虑政治到生产优先，再到更广范围的成果共享，体现了其内容是因时而发展，逐步深化完善的。就现实而言，我国一直在进行全面的深化改革，其目的也是为了革新不符合发展规律的落后体制机制，去除落后产能。通过改革，能确立并坚持人民的历史地位。

2. 内含公平正义的价值追求

公平正义表现为共享发展理念之制度规范，是社会主义之内在要求，因此，要构建权利、机会以及规则三者均公平的体系，为大众平等参与、平等发展提供制度支撑。共享引领发展，促进社会公平正义是党领导国家建设的重要政治命题和目标任务。践行共享发展理念，能提升发展质量，为建设和谐社会、实现科学发展打下坚实基础，能保障人民在社会中受到更为公正、平等的待遇。

同时也要明白，人民非绝对平均而是相对公平地共享成果。共富不是整齐划一，亦不是同步富裕，而是依条件、有差别的富裕；公平享有亦不是平均分配，而是贡献和收获呈正比列分配。当前我国处于社会主义初级阶段，会有生产力发展不足、物质财富不多、人民精神境界不高等现实问题，这一现状决定了共享发展理念引领下的社会分配必须将社会利益和个人利益统一，做到公正与惠民相结合。只有这样，才能促进社会分配公平，保障个人的权益，调动人民生产的积极性。虽然随着社会的快速发展，人人都能享受到改革红利，但是这种红利的分配会依据个人贡献呈现出分配差别，具体为多劳多得、不劳不得或少得。只有将个人贡献和社会发展有效结合起来，才能享受社会发展带来的福利，才有权利、有资格去共享改革发展带来的成果。注重发展，更注重公平正义，这也是共享发展的应有之义。

第一，共享发展理念要求机会公平。全民共享、全面共享、共建共享、渐进共享内在地要求社会提供公平的机会，让人们受到公正、平等的对待。共建社会的过程也是人民共享平等机会和权利的过程。在同样的社会环境中，人民享有公平竞争的机会、出彩的权利，每个人均有权充分展示自己的才华，贡献个人力量。

第二，共享发展理念追求过程公平。维护社会正义，破除形式主义、官僚主义，实现人民公平享受发展成果，保障人民平等享受公共设施服务的权利，是该理念的价值初衷。人民各司其职，付出劳动，维持社会的正常运行；各得其所，获取成果，保障自身健康发展，是过程公平的生动体现。

第三，共享发展理念强调结果公平。共享并非整齐划一，而是有差别的，按照劳动付出与获得相匹配的分配原则进行。发展也并非同步实现，而是依据条件，有重点、有秩序地进行，但是强调先获得发展的地区、领域反哺相对落后的地区与领域，促成以城带乡、以工带农的发展局面，形成带动发展，最终实现共享共富。

共享发展不仅注重发展，更强调以人民为中心的发展；不仅注重共享，更强调劳有所获式的公平共享，体现了生产力发展和社会公平以及以人为本的三项要求，是国家发展的价值导向。

3. 贯穿以人为本的伦理精神

民生为立国之本。共享发展理念致力于民生建设，以人民为中心，思考人民所需，满足人民所求。要贯彻发展为人民且依靠人民以及成果由人民共享的根本目标，实现社会、自然与人的可持续发展。

人民是共享发展的立足点，是其中心主体与最终归宿。共享发展的核心要求均是以人为主要参考要素而提出的。提出社会公平，是为了给人提供公平正义的生活环境；提出发展生产，是为了给人提供更为丰富的发展资料。同时，立足于人，遵循社会与自然规律，提出了人与自然、与社会和谐共处的方法原则，注重调节三者之间的关系。

第一，人与自然为和谐共生关系。以人为本的要义包括与自然和谐相处，在不破坏环境的前提下去思考借助大自然的资源实现人类的永续发展。一方面，共享发展理念内在地要求人与自然共同发展，即人们可以合理利用大自然的馈赠来发展生产，获得更多的财富积累；另一方面，可以用创造的成果帮助大自然变得更加美好。同时，这种可持续发展也为我们的子孙后代共享现有资源提供了保障，有利于实现代际共享，体现了以人为本的伦理精神。

第二，人与社会为共生相融关系。人的本质是社会中的人，这一特殊关系要求人要融入社会、奉献社会，同时，社会应给人提供公平的发展机会、平等的人格待遇，并为人提供良好的发展环境以及在人付出相应劳动后能够取得丰硕的成果。共享共建是人与社会关系的最好解释。人在建设社会过程中拥有相应的劳动权、发展权，享有公平的资源和同等的人格尊严。社会的发展会给人带来成果的回馈，让人付出的劳动价值变现，进而激发人的劳动热情和创作激情，并为人的自由全面发展提供更好的环境。和西方的"共享经济"不同，我国的共享发展是切身为人民谋利，而不是牺牲劳动者利益来发展经济。

总的来说，共享发展理念着眼于人这一关键主体，关注人与自然的和谐共生，关注共享的代际公平，关注人在社会中的成长，关注社会对人的回馈，关注人的全面发展、自由解放。

4. 遵循共同富裕的目标要求

共享发展理念与共富思想一脉相承，两者的出发点和追求目标极为一致，均明晰了以人民为中心的价值理念、社会主义本质要求，致力于促成生产力的提高、阶级的消除和人的解放；倡导人民合作努力，各司其职、各尽其能，尽最大努力发展生产力、消除阶级分化、缩小贫富差距，保障人民拥有平等的权利、公平的机会，最终实现人民共同富裕。换言之，共富既是共享的前提又是共享的结果，而共享是共富的实现路径和成果分配方式，两者辩证统一。

第一，共享发展要求人民参与建设，助力共富的实现。人民是历史的推动者，是我国社会主义事业建设的最主要的力量，因而调动人民生产劳动的积极性，推动生产的发展，为共富提供坚固的物质基础，是共享发展的客观要求，是为共富所创造的必要条件。

第二，共享发展的追求与共富的目的相通，内含共富要求。共同富裕要求党在不同阶段都应解放并发展生产力，消除阶级压迫与两极分化，进而实现共富；要求实现公平正义、人的解放发展，让所有人都能得到物质和精神层面的高度满足，形成高度的自觉意识，在此基础上实现成果共享。

第三，共富事业和共享发展的时间线路一致，均具有长期性、渐进性和飞跃性。实现共享和共富的前提是社会能够生产足够丰富的、人民所需要的物质以及精神财富，而这些都是现阶段不能较为快速、充分满足的。尽管目前生产力有了一定的提高，但也必须经历漫长的物质积累、精神打磨，才能实现物质层面的满足和最终的精神价值追求。

总之，共享发展与共富一样，以人民为立足点，以公平为原则，以生产力发展为前提，注重践行的人民性、长期性与渐进性。

（二）共享理念的基本特征

在党的十八届五中全会上，习近平阐述了共享发展理念之主体内容、过程和方式等方面的内容，提出要从以下几个方面去把握共享发展，明确人民主体性原则、内容全面性原则以及过程渐进性和方式参与性原则，突出共享发展理念对社会主义现代化建设的引领作用。

1. 人民主体性

共享发展理念一直围绕"为了谁、依靠谁和成果分配"等核心问题展开，强调了人民才是共享事业的参与者和改革成果的享用者，主体是全国人民，体现了人民至上的内在要求和价值取向。

第一，国家性质和党的宗旨要求实现人民共享。我国国家性质决定了人民为国之主人，人民的幸福和利益是国家发展的目的和归宿。从以人为本到以人民为中心，体现了国家在不断深化对人民推动历史发展的理论认识，也体现了国家一直在着眼于提高人民的地位、保障人民的权利，立志于坚定落实以人为本的治国理念。从新中国成立之初实现人民的政治翻身，到改革开放实现经济上的富裕，再到新时代更加注重政治民主和国家富强，其实都是根据各阶段实际来制定政策以维护人民的利益。而且，我国从一开始就以民生建设为主要路线，不断通过更深层次来满足人民的需要。

第二，人民的历史地位决定要实现人民共享。人民是历史车轮的推动者，是我国建设事业的贡献者，因此，人民有权享受自身创造的成果，这是神圣不可侵犯的原则。我国人民是国家的主人，而非被统治阶级，人民有权利且有能力决定国家的发展方向，因此，人民也应有充分的权利享受发展成果。古往今来，不能让人民充分享受发展成果的王朝无一不覆灭。以史为鉴，我国一直强调人民是国家发展贡献的主体，亦是共享的主体，从共同富裕思想到共享发展成果，再到共享发展理念，无一不是以人民利益为核心，无一不强调公平正义，保障人人均有共享的权利和机会。

由此可见，我国制度和人民的历史地位无一不要求共享发展需坚持人民主体性。人民既是发展的推动者，又是成果的享用者，是权利与义务的集合。

2. 内容全面性

共享发展的核心要义实际就是促进人自由全面地发展，而共享发展理念将两者结合实现了社会和人发展的统一。共享发展使人民有机会、有权利更多、更公平地享受社会发展带来的胜利果实，拥有更多的获得感、幸福感，让人民的生活更具舒适度、更有质感。

从共享发展目的来看，是为了让人民能够更为全面地享受社会带来的更多层面、更宽范围、更高质量的发展成果。全面共享之深刻含义在于注重范围以及质量动态发展、提高。现代化究其根本是人的现代化，社会发展归根结底为人的发展。改革和发展都只是为人的发展提供服务，都只是手段，而促成人自由全面地发展、满足人对美好生活的愿望，才是改革发展的价值归属。因此，必须从改革与发展目的层面，深刻认识到全面共享的价值核心是实现社会和人的发展相统一。必须着手处理社会的发展不平衡、不协调且不可持续等问题，解决好最为直接的问题，切实优化生活环境，方能使人民更加幸福，社会更加和谐。

从共享发展领域来看，我国一直注重全方面、多层次的发展体系构建，强调发展效率与质量同步提高，做到人与自然和谐、人与社会统一。"五位一体"总体布局注重发展的协调性、人民性与科学性，是共享发展理念的领域拓展的具体表现。社会发展的全面性要求和人全面发展的要求，决定了共享的全面性，主要体现在社会的多个领域、多个层次，贯穿于社会发展的各个环节。随着改革的深入发展和惠民政策的贯彻落实，人们所追求的全面共享早已不仅仅停留在单一的物质层面，而是要求政治、文化、社会、生态等的综合提高，注重人民对美好生活需要的满足。换言之，要充分彰显我国制度优势，要充分保障人民的发展权益。这种需求与需求满足形成了双向刺激，进而推动我国生产力的螺旋式发展，同时也促进了人民生活水平的提高，是社会发展和人的发展相统一的具体表现。

简言之，就共享的客体而言是人们能享受怎样的发展成果，其内容全面性取决于国家发展的程度。只有生产发展，国家才能支撑人民享受更多方面的成果，保护更多方面的权益。这是一个相互作用、有机统一的发展过程。

3. 过程渐进性

事物的发展是螺旋式上升、曲折向前的，是量之积累到质之飞跃的过程，共享发展亦是如此。共享发展理念在践行过程中呈渐进式，自然会经历从低级到高级、从不成熟到成熟的过程。共享发展理念已经成为国家的发展理念，对实现现代化建设目标有着战略引领作用，而这一过程必然经历重重困难。因此，我们应该坚持渐进共享，做到发展的渐进性和飞跃性相统一，既不畏惧眼前困难，又心怀远方。

从发展的渐进性来看，中华民族从近代的积贫积弱发展到今天的繁荣昌盛，取决于几代人的顽强奋斗。目前，中国正处在社会主义初级阶段，生产力发展不充分、不协调问题依旧存在，还不能完全满足人民对美好生活的向往，还未能建成社会主义现代化强国。一路前行，困难重重，我们既能看到发展中存在的问题，同时也能看到未来的希望，因此，我们不能急于求成，只能脚踏实地、坚持不懈地面对眼前的困难。在社会主义建设中，要坚持根植地方、发挥地方优势，遵循事物发展规律、依律行事，有条不紊地推进各项工作，实现社会经济良性发展。

从发展的飞跃性来看，要遵循规律、漫长积累，帮助事物成长，在条件成熟之时，则应抓住机遇，促成事物发生质的飞跃。落实到共享发展上则表现为通过发展进行经验的积累和问题的堆积，通过改革去打破不合规的行业潜规则，祛除顽疾。一方面，通过积累为人民提供充足的发展资料，提供实现自身价值的就业岗位；另一方面，通过改革，打破行业垄断和壁垒，保障人民平等参与竞争，享有公平的发展权利和发展机会。两者结合，方可实现渐进性和飞跃性之统一。

综上，不难发现，渐进共享的过程反映出事物渐进性发展是飞跃性转变的关键要素，而后者也是前者的最终结果，两者是相伴相生、循环发展的动态过程。

4. 方式参与性

中国特色社会主义共享发展理念的践行方法是共建共享，倡导人民共同参与建设，进而共享劳动成果。党的十九届五中全会提出要推进社会主义现代化建设，实现人民生活更加美好以及全体人民共同富裕。社会主义现代化国家的建设需要全国人民上下齐心地共同参与、协同努力奋斗。劳动才能收获，共建才能共享。应发挥人民建设的积极性和创造性，汇民智、聚民力，形成大众参与、人人贡献、劳动成果人民共享的生动局面。

共同建设是共享成果的前提原则。共享并非坐享其成，而是需要参与建设，进而享受劳动成果，因此建设是前提，为享受创造必要条件。只有当蛋糕越做越大的时候，人民才能分得更多，而人民制作蛋糕的参与度，与人民分享蛋糕的幸福感、获得感紧密相关。中国社会主义事业建设这一块大蛋糕就需要人民积极参与、共同制作。只有全国人民都团结起来，各司其职，在自身岗位上发挥最大功效，才能最大限度地激发整个社会的创造活力，产生巨大能量。同时，社会主义制度优越性也要求全民积极投身共建事业，为我国发展提供源源不绝之动力，创造更多、更丰富的成果。

共享成果是共同建设的原始动力。如果不谈共享成果，只谈共同建设，将严重打击人民参与建设的积极性，消磨人民的劳动热情，共建也就无法持续。而合理的人民利益保障机制和激励机制的出台，将会极大地激发人民的创作灵感，为社会建设提供新动能。共建共享相互依存、互惠补充，相得益彰。因此，既要谈共建，鼓励人民参与劳动，更要谈共享成果，才是符合社会主义本质要求，激发社会发展潜能，促成共建共享的正确策略。

共享是社会主义的价值追求，但成果不是从天而降、不劳而获，而是基于人民的劳动创造。唯有明白共建是共享的前提和基础，共享是共建的目的和归属，才能筑牢根基、激发活力。

二、共享理念的渊源梳理

同其他理论一样，共享发展理念也是集前人的智慧，经过发展创新而提出的。它不但汇集了马克思主义经典作家思想、中国优秀传统文化以及中国共产党人思想中关于共享的科学理论，而且在实践中经过创新又有了新的内容。马克思主义经典作家在对资本主义社会进行批判以及对未来共产主义社会构想过程中所蕴含的共享思想，是共享发展理念的理论基础。中国优秀传统文化中的"大同"社会理想，是共享发展理念的重要理论来源。中国共产党人继承并发展了马克思主义经典作家的共享思想，在吸收借鉴中国优秀传统文化的基础上，形成了以共同富裕为特征的共享思想。

（一）马克思主义经典作家思想中的共享思想

建立没有阶级、没有剥削、人人平等的共产主义社会，真正实现人自由而全面的发展，一直都是马克思主义的最高社会理想。马克思、恩格斯和列宁等在批判资本主义旧社会、揭露资本主义剥削的基础上，对未来新社会进行了展望。这一过程中蕴含着深厚的共享思想，为共享发展理念提供了理论基础。

1. 马克思、恩格斯的共享思想

马克思、恩格斯没有明确提到过"共享"或"共享发展"的概念，更不要说对其进行专门的理论论述了，但他们的思想中蕴含着深厚的共享思想。随着历史唯物主义的创立以及科学社会主义理论的提出，马克思、恩格斯关于共享的思想理路逐渐清晰。他们关于共享的思想不是碎片化、无逻辑、随心的，而是一个有着严密的理论逻辑的思想体系，其中包括共享发展因何形成，如何实现；共享发展由谁推动，成果由谁享有；共享发展由何保障等重要理论。

首先，马克思和恩格斯认为，高度发达的生产力是实现人人共享、普遍受益的前提条件。历史唯物主义观点认为，人类社会的演进有着从低级向高级发展的一般规律。但无论哪种社会形态，它的演进与发展都是与生产力的发展直接相关的。马克思指出，在生产方式中生产力是起决定作用的部分，它决定着生产关系，特别是对包含于生产关系中的分配关系有着重要的影响。从这一层面讲，要想建立更先进的生产关系，实现人人共享发展成果，就必须发展生产力。物质资料的生产是发展生产力最基本的实践活动。人是进行物质生产的主体，"全部人类历史的第一个前提无疑是有生命的个人的存在"①。因此，"人们为了能够'创造历史'，必须能够生活。但是为了生活，首先就需要吃喝住穿以及其他一些东西。"②纵观人类历史，无论人类社会处于哪一发展阶段，人为了不致死亡都必须与大自然持续不断地进行物质交换，获取生产、生活资料。人类改造大自然获取生产、生活资料的能力越强，生产力水平就越高。在这一过程中，不可避免地就会出现分配上的问题，即发展成果由谁享有、享有多少的问题。马克思在《哥达纲领批判》中对分配问题进行了论述，指出作为刚刚经过长久阵痛从资本主义社会生产出来的、还处于共产主义社会起始阶段的社会主义社会，不可避免地带有一些资本主义旧社会的弊病。在这一阶段，由于生产力水平的限制以及道德发展的相对独立性，分配无法超越商品与劳动之间的交换关系，分配方式只能是按劳分配。只有到了共产主义社会的高级阶段，"在随着个人的全面发展，他们的生产力也增长起来，而集体财富的一切源泉都充分涌流之后——只有在那个这时候，才能完全超出资产阶级权利的狭隘眼界，社会才能在自己的旗帜上写上：各尽所能，按需分配"③。对共产主义的追求没有使马克思和恩格斯绝对否定资本主义社会。他们在《共产党宣言》中指出，资本主义社会创造了前所未有的生产力，创造出了超出以往任何社会的物质财富。这充分肯定了资本主义

---

① 中共中央马克思恩格斯列宁斯大林著作编译局. 马克思恩格斯文集（第一卷）[M]. 北京：人民出版社，2009：519.

② 中共中央马克思恩格斯列宁斯大林著作编译局. 马克思恩格斯文集（第一卷）[M]. 北京：人民出版社，2009：531.

③ 中共中央马克思恩格斯列宁斯大林著作编译局. 马克思恩格斯文集（第三卷）[M]. 北京：人民出版社，2009：435-436.

社会对生产力所展现的极大促进作用。他们认为，共产主义实现所需的物质前提，需要经过资本主义社会的充分发展，即生产力高度发展、物质财富充分涌流，才能得到充分满足。可见，他们所设想的共富共享的共产主义的实现，离不开高度发达的生产力，这是最为重要的前提条件。

其次，马克思和恩格斯认为，发展成果的创造者与享有者具有一致性，都是人民群众，发展成果必须由群众共同享有。这里所讲的"人"不是黑格尔、费尔巴哈等人所提到的抽象的人，而是社会的人，是处于一定社会关系中的人。一方面，群众是发展成果的创造者。马克思和恩格斯并未鲜明提出过人民群众创造历史这样明确的论断，但不能因此认为他们的观点中没有蕴含这一思想。纵观历史唯物主义的发展进程，不难发现，人民群众的主体作用贯穿于其全部进程。马克思、恩格斯指明了"人民"这一概念的广泛性和历史性，多维界定了人民群众。从阶级上看，人民群众是指无产阶级。他们揭示了无产阶级在资产阶级统治下的生活状况和社会地位"……即使在对工人最有利的社会状态中，工人的结局也必然是劳动过度和早死，沦为机器，沦为资本的奴隶……"①。无产阶级为了生存与发展，必然会开展反对资产阶级的、具有创造性的历史活动。此外，人民群众不单单局限于无产阶级。《共产党宣言》指出，由于一定的原因，统治阶级、一部分资产阶级思想家也转到无产阶级的队伍中来，成为无产阶级的重要组成部分。人民群众的范围会随着历史的发展越发广泛，历史创造主体地位越发凸显。自然界是人的无机的身体，它不能通过自发的活动直接为人提供现实生活中吃穿住行所需的全部产品。因此，人为了维持基本生活，进而更好地生活，必须从事物质生产活动，生产出能够满足生活需要的物质产品，也就是说必须进行劳动。劳动是人与动物间的本质区别，是任何社会进行生产都不可缺少的基本条件，"任何一个民族如果停止劳动，不用说一年，就是几个星期，也要灭亡"②。历史是向前发展的，人民群众的内涵可能会历史地发生这样或那样的变化，但人民群众劳动者的身份是无法动摇的，是始终不会发生变化的。其创造者身份还体现在精神财富的生产上，人们在生活实践中进行精神财富的生产。当然，精神生产活动与物质生产活动是密不可分的。人民群众所创造的物质财富为精神财富的创造提供物质前提，精神财富为物质财富的创造提供精神动力。劳动群众历史创造者的身份在《神圣家族》中得到了进一步肯定。马克思、恩格斯反驳了"思想创造一切"的观点，指出创造一切的不是思想而是工人，工人不但是财富的创造者，更是人的创造者。人民群众在社会发展中扮演着多重角色，他们不仅拥有社会财富创造者的身份，还有社

---

① 中共中央马克思恩格斯列宁斯大林著作编译局. 马克思恩格斯文集（第一卷）[M]. 北京：人民出版社，2009：121.

② 中共中央马克思恩格斯列宁斯大林著作编译局. 马克思恩格斯文集（第四卷）[M]. 北京：人民出版社，2012：473.

会变革推动者的身份。"历史活动是群众的活动"①，群众的活动不仅创造了社会财富，还在创造过程中改造着社会关系。生产力的发展在生产关系的变革和社会形态的更替中起着根本推动作用，但生产力的发展不会自发地调整变革生产关系，不会自觉地选择社会形态，必须借助群众的力量才能推动生产关系的变革与社会形态的更替。

另一方面，群众是发展成果的享有者。马克思终其一生都在为全人类的解放而奋斗，为全体人民的幸福而努力。马克思、恩格斯的最终指向都是人的价值的实现，是让人有尊严、自由、平等地生活。他们这里所讲的"人"不仅仅指向单个人，还指向个人的联合体，即社会发展过程中的全体社会成员。他们在揭露资本主义剥削的过程中指出，在资产阶级统治下人民生活苦难。这体现在少数人为了自身利益而牺牲其他人利益；体现在资本家占用生产资料、生活幸福，劳动群众一无所有、生活不幸；体现在几乎把所有的权利都赋予资产阶级，而几乎把全部义务推给无产阶级。因此，恩格斯在《共产主义原理》中指出："消灭牺牲一些人的利益来满足另一些人的需要的情况……共同享受大家创造出来的福利，以及城乡的融合，使社会全体成员的才能得到全面的发展。"②必须让劳动群众在创造发展成果的同时，成为发展成果的享有者，实现发展成果创造者与享有者的一致。

最后，马克思和恩格斯认为，生产资料的公有制是保障发展成果共享的所有制条件。"消费资料的任何一种分配，都不过是生产条件本身分配的结果；而生产条件的分配，则表现生产方式本身的性质。"③生产方式最终决定着产品的分配方式。在私有制下，生产资料由资本家私人占有，因此，在分配上，资本家获得工人全部的劳动成果，创造劳动成果的工人由于不占有任何生产资料，只能获得确保再生产劳动力所需的最低成果。劳动成果的公平分配在这样的所有制下是无法实现的。马克思、恩格斯强调，在私有制下发展成果"私享"，不超越"私享"的制度就无法实现分配的公平。解决分配问题上的不平等，必须从造成这种分配方式的生产方式入手。改变生产方式，即废除私有制，以财产的公有代替私有，把资本变为公共的属于社会全体成员的财产，改变财产的阶级性质。简单说，就是消灭私有制，实现公有制。在消灭私有制的方式上，由于无产阶级的发展壮大几乎在任何文明的国家都受到了暴力手段的压制，和平的方式几乎看不到光明的前景，他们主张以暴力革命的方式来实现无产阶级专政，实现生产资料的公有制。

2. 列宁的共享思想

同马克思、恩格斯一样，列宁虽没有明确提出过"共享""共享发展"的概念，但

① 中共中央马克思恩格斯列宁斯大林著作编译局. 马克思恩格斯文集（第一卷）[M]. 北京：人民出版社，2009：287.

② 中共中央马克思恩格斯列宁斯大林著作编译局. 马克思恩格斯文集（第四卷）[M]. 北京：人民出版社，1958：371.

③ 中共中央马克思恩格斯列宁斯大林著作编译局. 马克思恩格斯文集（第三卷）[M]. 北京：人民出版社，2009：436.

他继承了马克思和恩格斯的共享思想，并在新的历史条件下发展了这一思想。不同于马克思、恩格斯所处时代，当时俄国实现共享发展所需的社会制度未能确立。列宁的共享思想建立在无产阶级革命取得胜利、社会主义基本制度确立的基础上，因此，列宁在马克思、恩格斯共享思想的基础上又增添了新的内容。

列宁的共享思想，主要体现在以下几个方面。

首先，消灭剥削是实现共享的前提。列宁认为，私有制是一切灾难的根源，资本主义生产关系是奴役劳动群众的根源。私有制和剥削的存在使得一切平等、自由、公正的言论都成为欺骗性的话语，因此，列宁强调工人阶级实现真正的解放，全体劳动者共同享受劳动成果，必须以推翻资本主义制度，消灭阻碍共享的所有制为前提。

其次，在共享主体上，由全体社会成员的联合体转变为社会全体劳动者。马克思、恩格斯把全体社会成员都纳入了共享的主体范围，实现了共享主体的广泛性。列宁在共享主体上只是把全体劳动者纳入了享有范围："共同劳动的成果以及……都由全体劳动者、全体工人来享受。"①这与当时俄国的经济社会发展情况有很大的关系。马克思、恩格斯所设想的"全体社会成员的联合体"共享的重要物质前提是生产力高度发展、物质财富极大丰富，但俄国是在经济文化比较落后的情况下进入社会主义的，生产力还不发达，因此，全体社会成员的共享在当时的俄国还无法实现，共享的主体只能是全体劳动者，只能是社会主义的建设者。

最后，在共享的基础上，需要进行经济、政治、文化领域的建设。经济上，列宁强调了必须发展生产力，从最初的强调消灭资本主义到后来的利用资本主义发展社会主义社会的生产力，为共享提供物质基础。政治上，人民由政权的统治者变为参与者，人人都有选举的权利，有机会直接参与社会管理，人民的政治权利得到了充分保障。文化上，改变了沙皇统治下只有少数人能接受教育的状况，普及教育，在全国范围内清扫文盲，提升民众的受教育水平和文化素质，使得民众共享的能力和程度得到提升。

（二）中国优秀传统文化中的共享思想

春秋战国时代，诸侯争霸，社会动荡，宗法制瓦解，礼乐制度崩坏。奴隶主贵族势力被削弱，封建地主阶级兴起，生产关系逐步由奴隶制下的"公田"向封建制度下的"私田"转变。在这样的混乱变动时期，民众生活得更加艰苦，引得诸多思想流派寻求应对之策。儒家便是最具代表性的流派之一，它由孔子创立，后逐渐发展为儒家思想体系。孔子提出了社会由天下人所共同享有的"大同"社会的美好愿景："大道之行也，天下为公。选贤与能，讲信修睦，故人不独亲其亲，不独子其子，使老有所终，壮有所用，幼有所长，矜、寡、孤、独、废疾者皆有所养。男有分，女有归。货恶其弃于地也，不必藏于己；力恶其不出于身也，不必为己。是故，谋闭而不兴，盗窃乱贼而不作，故外

---

① 中共中央马克思恩格斯列宁斯大林著作编译局. 列宁全集（第七卷）[M]. 北京：人民出版社，1986：112.

户而不闭，是谓大同。"① 这是中国古代的最高理想社会，内含诸多共享思想。这一理想社会主要有以下几个方面的特征。首先，在物质分配上"天下为公"，即在生产资料所有制上强调公有，认为应当由民众共同享有社会财富。这里所讲的公有，带有明显的以血缘关系为纽带的氏族社会的特征：使用公有的生产工具共同劳动，平均分配劳动成果，没有阶级差异，没有贫富贵贱差异，由氏族成员共同决定重大事件。"大同"社会正是对这种生产资料公有、共同劳动、平均分配的社会的向往。其次，在政治人才选拔上"选贤与能"，即强调选举权利与对象的平等，认为民众都应平等地拥有选举权利。春秋战国时期，在分封制与宗法制下，统治阶级内部有着严格的等级制度，"庶人"是没有进入国家权力机关的权利的。在诸侯混战下，周王室统治岌岌可危，整个社会充斥着腐败与压迫，这时需要选举有贤德、才能者进行统治，振兴国家。"庶人"在这时就同"贵族"一样，拥有了进入统治集团的权利，这体现了政治上的平等。再次，在社会关系上"讲信修睦"。这里所讲的社会关系的和谐不是从物质生产的层面出发的，而是从人伦道德层面来阐释的。这里的和谐，是在人伦道德秩序下人与人之间有序、有爱、有礼的和谐社会。诚信是实现这种理想社会的重要手段。最后，在社会保障上"人得其所"。在"大同"社会中，人们能够各尽其能，男人有工作，女人有归宿，老人、孩子能够得到供养，人人都能得到关爱。社会关爱涵盖了各个年龄阶段、各种类别的人，对所有人都进行了适当的安排。

孔子之后，以汉代董仲舒，宋代二程、朱熹为代表的儒学大师结合当时的时代特征，在孔子的基础上发展了这一"大同"社会思想。另外，儒家以及其他流派的一些民本思想，如"民贵君轻"等也蕴含着共享思想。

到了近代中国，人民再次处于水深火热之中，民族危亡。在这样的社会背景下，各个阶级开始登上历史舞台，寻找救国救亡的道路，其中不乏一些共享思想，主要代表人物有农民阶级的洪秀全，资产阶级的康有为、孙中山。

太平天国运动是农民阶级的反抗运动。他们为摆脱封建地主阶级的压迫和资本主义列强的侵略，发动了此次农民起义战争。虽说这一运动最后以失败告终，但对中国革命产生了深远影响。特别是《天朝田亩制度》这一文件的颁布，把农民阶级平均主义思想推到了顶峰，是旧式农民运动的最高峰。《天朝田亩制度》是一部围绕土地问题而展开的社会改革方案，把农民对土地的渴望清晰且完整地表达了出来。它主要从土地分配、产品分配、政治制度和婚姻制度等四个方面进行了带有明显反封建倾向的社会改革。首先，在土地分配问题上，按照"凡天下田，天下人同耕""无处不均匀，无人不饱暖"的原则，基于人口和年龄平均分配土地。其次，在产品分配上，建立圣库，余粮、余钱上缴圣库，人人没有私钱、没有私粮，以求平均。再次，在政治制度上，实行乡官制度。封建政权被废除，农民革命政权建立。农民拥有选举权，有权选举地方官吏，有权监督

---

① ［西汉］戴圣礼记[M]. 胡平生，张萌，译. 北京：中华书局，2018：419.

举报官吏。最后，在婚姻制度上，封建买卖婚姻被废除，男女可以自由结合。此外，妇女也得到了相对平等的对待，在这一纲领下，妇女同男人一样，也可以分得土地，分得生产资料，参与军事事务。在这几项内容中，土地的分配最能体现平均性、共享性、平等性。虽然即使在太平天国统治的区域，这一带有明显平均倾向的纲领都没有真正实施，但它却鲜明地反映了农民阶级希望建立"有田同耕，有饭同食，有衣同穿，有钱同使，无处不均匀，无处不饱暖"的理想社会的美好愿景。

儒家的"大同"思想随着社会的发展一直在发展变化，但其始终是建立在封建地主阶级统治下、小农经济基础上的发展。它是为封建统治阶级服务的，无法也不可能突破封建制度的制约。康有为和孙中山打破了封建制度的制约，在吸收传统思想的基础上，还吸收了西方资本主义思想，实现了传统思想与资本主义思想的融合。

康有为在吸收中国传统思想的基础上，又吸收了西方资产阶级平等观念和欧洲空想社会主义思想，勾画出一幅理想的"大同"世界的蓝图。他对"大同"世界的面貌进行了细致描绘，主要有以下几个方面：①经济上，生产力高度发展，物质产品极大丰富，物质产品平等地享受，物质欲望都能得到满足，使得国家动荡不安的私有制被废除，农业、工业、商业的公有制得以建立。②政治上，通过资产阶级改良，一步步弱化君权直至其消失，最终进入没有国家，没有君主，没有阶级，人人平等，政治高度民主化的大同社会。③社会保障上，受教育权平等。人人都能在公有院校接受教育，结业后公家给以公职，实现"人得其所"。与洪秀全相比，康有为所述的大同社会更具有进步性与创造性，不仅批判了腐朽的封建制度，还描绘了带有资本主义色彩的太平盛世。但由于近代中国国情的特点，这一美好设想与实际相背离，这种改良在中国注定行不通。

改良在中国是行不通的，挽救民族危亡必须进行革命。随着民族危机的加深，革命派登上历史舞台，开始了救亡图存的实践。三民主义是革命派的革命纲领和指导思想，反映了革命派的经济政治诉求，也是孙中山"大同"思想的集中体现。三民主义，即民族主义、民权主义、民生主义，其中民生主义可以等同于"大同"主义。孙中山认为，民族主义是民生主义的前提。民族主义强调反对清朝封建专制统治和资本主义列强侵略，打倒与资本主义相勾结的军阀，追求民族间的平等。民生主义是民族主义的归宿，民生主义主要表现在两个方面：一方面，要平均地权，即实现耕者有其田，保证人们获得土地的权利是平等的，人人都能获得土地，都能平等获得使用土地的权利；另一方面，要节制资本，即私人资本不能操纵国计民生。要发展国营事业，把营利巨大的私人资本收归国有，缩小贫富差距。民权主义作为三民主义的核心，强调推翻封建帝制，实现政治权利由一般平民所共有，在保证统治的前提下，给予民众最大限度的福利与自由。可见，孙中山的三民主义带有浓厚的社会主义色彩，特别是民生主义，被孙中山称为可以等同于社会主义、等同于共产主义的内容。

综上所述，无论是中国古代儒家学派所追寻的"大同"社会，近代以来洪秀全所代表的农民阶级的平均主义，还是康有为理想化的"大同"世界和孙中山带有社会主义色彩的三民主义，都内含共享思想。它们都是对未来理想社会进行的有益探索，都为共享发展理念的提出提供了思想上的借鉴。

（三）中国共产党人思想中的共享思想

共享发展理念是我国现实社会发展的生动写照，它不仅是发展的价值指引，更是具有实践特征的发展模式。实现共享发展是中国共产党人孜孜不倦追求的价值目标。一代又一代共产党人在革命、建设和改革的过程中，形成了以共同富裕为特征的共享思想，这成了共享发展理念的直接理论来源。按照这样的历史逻辑，可以把党的十八大以前中国共产党人的共享思想进行这样的归纳：社会主义革命和建设中，毛泽东对共同富裕的追求是共享思想的萌发；在回答社会主义本质问题以及探索社会主义的正确建设方式过程中，邓小平对共享发展进行了初步表述；在全面推进改革开放的进程中，江泽民明确提出了共享发展的概念；在全面建设小康社会的过程中，胡锦涛进一步丰富了共享发展的内涵。

毛泽东思想体系中没有明确的关于共享发展的概念，但其中对共同富裕的追求包含着共享思想，共享的价值追求就是共同富裕。毛泽东认为，生产力的发展是实现共同富裕的前提。只有生产力发展，创造出群众生产生活所需的物质精神财富，群众的物质文化需要才有满足的可能，共同富裕才能实现。在过渡时期的总路线中，毛泽东强调通过社会主义工业化来发展生产力；在《论述十大关系》报告中，毛泽东更是明确指出调动一切积极因素建设社会主义；在社会发展中的矛盾问题上，毛泽东强调了矛盾的普遍性，指出社会主义社会仍存有矛盾且分析了社会中两类不同性质的矛盾，并提出了正确的解决途径。他十分关注农民的生活状况，认为整个社会共同富裕的重要前提条件之一就是农民的富裕。农民是人口中的绝大多数，农民的贫穷与富裕关系着工农联盟的稳固，因此，必须通过合作化的方式，消除非公有的经济制度，让农民早日实现共同富裕。此外，毛泽东还对教育表现出了高度的重视，不仅仅归还了民众受教育的机会和权利，还提出了义务教育的主张。通过教育，提高了民众的思想道德和文化素质，使其共享能力、共建共享的参与度都得到了提升。

邓小平对共享发展进行了初步表述。在探索与建设社会主义的过程中，邓小平对社会主义社会的发展阶段、本质、根本任务等都做出了论断，初步表述了共享发展。在社会主义社会发展阶段问题上，他指出："社会主义本身是共产主义的初级阶段，而我们中国又处在社会主义的初级阶段，就是不发达的阶段。"[①] 这一论断，一方面明确了我国已经进入社会主义社会阶级，阶级矛盾不再是社会主要矛盾；另一方面，指明了我们的社会主义还处于不发达的阶段，生产力水平落后是这一阶段的特征。认清了这一基本国情，社会主义的根本任务就更加清晰了。无论是哪种社会的哪个发展阶段，在社会发

---

① 邓小平. 邓小平文选（第三卷）[M]. 北京：人民出版社，1993：252.

展中起着决定作用的，都是生产力这一物质力量。对还处于社会主义初级阶段的中国来说，生产力的发展是重中之重，因此，根本任务就是解放、发展生产力，发展才是硬道理。为了发展社会主义国家的生产力，邓小平提出了改革开放的伟大决策，确立了社会主义市场经济体制，极大地促进了生产力的发展。生产力发展的根本价值指向是人民群众对发展成果的共享，是全体人民的共同富裕。他在南方谈话中就指明了社会主义的本质就是共同富裕。在共同富裕的实现路径上，邓小平创造性地提出了"先富论"，即允许一部分人通过辛勤劳动先富起来，这部分先富的人带动其他人致富，最终实现全体民众的共同富裕。先富带后富，不仅能使一部分人、一部分地区在政策倾斜以及辛勤劳动下先富起来，还能激励其他人、其他地区奋起直追，最终使得整个国民经济螺旋式上升，人民实现共同富裕。邓小平这里讲的"先富"，不违背共同富裕的原则，而是强调共同富裕的过程——它既不是"平均主义"，也不是"同等富裕"，而是存在合理差别地共享发展成果。

江泽民在全面推进改革开放进程中，明确提出了共享发展的概念。邓小平关于共同富裕的理论在江泽民这里得到了继承，并在社会主义建设实践中得到了进一步发展。在思想理论上，江泽民从党的建设角度，提出了"三个代表"重要思想，为党在共同富裕过程中发挥作用筑牢了思想旗帜；在共同富裕的前提下，江泽民注重发挥生产力与生产关系合力作用，注重生产关系和上层建筑的反作用；在分配问题上，江泽民坚持"效率优先，兼顾公平"①，在市场发挥作用的同时发挥政府作用，弥补市场经济弊端；在缩小贫富差距上，江泽民从扶贫开发入手，强调贫穷不是社会主义，进行了西部大开发。总之，江泽民立足于我国小康社会还处于"温饱"水平的现状，考虑了发展成果的分配问题。他在强调经济发展是基础的同时兼顾分配公平，注重共享发展，即"在经济发展的基础上，促进社会全面进步，不断提高人民生活水平，保证人民共享发展成果"②。

胡锦涛在推进全面建设小康社会的过程中，进一步丰富了共享发展的内涵。21世纪，我国社会主义发展进入了崭新的阶段，出现了新的阶段特征。在党和人民的共同努力下，我国经济社会取得了长足的发展。人民群众普遍受惠，总体上的小康已经实现，但各方面的矛盾也凸显了出来。城乡间、产业间、地区间、不同群体间的差距愈加明显；横向和纵向利益关系更加复杂，利益分化问题严重；人民物质文化需求、公平意识越发提高，对党和政府关于公平正义的要求越发提高。为了顺利度过这一战略发展机遇期，胡锦涛在科学发展观的指导下，提出在共建共享中建设社会主义和谐社会。通过五个维度，即经济、政治、文化、社会、生态，"五位一体"地来建设和发展社会主义，丰富了共享发展所涵盖的领域。他始终关注社会公平问题，认为公平正义是社会主义和谐社会必不可少的一环。他强调："在促进发展的同时，把维护社会公平放到更加突出的位置……

---

① 中共中央文献研究室编. 十五大以来重要文献选编（中）[M]. 北京：人民出版社，2001：1326.
② 江泽民. 江泽民文选（第三卷）[M]. 北京：人民出版社，2006：534.

逐步建立以权利公平、机会公平、规则公平、分配公平为主要内容的社会公平保障体系……使全体人民共享改革发展的成果，朝着共同富裕的方向稳步前进。"①共建共享建设和谐社会的最终价值指向是群众利益，而民生是人民最关注的问题，是人民群众最切实的利益。保障和改善民生，一直是共产党人所追求的目标：在教育上，增加公共教育投入，免除各种杂费，深化教育体制改革，缩小教育发展差距；在就业上，实施积极的就业政策，提供多方面、多层次的就业、创业援助，提供更加完备的就业相关政策与法律法规，形成完善的覆盖全面的就业和人才服务体系；在医疗卫生上，推动建立覆盖全民的医疗卫生体制，推进公立医院改革，改善民众就医环境，整顿药品流通秩序；在社会保障上，通过社会救助、社会福利、社会保险等逐步健全社会保障体系，等等。

经过党的几代领导人的不懈努力，我们朝着共同富裕越走越近，共享发展的内涵也在这一过程中更加丰富。在中国特色社会主义新时代，习近平立足于我国社会主义发展新的历史方位，在推进"两个一百年"奋斗目标的进程中，明确提出了共享发展理念。

三、共享理念的核心要义

习近平明确指出："共享理念实质就是坚持以人民为中心的发展思想"②，这一重要表述也是对新时代共享发展理念核心要义及其主干架构的总体论断。全体中国人民是共享发展的首要主体和动力之源，人民生活的幸福美好也是推动共享发展的目的所在、价值所向、实践所归。联系马克思主义群众史观的理论旨趣及价值原则，共享发展理念蕴含了以坚持人民主体地位为发展前提，以实现人民利益为发展目的，以发扬人民能动作用为发展动力，以人民获得幸福感、满足感为发展标准的思想底蕴，强调坚持人民主体地位来保障社会共享的落实，通过发扬人民首创精神来提振社会发展的原生性驱动力，以全体人民统摄共享和发展，这集中体现了共享发展对马克思主义群众观、发展观的深刻理论创新。而在马克思主义政治经济学的理论视域下，共享发展理念又体现了对社会发展与社会共享的整体把握。推动中国经济社会深化改革发展、推进社会主义现代化强国建设，就需要统摄理清"发展生产力"和"实现共同富裕"的发展目的，方能更加深入、更加明确地践行共享发展。③据此，共享发展理念所体现的思想要旨就是要在推动中国经济社会高质量发展的实践中，通过坚持贯彻以人民为中心的发展思想，确保全体人民成为社会发展与分配的共同主体，统筹好、协调好社会发展与社会共享的辩证统一关系，从而以这种发展模式、发展路径推动经济社会转型高质量发展，以此助力全面建

---

① 中共中央文献研究室. 十六大以来的重要文献选编（中）[M]. 北京：中共中央文献出版社，2006：712.

② 习近平. 在省部级主要领导干部学习贯彻党的十八届五中全会精神专题研讨班上的讲话 [N]. 人民日报，2016-05-10（002）.

③ 卫兴华. 共享发展：追求发展与共享的统一 [N]. 人民日报，2016-08-17（006）.

成小康社会、建设社会主义现代化强国和实现中华民族伟大复兴中国梦的宏大发展目标。大体上说，共享发展理念的思想精髓主要包括以下几方面。

（一）全民共享强调人民为主体

"共享发展是人人享有、各得其所，不是少数人共享、一部分人共享。"[①]习近平的这一重要论述，清晰地揭示出新时代共享发展的核心主体是全体中国人民。树立、贯彻和践行一项全新的发展理念，首要回答的就是因何为谁而发展、由谁如何推动发展以及该由谁享有发展成果、发展质量由谁评判等关键问题。为此，党的十八届五中全会在确立形成"五大发展理念"的思想基础上，开创性地提出了以人民为中心的发展思想，这一高度彰显了中国化马克思主义人民性、实践性和发展性的重要思想，凸显了坚持人民主体性和发扬人民能动性的辩证统一，强调了捍卫人民主体地位和维护人民权利权益的统一，明确了保障人民民生需求和人民全面发展需要的统一，展现了建设发展中国特色社会主义以实现人民幸福美好生活为目的的实践归宿。共享发展理念蕴含了以人民为中心进行发展的思想内核，一方面，坚持以人民为中心的发展，直接确立了新时代的共享发展一贯践行为人民服务的根本宗旨和为人民谋幸福的初心；另一方面，也共同指认了全体人民共享是当代中国经济社会发展的实践理性之必然、价值理性之应然。"人民对美好生活的向往，就是我们的奋斗目标"[②]，这正是党和国家对全体人民在经济社会建设中共同受益、共同享有并共同发展的崇高宣言和郑重承诺。

习近平格外强调了"人民是历史的创造者，是决定党和国家前途命运的根本力量"[③]。在新时代社会经济改革调整、发展创新、提升质量的整体环境下，坚持全体人民享有的共享发展不仅是中国共产党一种科学的发展思想，更是一种高尚的执政理念，一种贯彻人民情怀立场的价值追求，一种不忘初心本意的实践方式。党和国家指明全体人民是共享发展的主体，体现了既以人民作为共同享有实践主体，又以人民作为共同发展实践主体的双重思想底蕴，彰显了中国共产党始终如一的群众观自觉和马克思主义无产阶级的发展观立场。从思想的本体论实质来说，共享发展归根结底就是全体人民的发展、全体人民的共享，让人民上升到发展的中心主干，通过将人民界划为核心价值范畴以实现经济社会的共享发展，最终就是要把实现人民的共同富裕和自由全面发展作为社会发展的崇高目标追求。

共享发展理念把人民作为最根本的实践指向和价值选择，具有尤为深厚的马克思主

---

① 习近平. 在省部级主要领导干部学习贯彻党的十八届五中全会精神专题研讨班上的讲话 [N]. 人民日报，2016-05-10（002）.

② 习近平. 习近平谈治国理政 [M]. 北京：外文出版社，2014：4.

③ 习近平. 决胜全面建成小康社会 夺取新时代中国特色社会主义伟大胜利——在中国共产党第十九次全国代表大会上的报告 [N]. 人民日报，2017-10-28.

义理论根据。"历史活动是群众的事业"①，社会经济发展的建设实践也同样是全体中国人民共同的群众性事业。在马克思主义唯物史观中，"人民"或"群众"概念已经远远超越了纯粹意义上的政治学概念或哲学范畴，更不是一项抽象的、孤立的、普世的概念，而是一个蕴含了历史和阶级属性的整体性概念，体现出群体性与阶级性特征相统一、主体性与客观性特质相统一。马克思、恩格斯曾指出："人的本质并不是单个人所固有的抽象物。在其现实性上，它是一切社会关系的总和。"②一方面，马克思主义理论建构中的"人民"概念直观体现了人作为主体的社会性及其类本质特征。"主体性"是构成人本质的核心要件，也是"人民"概念最为基本的实践性特征，这就指明了人类社会发展的根本目的是人的主体性发展，而不是为了实现某种着眼物性、盲从效率或是诉诸效用的客体性发展，这就从理论上体现了坚持人民主体性对于推动社会发展进步、持续共享的关键性意义。另一方面，"人民"作为马克思主义理论体系的重要范畴，还具有作为"群众"或"民众"的概念性规定。人民是推动历史前进、推进社会发展的决定性力量，其主体性内在地决定了人民具有与之主体地位相适应的社会权利与社会责任，在不同的社会形态下，"人民"概念的内涵外延自然也不尽相同。以西方资本主义社会为例，人民群众为资产阶级所统治，沦为工具理性和消费主义、物性逻辑等思潮的奴隶，个人主义在社会价值观念内渐趋泛化，而社会的整体责任意识走向式微。

全体人民共享强调了共享发展理念"以人民为中心"的思想内核，将全民共享放在共享发展理念核心内容的首位，反映了党和国家为人民谋幸福、为民生增福祉的实践自觉，体现了新时代中国社会发展创新、实践变革在价值追求和实践旨归方面的统一，体现了对构建人民共享发展格局、满足人民民生所需的强大回应，是发展理念创新在社会高质量发展实践层面，尤其是民生实践层面的选择与引领。以共享发展理念指引中国社会现代化发展，其价值选择、实践路径"具有立场的鲜明性、现实的针对性、布局的系统性、行动指导的具体性"③。与此相应，也只有坚持和发展中国特色社会主义，才能真正确保人民的主体性地位，发扬人民至上的社会价值共识。共享发展凸显以人民为中心，强调全体人民共享，体现了马克思主义理论同西方社会学说的本质区别，体现了马克思主义政党与其他政党的显著区别。将坚持人民主体地位同全体人民共享有机结合，使全民共享与全民发展融会贯通到实现经济社会高质量发展的实践进程当中，也高度彰显了新时代共享发展理念独有的理论优势，彰显了新时代推进共享发展的强大制度优势、政治优势。

---

① 中共中央马克思恩格斯列宁斯大林著作编译局编译. 马克思恩格斯选集（第一卷）[M]. 北京：人民出版社，2009：287.

② 中共中央马克思恩格斯列宁斯大林著作编译局编译. 马克思恩格斯选集（第一卷）[M]. 北京：人民出版社，2009：501.

③ 李怡，肖昭彬. "以人民为中心的发展思想"的理论创新与现实意蕴 [J]. 马克思主义研究，2017（07）：26.

（二）全面共享确保共享质量

习近平指出："共享发展就要共享国家经济、政治、文化、社会、生态各方面建设成果，全面保障人民在各方面的合法权益。"[①]这一重要阐述揭示了共享发展理念要求全面共享的理论要义。就历史唯物主义的理论观点而言，人类社会经济发展变革的首要现实任务和基础性要求是满足人的物质生活需要，随之渐进拓展作为主体的人的生活需要层次和水准，如物质和文化的现实需求、政治和社会权利的意愿诉求，乃至对环境生态的要求等。所以说，社会经济发展与人民群众需要呈现为一种既有所契合，又有所张力的宏大的、复杂的结构和系统，体现出经济、政治、文化乃至社会和生态等各维度、各层次、多领域发展的相互协同、相辅相成。

坚持全面共享，强调了共享发展实践呈现出的全面性、层次性和多样性特征，指证了人民群众的生活需求同社会供给、社会发展之间的辩证关系。实现人民利益、满足民生所需既是经济社会发展的旨归，也是推动经济社会更高质量发展的动力所在。伴随新时代社会主要矛盾的转化，人民群众对自身发展的需要已经从物质精神层面的基本民生需要跃升到涵括发展权利、社会尊严乃至生态安居在内，旨在提升具有安全感、获得感、满足感的幸福美好生活需要，这印证了社会发展的矛盾关系及张力成为确保人民全面共享、全面发展的现实因素。换言之，高质量发展决定了人的需要的全面性，推动社会经济高质量发展的要求，客观上决定着全体人民共享必然是多维度、多层次、多方位的全面共享。小到人民衣食住行的点点滴滴，大到关涉发展权利、发展机会和发展条件的宏观民生诉求，无一不体现出对社会发展质量和水平的更高要求。所以，强调共享发展是全面共享，同中国经济社会高质量发展转变转型的过程及其目标相契合，而能否切实推进全体人民的全面共享则成为评判共享发展程度和质量的重要标准。

具体来讲，全体共享意指社会改革发展方方面面、各个维度和领域的成果都要普遍地惠及全体人民，决不能造成对共享内容和质量的缺位。切实践行共享发展，就要进一步统筹好、规划好全面共享的维度和边界，明确民生建设的目标和指向，既要在保障民生的工作上大有作为，也要持续稳步推动经济社会改革发展，使厚泽民生福祉、致力人民幸福与推动社会高质量发展在过程与进度上相一致、相协调、相同步。习近平总书记运用深情凝练、直抵人心的话语高度概括了人民对共享发展的祈盼和愿景："我们的人民热爱生活，期盼有更好的教育、更稳定的工作、更满意的收入、更可靠的社会保障、更高水平的医疗卫生服务、更舒适的居住条件、更优美的环境，……"[②]从而为贯彻全面共享、确保共享质量提供了重要指引和思想遵循。为此，党和国家要在民生建设事业方面乘势而上，以教育、医疗、就业、住房、环境等主要领域的民生问题为切入点，并

① 习近平. 在省部级主要领导干部学习贯彻党的十八届五中全会精神专题研讨班上的讲话 [N]. 人民日报，2016-05-10（002）.

② 习近平. 习近平谈治国理政 [M]. 北京：外文出版社，2014：4.

在完善改进社会收入分配体制机制方面持续发力，力争实现"两个同步""两个提高"，通过更加丰厚充盈的收入、更加优质规范的教育、更加充足多样的就业、更加安全便利的医疗服务和更加丰富完善的社会保障体系、社会服务供给不断提升共享质量，从而使共享发展的推进贯彻更加全面、更加充实、更有保障。

此外，从共享发展实践的动态演进来看，共享发展的全面性不仅表现为社会发展成果的共享，还表现为社会发展权利、社会发展机会的共享。其中，共享社会发展权利是确保全体人民拥有参与共享资质的底线和前提，经由制度安排保障共享，才能逐步确立共享发展的路径架构，形成全体人民共享发展的价值共识和秩序规范；共享社会发展机会是构建共享机制规则的关键所在，只有全体人民共同享有发展的机会和资源，方能使共享发展切实可行、持续有效；共享社会发展成果则是践行共享发展的突出重点和必然结果。为此，必须在新时代共享发展理念的实践推进过程中进一步贯彻以人民为中心的发展思想，在共享发展体制机制的构建改进中弘扬公平正义的价值导向，注重共享发展成果向城乡贫困地区和社会贫弱群体倾斜侧重，力求全体人民共享发展的权利平等、机会公平、规则公正，在发展结构和发展过程两方面持续提升共享的质量水准，"保证人民平等参与、平等发展权利"①。

（三）共建共享发扬首创精神

习近平特别强调了"共享是共建共享。这是就共享的实现途径而言的。共建才能共享，共建的过程也是共享的过程"②。坚持全体人民的共建共享，不仅深切诠释了中国共产党人为中国人民谋幸福、为中华民族谋复兴这一矢志不渝的初心和使命，也高度体现出坚持贯彻、推动践行共享发展理念的方法要义和实践要旨。让全体人民渐进共享、全面共享的发展目标从顶层设计逐步落实落细，始终依赖于人民群众创新创造实践的磅礴伟力。"人世间的一切成就、一切幸福都源于劳动和创造。"③

提出共享发展是共建共享的发展，指明了切实推进共享发展的正确实践路径。只有通过全体人民共同建设中国特色社会主义、共同推动中国经济社会繁荣发展，才能持续激发社会共享发展的原生性驱动力，做好共享发展从思想理念付诸现实实践的工作，使共享发展得到愈加有所成效、更为持续恒远的贯彻。从共建和共享的内在机理来看，两者呈现出互为支撑、协同促进、相辅相成的辩证关系。坚持全体人民共建，是全体人民共享的现实前提与实践根据；坚持全体人民共享，是全体人民共建的价值导向和实践归宿。所以，全体人民共享的目标必须在经济社会发展的全过程中得到凸显和贯彻，从而更好地激发人民参与建设、投身发展的积极性、自觉性，形成推动共享发展的群体智慧

---

① 习近平. 习近平谈治国理政 [M]. 北京：外文出版社. 2014：41.

② 习近平. 在省部级主要领导干部学习贯彻党的十八届五中全会精神专题研讨班上的讲话 [N]. 人民日报，2016-05-10（002）.

③ 郑功成. 让广大人民群众共享改革发展成果 [N]. 人民日报，2016-03-23（007）.

和集聚动力。在努力创造全体人民发挥主体能动性、创造性社会条件的同时，还要进一步宣扬自立自强、乐于奉献、发奋图强等有助于社会共建共享的价值观念，抵制等靠拿要、好逸恶劳、不思进取等背离社会主义核心价值、阻碍共建共享贯彻落实的不正之风，确保人民共建共享的主观意愿与共享发展的机制条件形成良性互动，使共享发展更为有序、更为有效地推进下去。

新时代共享发展目标的实现离不开亿万人民群众的共同参与，全体人民是共建和共享的同一实践主体，要想推动共享发展的贯彻落实就必须更为坚定地凸显人民的主体地位，坚持人民共同建设、共同享有的发展思路，凝聚人民精神、依靠人民力量，使人民群众投身共建、实现共享的强烈愿望和信心被激发出来，使全体人民的无穷力量和深沉智慧创造性地、创新性地发挥到共享发展的实践中去。从这个意义上说，以做好"蛋糕"、更要分好"蛋糕"来厚泽滋养民生福祉，惠及群众民生能够有效地提升人民的获得感和幸福感。而要进一步增强人民群众在推进共享发展过程中的参与感，还需在共建共享这一实践途径上着力发力，其中，尤为关键的环节是切实尊重并充分发扬人民首创精神。"一个没有精神力量的民族难以自立自强"①，以新时代的"黄大年精神""王继才精神"等为明证，无一不是凝结着致力共建、追求共享意志和信心的精神标识。再就共享发展的内生动力而言，人民首创精神是共享发展理念持续推进的宝贵精神支柱和强大思想支持。伴随中国社会经济发展模式、发展路径的转型跃升，人民群众思想创新和实践创造的能力得到进一步增强，其对经济、政治、文化乃至社会、生态建设的重要作用日益突出，也为改进社会治理、提升公共服务等方面做出了积极贡献。因此，在整体推进共享发展的过程中，必须更加明确、更加深入地贯彻共建共享这一实现途径，引领人民群众积极参与到共享发展愿景蓝图的实现当中，促成人民的创造能力和创新能力从思想与实践两方面得到最大限度、最为充分的发挥，凝聚汇集全体人民践行、贯彻新时代共享发展理念的强大合力。

（四）渐进共享明确共享进路

强调共享发展推进践行、落实贯彻的进程是渐进共享，体现了共享发展理念的实践具有长期性、渐进性和阶段性特征。习近平总书记明确指出："共享发展必将有一个从低级到高级、从不均衡到均衡的过程，即使达到很高的水平也会有差别。"②这一重要论断，反映出推动共享发展必然需要从更好发展和更好共享两方面完成从量到质的积累，大到宏观顶层设计、小到细微具体工作，都需要不断创新、不断改进、不断完善，从而确保共享发展在内容和水平上做到由总量增长到质量提高的发展进路跃升。

---

① 中共中央文献研究室. 习近平关于实现中华民族伟大复兴的中国梦论述摘编 [M]. 北京：中央文献出版社，2013：39.

② 习近平. 在省部级主要领导干部学习贯彻党的十八届五中全会精神专题研讨班上的讲话 [N]. 人民日报，2016-05-10（002）.

共享发展理念的践行贯彻，关系到建设社会主义现代化强国、实现中华民族伟大复兴的发展大计。因此，共享发展在全社会范围内的完全实现，必然需要一定的发展成果加以巩固，也需要一定的发展时间作为积累。从经济社会发展过程的纵深来讲，我国正处于并将长期处于社会主义初级阶段，这同样是推进共享发展所面对的最基本、最实际的现实条件。在未来中国经济社会改革发展的宏大征程中，人民日益增长的美好生活需要和不平衡不充分的发展之间的矛盾，仍将长期是推进共享发展所面临的主要社会矛盾。种种发展境况、发展态势，客观上决定了共享发展的整体贯彻既可能会出现新机遇、新条件，也可能会遇到新问题、新挑战。任何发展理念的确立贯彻、任何发展模式的实践推动，都不可能是一蹴而就、轻而易举的，始终会是一个渐趋递进的运动过程。推动共享发展，同样会是一个从量的共享到质的共享、从基本层次的共享到更高水平的共享、从全体人民相对均衡的共享再到充分均衡的渐进共享进程。因此，切实贯彻共享发展，就需要深入考量国情民情，准确把握并研判当前经济社会的发展程度及发展水平，运用辩证唯物的思维、持续发展的角度审视共享发展上层设计和政策布局的落实工作。

要想更好地落实渐进共享，就要臻于郅治而勠力为之，注重共享发展的点滴积累，在共享发展实践的推进贯彻中脚踏实地、肯干务实，围绕社会经济发展的运行态势和整体情况，系统把握、科学规划共享发展的方案举措，按照改善公共服务、加强社会治理等一系列具体工作的任务目标，对共享发展的贯彻推进进行细致划分，做到步步为营、稳步推进，保障经济社会的发展转型、改革创新同增进改善民生形成有机联动。同时，要竭尽所能地在共享发展理念的有序推进中积极作为，着力关切回应广大人民群众对改善增进民生、实现幸福生活的现实诉求。坚持共享发展理念的指导引领，必须客观理性地检视经济社会发展的差别差异问题，依托种种发挥成效、起到作用的举措解决好目前社会环境下所衍生派生出的发展不平衡不充分问题。渐进共享，是推动共享发展的科学性进路，真正做到这一点，也就能够由少到多、由量到质，逐步提升共享发展的层次、水平和质量。

综上所述，全民共享、全面共享、共建共享和渐进共享是新时代共享发展理念的核心内容，这四方面的思想意蕴深厚，彼此紧密相关、互为一体、连通衔接。其中，全民共享强调了人民的主体性地位，全面共享强调了共享的质量和水准，共建共享强调了发扬人民首创精神的重要意义，而渐进共享明确了推动共享发展的正确进路，其思想要旨、理论要义统摄于以人民为中心的发展思想之中。共享发展理念的思想核心是坚持以人民为中心的发展，其实践归宿是实现全体人民幸福美好的生活，其价值追求是逐步实现全体人民共同富裕和促进人的全面发展。坚持共享发展理念，就要坚持全体人民是发展的主体、坚持实现人民幸福是发展的目的、坚持人民共同建设是发展的动力、坚持做到人民满意是发展的尺度、坚持人民共享成果是发展的归宿。正是在这个意义上，新时代共享发展理念凝结并升华了马克思主义发展思想、发展理论和发展观念的精髓要义，高度体现了马克思主义中国化的开创性创新与历史性发展。

四、共享理念的时代价值

实现共享发展是中国共产党的价值追求，也是践行"以人民为中心"发展思想的集中体现。在推进中国特色社会主义事业的历史进程中，着力践行共享发展理念，其中既内蕴着历史的传承，又着眼于现实的召唤。共享发展理念以其鲜明的时代价值，指引着新时代发展的前进方向。

（一）理论贡献

共享发展理念是把马克思主义发展观与当今中国实际、时代潮流和人民期盼紧密结合起来的理论创新成果，其开拓了马克思主义发展观的新境界，极大升华了中国共产党的执政理念，具有十分重要的理论价值。

1. 开拓了马克思主义发展观的新境界

马克思、恩格斯指出，一切民族最后都要达到"在保证社会劳动生产力极高度发展的同时，又保证人类最全面的发展的这样一种经济形态"[①]，"替代那存在着阶级和阶级对立的资产阶级旧社会的，将是这样一个联合体，在那里，每个人的自由发展是一切人的自由发展的条件"[②]。依照他们的设想，这样的自由联合体将彻底消除贫困，消除各阶级之间的对立和差别，实行各尽所能、按需分配，真正实现社会共同富裕，进而实现人的自由全面发展。马克思、恩格斯将人的自由全面发展作为社会生产发展的最终目的，为我们描绘了一幅人类社会未来发展的理想蓝图，但是由于历史条件的局限，他们的理想已经超出了当时的时代范围。这就使得马克思、恩格斯缺乏丰富的社会主义建设经验和教训，无法对社会主义初级阶段如何实现由贫穷到富裕、由物质富裕到精神富足等全面的发展做出具体的规划。过去很长一段时间，因受生产力发展水平和认识能力的限制，我国经济社会发展出现了一定程度的"失序"——将发展手段和目的本末倒置，背离了经济社会发展的价值方向。

党的十八届五中全会上，以习近平同志为核心的党中央按照马克思主义经典作家的科学设想，在继承马克思主义发展观点和总结社会主义建设事业正反两方面经验教训的基础上，坚持以人民为中心的发展思想，旗帜鲜明地提出共享发展理念，系统阐述了共享的受惠主体、内容范畴、依靠动力、根本原则、方法路径以及最终目标，深刻回答了在新时代发展为什么人、发展成果由谁享有、发展成果如何共享的问题，把马克思、恩

---

① 中共中央马克思恩格斯列宁斯大林著作编译局编译. 马克思恩格斯全集（第十九卷）[M]. 北京：人民出版社，1963：130.

② 中共中央马克思恩格斯列宁斯大林著作编译局编译. 马克思恩格斯选集（第一卷）[M]. 北京：人民出版社，1972：273.

格斯的发展理论构想一步步变为现实的行动步骤，在实践中不断推进马克思主义发展观的中国化、时代化、大众化，开拓了马克思主义发展观的新境界。

2. 升华了中国共产党的执政理念

发展是党执政兴国的第一要务，发展理念科学与否，直接决定着党和人民事业的兴衰成败。党的十八大以来，以习近平同志为核心的党中央围绕"坚持和发展中国特色社会主义、实现社会主义现代化和中华民族的伟大复兴"这一时代主题，立足不断变化的客观实际和人民需求，从内容、路径、方法、目标等多重维度，提出了内涵丰富、脉络清晰的共享发展理念，集中体现了习近平治国理政思想的价值实质、发展思路和实践举措等，为新时代中国共产党治国理政提供了最根本的价值导向、根本动力、行为规范和检验标准。共享发展理念强调发展为了人民、发展依靠人民、发展成果由人民共享，让人民在共建共享中拥有更多的获得感，表明了人民是共享的主体和动力，指出了实现共享发展的方法和标志，不仅充分考虑了人的需求，将人的发展作为经济社会发展的目的，还把人的"获得感"作为新时代判断改革成败的价值标准。要让人民群众有"获得感"，一方面，在物质层面要继续深化改革，推动生产力发展，让人民切身感受到物质生活水平的提高；另一方面，在精神层面要让每一个人都活得更有尊严、更加体面，享受公平公正的同等权利等，使人民在参与发展各项事业中获得心灵的自豪感、生活的幸福感、发展的成就感和社会认同感。这就要求我们党坚持解放思想、实事求是、与时俱进、求真务实，制定符合人民群众根本利益的发展路线、方针和政策，实现更好更快更高质量的发展，使经济社会发展成果更多地体现到人民的"获得感"上。总之，共享发展理念突出人民至上，彰显以人民为中心的根本立场，实现了价值观和方法论的统一、发展手段和目标的统一、发展主体权利和义务的统一，构成了新时代党一切工作的出发点和落脚点，标志着党对执政规律、发展规律的认识跃升到新高度。

（二）实践价值

"共享"既是观念，也是实践。坚持共享发展是社会主义初级阶段发展理念和发展战略的必然选择，关系 14 多亿中国人民的福祉，关系执政党的性质和命运，具有重大的实践价值。

1. 有利于维护社会公平正义

公平正义一直是人类的美好夙愿。习近平强调："共享发展注重的是解决社会公平正义问题。"[①] 改革开放 40 多年来，我国经济飞速发展，取得了巨大的成就，人民的生活水平不断提高，社会地位得到了明显改善，但发展的同时也带来许多的社会问题：社会财富得到极大提高，但是收入差距悬殊、环境问题日益严重等。人们都参与讨论的热点话题，反映的是社会现实问题。大量的事实表明，没有公平，就不能造就一个和谐、稳定的社会，社会就不会进步。现在我国发展呈现经济新常态的特征，产生了新情况。

---

① 习近平. 习近平谈治国理政（第二卷）[M]. 北京：外文出版社，2017：199.

因此，我们必须要注重公平，实现共享发展。基于共享发展理念的经济体制改革，是对全体劳动人民智慧结晶的尊重，能够凝聚干事者的积极性和主动性。共享发展有利于国民共享社会发展所取得的果实，提高幸福感。在新时代，实现共享就意味着能够满足人民群众对美好生活的向往，缩小社会发展差距，维护社会公平和正义。坚持新理念，就要将其充分体现到生活的点点滴滴，从而推动社会不断地发展进步。

共享发展理念是公平正义思想优势的重要体现。习近平指出："共享理念实质就是坚持以人民为中心的发展思想。"[1] 唯物史观强调人民群众的重要性，人民是历史的创造者。中国共产党坚持将人民的利益放在首位，坚持走群众路线，将人民紧紧地团结在一起，将群众的力量运用于社会主义建设的伟大事业中。这一思想科学地把握了中国历史进程的特点，直面我国当今所面临的难题。首先，它将视角对准了贫富差距难题。面对日益迅猛发展的经济，我国呈现出许多社会问题，其中居民收入差距问题尤为明显。尽管居民可支配收入提高，但是两极分化、贫富差距问题仍然严重，这些问题的解决基于以共享发展为中心的顶层设计，从源头上合理调节分配，增强国民的获得感。其次，共享发展致力于解决我国资源分配不均的问题。我国疆域辽阔，因为不同的地理环境导致各地区的自然资源和经济发展水平不同，东部地区靠近海域，交通便利，经济发达，中部、西部地区深处内陆，交通闭塞经济发展缓慢比较落后。"一带一路"倡议很大程度上带动了中西部区域的发展，促进了资源的合理分配。再次，共享发展理念指出了话语权不均衡的问题。随着科学技术的发展及新媒体时代的到来，党和政府对信息产业大力扶持，从源头上为保障人民群众的话语权提供了机会和平台。微博、微信这些社交软件的普及，拓宽了人民参与政治生活的渠道和途径，人民可以在法律允许的范围内自由发表言论；同时也缩小了政府和人民的距离。人民群众对政府事务的话语权、发言权得到提升，是新时代中国特色社会主义话语权公平的体现。最后，共享发展理念将新时代公平正义的理论汇集到一起。公平享有建设成果是人民群众的基本利益诉求，共享发展理念顺应历史发展的潮流，得到广大人民群众的支持和认同，凝聚了建设社会主义事业的广泛力量。同时它的提出可以维护大部分的权益，有利于人的发展，有利于维护社会公平正义。

2. 有利于实现"两个一百年"的奋斗目标

中华民族是不屈不挠、艰苦奋斗的民族。中国人民在中国共产党的带领下，紧紧围绕民族复兴思想，结合当下的社会背景和时代要求，进行社会主义现代化建设。因此，党的十九大报告对"两个一百年"奋斗目标进行了新的阐释，让人们形成清晰深刻的整体认识，激发全国人民坚定走中国特色社会主义道路的信心。"两个一百年"奋斗目标正处于历史的交汇期，交汇期是大有作为的机遇期，我们要紧紧抓住这一时期。同时这一时期也是攻坚的关键期，中国已进入改革的深水区，我们要毫不动摇地把硬骨头啃下

---

[1] 习近平. 习近平谈治国理政（第二卷）[M]. 北京：外文出版社，2017：214.

去。

共享发展理念为如期实现"两个一百年"奋斗目标提供了动力。历史已经证实，中国只有坚持走社会主义道路才能实现共同富裕，人民只有坚持党的领导才能过上富足公平的生活。党坚持全心全意为人民服务。共享发展的基础是建立在全国各族人民共同建设社会主义的基础之上的，只有共建才能实现社会共享。因此，坚持中国共产党的领导，将人民紧紧地团结在党的周围，发挥民众的力量优势，为实现"两个一百年"奋斗目标贡献自己的力量。

共享发展为"两个一百年"奋斗目标提供了价值指向。中国人民历来追求共同富裕，中国共产党也将其视为重要目标。为了实现共同富裕这一目标，党结合当下的时代背景，提出了适合当今社会发展的政策。共享就是结合时代背景所提出的，目的是让人民群众共同享受社会生活各方面的成果，从基础的物质再到更高层次，是对共同富裕的补充与发展。

"两个一百年"奋斗目标虽然只是指明建党、中华人民共和国成立以来一段时期内党和人民努力的目标，但是却为中国未来能够平稳前进打下了坚实的基础。随着社会生产力的发展，共享的内容也得到了丰富的发展。我国社会发展经历过不同的阶段，每个阶段人们的要求不同，共享的内涵也就不同，这是一个不断完善的过程。在新的社会条件和发展基础上，以共享发展逐步解决分配不均的问题，从而走向共同富裕。

3. 有利于实现中国梦

共享发展可以让全体人民共同享受改革发展带来的社会进步的福利，它强调了人民的主体地位，体现了为人民服务的思想。实现中华民族伟大复兴中国梦，就是实现共同富裕的梦，是需要靠全体人民的不懈奋斗才能实现的。

共享发展理念为实现中国梦奠定了群众基础。共享的主体是人民，他们是实现中华民族伟大复兴的依靠力量，同时还是创造者和享受者。水能载舟亦能覆舟，从中华民族的发展史乃至整个世界的发展史来看，能不能赢得人民的支持，是统治者能否维护其政权稳定的至关重要的因素。唯物史观表明，人民群众是历史的创造者，强调了人民作为主体在社会历史发展中的重要作用。中国共产党"始终坚持全心全意为人民服务的宗旨"[①]。为了满足人民群众不断增长的需求，我党一直努力奋斗。共享不仅能满足人民群众的需求，同时还能调动人民的积极性，将他们团结在党的周围，贡献自己的光和热。一个人的力量有限，但是千千万万人的力量是不可估量的。

共享发展理念体现了中国梦的精神实质。中国梦的精神实质，就是实现国家富强、民族振兴、人民幸福，就是要将中国道路、中国精神、中国力量作为重要实践工具，将人民的梦与中国梦有机统一。国家的梦和人民的梦是不可分割的，是紧密联系在一起的。共享发展理念直面社会主义建设过程中出现的贫富差距、资源分配不公、地区发展不平

---

① 习近平. 习近平谈治国理政（第二卷）[M]. 北京：外文出版社，2017：40.

衡的问题，从而制定出有效的策略，共同推动社会向前发展，坚定不移地为实现中国梦而努力奋斗。

共享发展理念为中国梦增加了丰富的内涵。共享在丰富中国梦内涵的同时自身也得到了补充和发展。实现中国梦需要全体人民的共同努力，需要每一个中华儿女贡献自己的光和热，发挥自身的主动性和创造性，这是一个漫长的历史过程，归根结底还是需要共享发展来拓宽实践路径。如今我国面对错综复杂的国际环境，国内在取得成就的同时还存有许多的问题需要改进，共享发展让中国与世界密切联系，互惠互利。共享发展理念能够从理论和实践方面更好地助力中国梦的实现，推动中国社会的发展和进步。

4. 有助于夯实党的执政基础

马克思主义政党是新型的工人阶级政党，它不同于其他政党的显著标志就是能够自觉站在人民的立场上，全心全意为人民服务，把为人民谋实利、谋幸福镌刻在自己的信仰旗帜上，这也是马克思主义政党独特和强大的政治优势。中国共产党成立 100 多年以来，始终高举马克思主义伟大旗帜，紧密团结和依靠人民群众的力量，先后推翻了"三座大山"，进行了社会主义革命、建设和改革，带领中国人民从"站起来""富起来"到"强起来"，开启了中华民族伟大复兴的新征程。一部中国共产党的执政史，就是一部立党为公、执政为民的历史，从"人民万岁"到"以人民为中心"，全心全意为人民服务的宗旨一直贯穿党执政兴国的全过程。党的十八大以来，以习近平同志为主要代表的中国共产党人坚持将"人民"作为党治国理政的核心逻辑，把"民心"看作是最大的政治。习近平告诫全党，民心向背是关乎一个政党、一个政权生死存亡的大事，共产党人要不断维护人民的利益，满足人民日益增长的美好生活需要，如果背离人民之所望，终将会被人民所抛弃。现阶段我国社会的主要矛盾发生了变化，不稳定、不确定因素明显增多，人民对向往的美好生活提出了更高的要求。如何满足人民群众的利益诉求，既是一个重大的现实问题，也是影响党执政地位的政治问题。面对新情况，党提出共享发展理念，着眼于破解当下我国发展过程中的突出问题，制定并实施人民群众共享经济社会发展成果的有效措施，进一步筑牢民生底线，保障人民群众各项权益。共享发展理念作为党的群众路线在发展观上的最新体现，不仅关照了人民群众的现实诉求，增进了民生福祉，还赢得了广大人民群众的拥护和支持，为新形势下贯彻落实党的群众路线、夯实党的执政基础提供了有力牵引。

（三）世界意义

共享发展理念源自中国又作用于世界，不仅统领国内发展建设，同时还为推动世界发展，促进人类文明进步提供了独具特色的"中国方案"和"中国智慧"，给世界各国和谐发展、全球治理体系完善提供了有益借鉴，具有重要的世界意义。

1. 为世界发展提供"中国方案"

中国作为世界上最大的发展中国家，实现了国家经济社会快速发展，一跃成为世界上第二大经济体，创造了人类发展史上的伟大奇迹，同时，又通过自身发展为世界发展进步做出了重要贡献。伴随中国在全球范围内的崛起，中国主张、中国治理模式也日益受到世界的广泛关注。当前，单边主义、贸易保护主义思潮抬头，世界经济发展的不确定性增强，全球治理体系的完善面临新挑战。在此环境背景下，中国作为一个负责任的大国，积极参与全球治理建设，主动提出"一带一路"倡议，致力于通过构建一种开放、包容、互利、共赢的新型区域合作机制，推进更广范围、更宽领域、更深层次的区域经济一体化，为世界提供了多边合作的创新模式，为国际合作带来新的发展前景。"一带一路"从 2013 年首倡至今，已经得到越来越多的国家和国际组织的欢迎和支持，"一带一路"倡议及其合作理念也被写入联合国等重要国际机制成果文件，在国际上凝聚起广泛共识，日益成为多方参与、互利共赢的重要合作平台。"一带一路"倡议主张将自身的发展机遇同世界各国的发展战略紧密联系起来，通过筑牢彼此共同利益的纽带，打造共同繁荣的人类命运共同体，充分体现了共商共建共享的发展理念，为实现全球治理体系和治理能力现代化提供了新的理念和思路，同时也为世界各国共同发展提供了"中国方案"。

2. 为文明融合贡献"中国智慧"

当前，和平与发展仍然是时代主题，但世界仍旧很不太平，零和博弈的冷战思维依旧对国际社会有着深远影响，西方国家通过其主导的国际话语体系大肆宣扬"文明冲突"，鼓吹"普世价值"，输出"西式民主模式"，致使世界变得更加动荡不安，战争的达摩克利斯之剑时常悬挂在人类头上。面对当今复杂严峻的全球治理问题，西方价值理念却拿不出任何有效对策，而这一切困境的背后是全球化背景下西方政治话语的苍白。如何回答这样的时代命题，党和政府着眼于中华民族伟大复兴中国梦的实现，着眼于人类前途命运的深邃思考，统筹国内、国际两个大局，坚持推进改革开放，推动"一带一路"高质量发展；着力建立起以合作共赢为核心的新型国际关系，与全球分享发展机遇，使世界各国的发展需求不断融合，共同构筑人类命运共同体，这不仅对世界经济有推动作用，对于增进文明交流互鉴同样具有重要意义。作为共享发展理念在全球治理思想上的延伸，"人类命运共同体"思想秉持文明间和而不同、包容互鉴的原则，主张各人类文明相互尊重、平等相待，倡导不同文明兼收并蓄、交流互鉴，通过不同文明的互相对话消除不同文明间的封闭、隔阂和猜忌，增进不同文明间的互信了解，进而推动不同文明在各领域开展互利合作，实现共享发展，共同向着构建人类命运共同体的目标不断迈进。正是这样的理念和思想，丰富和发展了中国和平发展道路，突破了"非输即赢"的冷战思维，在理论上有力地驳斥了"历史的终结""文明的冲突"等谬误之论，为人类文明进步提供了新的视角和解决方案，为促进文明融合发展贡献了"中国智慧"。

第二章 公共空间设计概述

公共空间是人类赖以生活与活动的外部空间，它既强调空间的开放性，又强调与活动多样性的开放联系，不仅定义了城市结构，还展示了城市活力。公共空间是不断变化发展的，由于大规模的城市建设以及新型城市格局的形成，人们的公共活动场所和私密空间一起发生着格局上的变化。新时代的公共空间内涵更强调社会属性，人与人之间的交往活动激发了公共空间的活力。现代城市的公共空间更加突出容纳公共生活的功能，追求多功能、人性化、个性化、生态性和艺术性[1]，对塑造城市形象起着至关重要的作用。

在信息化时代，公共空间设计的内容不再只是针对可见的、可触摸的实体之物，而是逐渐扩展到虚拟层面的内容，如电子媒介组成的城市公共空间、网络上形成的虚拟公共空间等。在这种背景下，城市公共空间将容纳更多的受众，公共空间的设计也不再只由政府、专家主导，普通大众也能加入城市发展的进程中——从前的大众是城市这一机器的小小螺丝，现在的人们是转轮，以耦合的形式加速着城市的运转，为城市的正常发展提供保障。真实与虚拟的界限渐渐模糊，而这种模糊将引领人类走向功能更强大、更安全、更宜居的城市生态。

一、公共空间的概念演变

（一）传统公共空间的基本概念

传统公共空间讨论的是物质环境的意义，即一种以公众利用为基础的城市空间。在国内学术界，一些研究理论将城市公共空间定义成室外开放的空间[2]，而另一些理论把自然属性的城市开放空间与公共空间分隔开来，认为公共空间被更精细地定义为人工创造物。[3]《城市规划原理》中认为："城市公共空间从微观层面来说是能够满足城市居民日常基本需求的公共使用的室外空间。宏观层面可以认为有公共设施用地的空间都是

① 孟彤. 城市公共空间设计 [M]. 武汉：华中科技大学出版社，2012：16.

② 陈竹，叶珉. 什么是真正的公共空间？——西方城市公共空间理论与空间公共性的判定 [J]. 国际城市规划，2009（03）：44-49.

③ 杨晓春，周晓露，万超. 城市公共开放空间可达性综合评价的研究框架 [R]. 北京：中国城市规划学会，2013：5.

公共空间。"① 因此，街道、绿地、公园、各种类型的广场、社区活动地等都可看作是公共空间。公共空间的概念在国内外没有形成统一的定义，大都通过与之相近的概念如公共区域、开放空间等名词来进行相关研究。（见表 2-1）

表2-1　西方学者对公共空间的定义

类别	定义
城市空间	城市中可供市民室外活动的、感知的空间
外部空间	由人创造的有目的的外部环境
开放空间	任何使人感到舒适、有更广阔的空间、自然的地方

以上概念都侧重于对"空间"的解释，而基于共享理念的城市公共空间则是针对社会层面的"公共"做进一步分析。德国思想家汉娜·阿伦特（Hannah Arendt）表示，公共空间不是一个恒久不变的实体，公共场所只有发挥其价值才能被当作公共空间。当人们因为需要、共同关心和交流而聚集在公共场所时，广场、街道等才能算作真正的公共空间。"公共"表达了人的交流与互动，它是心理交换与活动交往的平台。公共空间是城市至关重要的组成部分，它将开放性场所提供给大众，人们在该区域交流信息、交换物质。公共空间和半公共空间、私有空间比起来，其公共属性更强。哈贝马斯（Jürgen Habermas）认为公共空间是公共领域与私人领域之间的交叉空间。斯特凡纳·托内拉（Stefana Tonella）认为公共空间的本质属性在于"可进入性"和"交流"，可进入并不一定能促成交流，也就不能形成完整的"公共"。② 所以对于大众来说，交流和体验是"公共"含义的重要体现。

（二）"城市公共空间"的重新定义

20 世纪 80 年代以来，城市公共空间由于对数量及规模的过度追求，与公共生活渐行渐远，对于民众的需求无法满足，低质的公共空间愈发增多。进入 21 世纪，愈发多的商业综合体出现在城市里，吸引着人们，公共空间更多转向了立体化及半私有化，许多公共空间闲置起来，活力丧失，变成消极的空间。不过，一些国家也针对城市公共空间做了共建实验，改建的空间变成人们交流、聚集、举办活动的场所，公共空间由此也而一次获得了关注，成为受瞩目的交往空间。

城市公共空间的维度开始发生变化，一方面是由于人们逐渐认识到"公共"的重要性，另一方面是由于"共享"的各领域对公共空间的影响。"公共"是"共享"的支撑，而"共享"是"公共"的延伸，二者相辅相成。

对于公共空间，人们的需求是：在日常生活中它可以提供娱乐休闲的功能，继而联结大众，让人们的生活充满能量及意义。对于民众而言，公共生活的一个重要体现就是

---

① 吴志强. 李德华，主编. 城市规划原理（第四版）[M]. 北京：中国建筑工业出版社，2010：534.

② 斯特凡纳·托内拉，黄春晓，陈烨. 城市公共空间社会学 [J]. 国际城市规划，2009（04）：40-45.

体验与交流。根据可使用、可进入的程度，传统的城市空间被划分成私密空间、半私密空间、半开放空间以及开放空间。由于共享经济的推动，过去在产权基础上被固化了的空间边界出现了变化，私密和公共之间的界限愈发不那么鲜明。共享使个体的活动边界扩大了，让其可以接触到更私密、广阔的城市空间。以广场和街道为例，蔡永洁基于对中国及欧洲各国城市广场的研究，系统深入地分析了城市广场的品质，给出了三个基本的评价，首要一条就是定义城市广场，要以社会学为先，之后才是空间。① 由此可见，社会属性之于城市公共空间很重要。

部分学者以往对城市公共空间的物理特点和物理属性给予了过度的关注，如地点一定位于城市当中，人可以随意到达，界定"公共"这一属性时秉持的亦是传统方法。但是大众的生活方式伴随技术的革新亦处于动态变化中，人和人到达的场所亦变化不小。定义公共空间时，仅用实体物理空间予以解释显然不够。站在人们公共交流的角度，城市公共空间的物理维度已经发生了变化，其物理范畴已经不再局限于过去的城市中心广场、街道和公园。人们会更多地选择酒吧、咖啡馆、商场或餐厅等非传统的、非完全开放的地点来进行交流与公共活动；同时，其行为也不仅仅是过去的旅行、集会、日常聚集、休闲娱乐等传统活动，而变成了在新的社交技术支持下的会友、锻炼、团建、学习等新兴的公共行为。今天以及未来的城市公共空间的定义应加入新出现的行为方式、技术和生活方式并予以综合性考虑，而虚拟空间的出现恰好满足了这些新的变化。

共享经济的基础是互联网技术的快速发展，而互联网技术的发展又催生了虚拟空间。虚拟空间的出现颠覆了传统空间的设计，人的行为需求可以通过虚拟空间更完整地延伸。虚拟空间从早期的电子宣传、视频播放等静态方式发展到现在能够实时互动，如游戏、购物等体验，甚至 VR 体验技术，科技的进步使人们足不出户可观天下事的需求得到满足。虽然虚拟空间开始出现时导致实体空间遭到一定的冲击，但越来越多的人看到的更多的是虚拟空间与实体空间的融合，既能消除虚拟与实体空间两者的弊端，又能将两种空间的优势充分结合起来。因此，我们可以发现实体空间中越来越多的功能被嵌入虚拟空间，实体空间和虚拟空间的分界线也逐渐模糊，这种现象将越来越常见。

虚拟空间的优势主要有两点。首先，虚拟空间表现出普遍性、可接受性，大部分的人都愿意接受虚拟空间，并且能在虚拟空间中更深入地探索、更新。其次，虚拟空间带来了平等与开放。虚拟空间强大的收容能力让用户感受到了平等与自由，人们可以随心所欲地按照自己的喜好活动、交流而不会受到限制，就算是性格内向的用户也能轻松地与别人交流，满足了各类人群的需求，吸引了各类人群的探索与体验。

共享空间是公共空间的转型方向，应将"共享"的特质融入公共空间，重新发现和定义城市公共空间。首先，恢复它作为主要社交场所中信息的起始点；其次，进一步决

---

① 蔡永洁. 空间的权利与权力的空间——欧洲城市广场历史演变的社会学观察 [J]. 建筑学报，2006（06）：38-42.

定空间的多样化；最后，虚拟空间中的互联网技术使公共空间能够更好地发挥自身的优点。互联网的本身是人联网，是人和人的连接，这种特性直接为"共享"提供了时代思维和技术支持，实体空间与虚拟空间的叠加是笔者后文提出设计原则与策略的重要辅助手段，也是进行空间实践的重要方法。公共空间处于这样的背景下，已然无法将其简单地认知为空间及公共之集合，应着重强调它的共享性和公共性。

二、公共空间的公共性与社会性

（一）公共空间的公共性

1. 公共空间的社会价值变迁——以美国为例

在19世纪后半叶，美国大部分的地方政府都在城市内获得大片土地，并将其改造为主要的城市公园或公园系统。美国学者罗森菲尔德（L. W. Rosenfield）曾指出，19世纪的美国城市公共公园为城市民主提供了服务的功能，其与传统的共和社会的公民演讲一样，都是为了表现制度和意识形态原则，并被认为是当时文化的天才表现。① 他还进一步指出，美国城市公园提供了多种形式来激发共和美德，如公民自豪感、来自不同背景的人的交往、自由感以及常识（如审美标准和公共品位）。

到了20世纪初，尤其是针对居住在拥挤的美国内陆城市的工人阶级提供健康、卫生和公共的娱乐机会，成了当时公共空间建设的主要原因。在当时，公共空间的易到达性常常是城市或区域规划的组成部分，同时也是社区和社区规模设计的缩影。这些"世俗"目标是受埃比尼泽·霍华德（和英国花园城市运动的启发，试图解决工业城市拥挤和污染的环境问题。在1933年的《雅典宪章》中，国际现代建筑大会（CIAM）强烈支持将构建城市公共空间作为现代城市规划的基本原则之一，称其为城市的"肺"。自那以后，美国城市中的公园、开放的公共空间就具有促进公众康乐、身心健康、与自然交融的特征，使之成为公益和社会服务的对象。作为一项公益事业，公共空间的开放标准通过在全美范围内的公园和娱乐标准来进一步全面规范。1948年，美国公共卫生和健康住房委员会印发了《规划社区》一书，将城市地区的开放空间需求编入法典，并促进了政府和社区公园与当地学校的直接联系。为了促进公共空间作为公共服务的一部分，公共空间的管理者们更多地考虑规划和组织娱乐活动，更关注公共空间的社会性价值，而不是像早期那样关注美学价值和文明目标。因此，公共空间作为公民设计运动的一部分，开始逐渐变得更加民粹化、更加制度化、更加官僚化，并作为规划理性城市的一部分。然而，由于缺乏足够的资金预算，在城市总体规划中假定的开放空间要求仍然以咨询为主，而且主要是未实现的。此外，20世纪70年代中期政府预算削减对城市保持现有公共空间的能力产生了灾难性的影响。

---

① Rosenfield. American rhetoric: Context and criticism[M]. carbondale: Southern Illinois Press, 2005: 221–266.

从 20 世纪 80 年代末开始，公共空间日益关注可持续性和社会责任感的话题，从 80 年代末到 90 年代初，关于公共空间中日益增长的私有化和商业化的争论开始出现。

从 1990 年开始，"体验社会"成为公共空间的热门话题。人们要求在公共空间中能获得体验，从而提升了在公共空间中增加选择活动的需求，并且要求提高为特别目标群体或类型活动等专门化设计与服务。建造一个标准化的操场已经远远不够，主题型操场、滑板公园、慢跑的步道和酷跑训练场地同样被人们需要。[①] 专门化设计和对于公共空间体验的需求提升了对是否满足目标人群需求度的测试，同时测试了公共空间是否被用于有意义的目的。

可持续性、健康和安全是进入 21 世纪之后城市公共空间研究中日益关注的社会性命题。2000 年以后，关于"宜居性"的概念也开始涌现。

城市公共空间的社会性从最初的服务性功能——以增加公民的自豪感、自由感和社会交往能力发展到中期的社会公益和社会服务——为公民提供健康、卫生和公共的娱乐机会，再到当今的"体验社会"、可持续性发展和健康、安全以及宜居性的社会属性，城市公共空间的社会价值与符号意义尽管发生了变化，但它身上的社会性始终未曾改变。

2. 公共空间的新公共性

新时代的公共空间内涵首先是具备社交属性。公共空间包括多样化的社交性活动、各具特色的地域性建筑样式，以及多种多样的、起伏不定的"公共性"和"私有性"之间不同形式的变化与重叠。公共空间关注的是城市及城市社区中的邻里关系、成员以及所有人群，可以让他们在一定程度上互相认识，获得身份认同；营造一种感觉上的亲密归属感和直觉上的亲属感觉；是一个与文化、社会地位和大众兴趣、基本信任、可预见的事物、有责任感、相互帮助和安全防御等有关的地方；是一个提供城市社会"公共"生活的地方。面对多元化的社会，具体的城市公共空间特征应该是能在一系列约定俗成的公约和设想下进行的社会性管理中被发现的，这些设想和公约与个体的家庭隐私以及封闭性社区的欢乐毫无关联。它应该是开放的，为整个社区、全体人民服务的场所。

其次，公共空间是城市文化的场所。正如理查德·赛内特（Richard Sennett）所说，城市文化是一种体验不同性的问题——在一条街道中，体验不同的阶级、年龄、种族和品尝自己熟悉领域之外的滋味。在公共空间中，不同的城市居民聚集在一起，驻扎在一起。这种城市公共空间的体验说明了不同社会关系共存的可能性，它强调所有发生在公共空间中的交互活动的可交换性与可重叠性。在这种非压迫的城市文化场所中，人们能够从彼此理解开始，进而彼此调节社会矛盾与分歧。在一个中性的、公平的场所中，不同的人们能够彼此遇见，同时又能彼此尊重对方身上的特点。在这种城市文化的公共空间中，城市生活才能让所有互不相识者彼此相爱、和睦相处。

① Jan Gel,Birgitte Svarre.How to Study Public Life.[M].Washing ton:Island Press:2013:64-65.

3. 公共空间定义的局限

英国学者对于城市公共空间的定义为："公共空间是指在建成的和自然的环境中，所有公众都能自由出入的部分。它包括街道、广场和其他通行权，不管是否用于居住、商业还是社区或民事用途；开放性空间和公园；公众可以进入不受限制的'公共／私人'空间以及公众可以自由进入的主要的内部和私人空间之间的对接点。"①

但是公共空间的上述定义并没有解决公共空间作为场所如何建构人与社会的关系、如何将人的行为引入公共空间中来的问题。即便是爱德华·拉夫（Edward Ralph）提出物理环境、行为和意义组成了场所特性的三个基本要素，也并没有深入探讨关于公共空间的社会关系的连接问题。

而庞特（S. L. Punter）和蒙哥马利（A. D. Montgomery）在拉夫的理论基础上又将场所感放到了城市设计的思想里面，如图 2-1 所示。在该图中蒙哥马利并没有具体解释物质环境、人的活动和意义是如何具体生成场所感的，也未对公共空间的社会关系进行解读，只是将物质环境、活动和意义列为公共空间的场所的三个要素共同作用的结果，但在这三个构成要素中缺乏了对公共空间中所承载的社会关系的探讨。

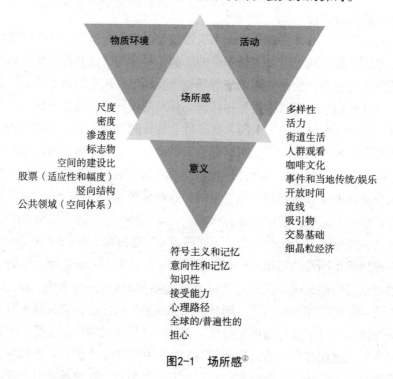

图2-1 场所感②

---

① ［英］卡蒙纳·蒂斯迪尔. 公共空间与城市空间——城市设计维度（原著第二版）[M]. 马航，等，译. 北京：中国建筑工业出版社，2014：154.

② ［英］卡蒙纳·蒂斯迪尔. 公共空间与城市空间——城市设计维度（原著第二版）[M]. 马航，等，译. 北京：中国建筑工业出版社，2014：135.

（二）公共空间的社会介质属性

1. 公共空间是社会介质

社会介质具有双向连接、传播和反馈性，而公共空间正具备这种特质。在既往研究中，研究者对于这一特质的关注较少，而它的这一特质决定了笔者的研究视角，即作为社会介质的公共空间，它是空间活动主体与活动价值产生关系的双向桥梁。

公共空间，可以是传播的工具与场所，也可以是被传播的工具与场所，能作为一个"中介体"将不同的人群引入同一空间场所之中，支持他们的行为，同时又能反过来影响他们的行为乃至生活方式。

这里的"社会介质"概念与"泛媒介"的概念并不冲突。我们可以将世间一切事物都视为"社会介质"，社会介质即讯息。

本书将公共空间定义为一种社会介质空间，它是联系公众社会中不同角色的媒介。由此明确了公共空间作为社会介质需要解决的两个主要内容：一是公共空间的连接对象是谁，二是公共空间的介质属性是什么。

2. 作为社会介质的公共空间联系对象

（1）公共空间的联系对象：人与社会价值

由于公共空间是社会空间的一种社会学、地理学、城市规划学、建筑学和设计学交叉属性下的外在表现，因此它具有社会价值。例如，扬·盖尔（Jan Gehl）在描述公共空间时将其视为一种"公共生活"去探讨，而非传统建筑师或城市规划师眼中的物质性空间。

依据列斐伏尔（Henri Lefebvre）的社会空间概念[1]，社会是由主体层面和客体层面两个部分组成的。作为具有社会介质属性特征的公共空间承担了联系两部分的功能，即一部分是公共空间的主体，另一部分是公共空间的客体。

由于公共空间属于社会空间的范畴，因此，公共空间也是由群体和群体中的个人所组成的。公共空间的目的并非仅仅是设计建造一个供人们聚集与活动的公共场所，而应是将所有人吸引到这个社会介质空间中。换句话说，公共空间不仅能承担人的活动，还能将人的活动创造出社会价值。一个优秀的公共空间不仅能支撑人的需求与行为，并且还能生产出新的使用者，推动人们创造出新的生活方式。

（2）主体的联系对象：人

在公共空间中，其联系的主体对象就是人。面向所有人是公共空间实现公共性的首

---

① 列斐伏尔的社会空间概念所述：社会空间由两个部分组成，一个是主体层面，另一个是客体层面。主体上来说，社会空间是一个由群体和群体中的个人所组成的环境空间。它是一个水平的范围，在其中心是群体与群体中的个人生活及个人表达的场所。这个水平范围的两端并不是指从群体到群体的范围，而是根据他们的情况和他们参与的活动来区分。客体上来说，"社会空间"与"社会移动性"不是同一个概念。独立地来看，社会移动性保持了一种抽象性概念，它指的是建立它的网络和渠道。社会空间是由一个相对密集的网络和渠道组成的，它的机理是日常生活不可分割的一部分。

要条件之一。这里的人，所指的是公共空间的参与者、管理者和所有者。参与者即不同种族、不同年龄、不同性别、不同信仰的陌生人群汇聚在公共空间。管理者是指公共空间的管理方，他们承担着对于公共空间的维护与管理工作。所有者是指公共空间的产权归属者。公共空间需要从主体的角度出发，将这三者的关系与需求协调统一。

当我们在探讨作为社会介质的公共空间联系的主体对象人时，我们需要综合考虑不同使用者、参与者和管理者身上的不同文化特质、社会背景、经济发展等要素。世界范围内，不同地域的不同人对于公共空间的使用与需求既相同又不同。

（3）客体的联系对象：人、群体和物理空间

①人。这里的人是指作为社会介质属性的公共空间连接的客体对象，即将主体的人与客体的人联系在公共空间的环境之中。这里的人强调的是个体。公共空间中的"其他人"能够通过听见他人的谈话，闻到特定的气味或解释其他不可见的要素来获得感知。通过接触与互动，人们彼此之间存在着差异，这可能会导致对于公共空间中预期行为的不确定性。尽管因这些行为主体的不同可能会导致歧视，甚至是冲突和紧张，但在好奇心和对新的社会关系的期待中，他们也会产生新的看待事物的方式。

②群体。作为社会介质的公共空间除了将个人与个人联系起来之外，还承担着将个人与群体联系起来的职责与功能。这里的群体并不是简单意义上的"群体"概念，即指"聚集在一起的个人，无论他们属于什么民族、职业或性别，也不管是什么事情让他们走到了一起"①。本书引用法国著名心理学家、社会学家勒庞（Gustave Le Bon）的关于"群体"的概念，这是一种从心理学角度出发的"群体"概念，即"在某些既定的条件下，并且只有在这些条件下，一群人会表现出一些新的特点，它非常不同于组成这一群体的个人所具有的特点。聚集在一起的群体，他们的个性消失，形成了一种集体的心理"②。勒庞将这些聚集成群的人称为"一个组织化的群体"，或者称其为"一个心理群体"。

本书强调的是从勒庞的心理学角度出发所定义的心理群体特征，在城市公共空间中，心理群体的范围正如勒庞所指，还可以被进一步区分为异质群体和同质群体。异质群体即由不同成分组成的群体，同质群体即由大体相同的成分，如宗派、等级或阶层组成的群体。

城市公共空间作为社会介质属性特征时，它的目标联系对象正是这些同质群体和异质群体共同组成的群体对象。他们可以是具备相同的种族心理的群体，即遗传赋予每个种族中的每个人以某些共同的特征，也可以是为了行动的目的而聚集在一起的群体。这

① ［法］古斯塔夫·勒庞. 乌合之众：大众心理研究（中英双语·典藏本）[M]. 冯克利，译. 北京：中央编译出版社，2017：5.
② 同上。

类群体被勒庞称之为"乌合之众"①。

③物质基础。城市公共空间作为社会介质时除了要将人与人、人与群体联系起来，还承担着将人与公共空间中的物质基础联系起来的功能。尽管大部分人认为，一个设计、完成的城市公共空间，其物理基础要素必然也总是为人服务的。在很多时候，现代的城市公共空间物质基础却有着华美空洞的外表，毫无人气，脱离人的需求与使用行为。政府投入大量资金兴建的城市公共空间，在老百姓的日常生活中，这种空洞的物质基础环境常常缺乏人的活动与参与，显得毫无生气。也就是说，城市公共空间需要在主体（活动的人）与客体（存在于物理空间中的物质基础）之间建立桥梁与联系，让更多的人能够参与到公共空间的物质基础中去，产生更多的活动、故事、事件与记忆，而不是设计建造一种类似于花瓶式的公共空间——这种空间只能为政府提供绿地覆盖率的简单数据，却忽视了人与物理空间的直接联系。

（4）联系对象的双向性

作为社会介质的公共空间联系了公共空间中的人，同时也联系了人活动下的公共空间的另一方面的人、群体和物理空间，并且这两个部分具有双向影响性。

根据符号互动论的原理，公共空间首先就具备了意义，即符号互动论的第一个前提："人类对事物的行为是基于事物对于人所具有的意义发生的。"②因此，人们选择这个富有意义的公共空间并针对这个空间进行活动。其次，公共空间具备符号互动论的第二个前提，即"这种意义是人类社会中社会互动的产物"③。城市公共空间可以看成是人们通过交流和互动所表达符号意义的标志。人们使用的城市公共空间可以被理解成群体的身份认同和归属感，即需要与其他人、群体接触与交流，共同在城市公共空间中发生活动与联系，这样才能创造或改变城市公共空间的意义和其社会价值。

具有意义的公共空间吸引人们的到来并在其中进行活动；在公共空间活动的人群创造了公共空间的符号意义，同时人们通过自身的判断对这个空间进行解释，从而对公共空间的意义进行不断的修改和处理。

人在公共空间中，既是反映者，又是行动者。人对于公共空间做出的不是物理性的机械反应，而是通过符号——公共空间的意义进行的。这种双向性使得城市公共空间联系的两端形成了一种双向影响的关系。一方面，人的行为可以影响公共空间联系的另一端的人、群体和物理空间；另一方面，通过人、群体和物理空间的改变，公共空间又反作用于其主体对象——使用者。由此可见，作为社会介质属性的城市公共空间联系的两部分内容具备了彼此影响与被影响的双向性特征。

---

① [法]古斯塔夫·勒庞. 乌合之众：大众心理研究（中英双语·典藏本）[M]. 冯克利，译. 北京：中央编译出版社，2017：5.

② 胡荣. 符号互动论的方法论意义 [J]. 社会学研究. 1989（02）：96.

③ 胡荣. 符号互动论的方法论意义 [J]. 社会学研究. 1989（02）：98.

3. 作为社会介质的公共空间的属性

作为社会介质的公共空间具备三种属性，即载体属性、渠道属性和角色属性。这三种属性凸显了公共空间作为社会介质的独特性。

（1）载体属性

载体属性侧重于公共空间中物质内容的搭建。此时的公共空间被看作是实现主体社会价值的工具、手段、方法与环境基础。当公共空间的社会介质特征被关注的时候，人们才能通过公共空间这一社会交往的平台获得社会价值，甚至创造新的社会价值。人们利用城市公共空间这个载体进行知识的传播、文化的交流。城市公共空间和新兴的网络社交媒介一样，具备了载体的功能，为人们提供了展示自我的物理空间场所。它针对所有人开放，为所有人提供展示、交流、参与的机会与空间场地。很多群体、组织的线下交流活动都能在城市公共空间中展开，它也是互联网虚拟世界的一个最简单、直接的线下补充，成为人们在真实世界的公共空间中寻找虚拟世界公共性载体的延伸。

通过城市公共空间这一载体空间，设计师与研究者将公共空间构建成能满足人们的日常生活、公共活动的交流场所。在这个独特的载体空间中，从古至今人们都在上演着反映时代特征的生活、娱乐与公共性事件，它们体现了每个时代的公共交往方式、日常生活方式、休闲娱乐方式，也影响了各个时代人们对于公共生活的定义。

（2）渠道属性

城市公共空间的第二个属性特征是渠道属性。城市公共空间的渠道属性是指其具有"途径和门路"的作用。公共空间的渠道属性偏向于社会的介质属性，它是指公共空间采取尽可能多的人的行为参与类型进行组合和整合社会关系，以满足不同的使用者的娱乐、社交的综合体验需求，这些渠道类型包括有形的物质要素与连接类型或参与方式的关系，如设施、构筑物、场地要素等与各种不同连接类型的联系或参与方式的关系。无形的渠道是指无形的物质要素——技术基础，如互联网技术、社交媒体等与连接类型或参与方式的关系，也指公共空间的意义对于连接类型和参与方式的影响。

基于公共空间的渠道属性，人们可以开展各种各样的公共生活，发表个人对社会的意见，促进交流，并为不同背景、不同阶层的人们提供公共交往的途径，获得展示自我的"门路"。而作为渠道属性的公共空间又可以通过物质与非物质要素最终在人与人、人与群体、人与物理空间之间建立起联系。

（3）角色属性

城市公共空间的第三个属性特征是角色属性。这是一种拟人化的属性特征。当角色属性出现时，其自身为公共空间的参与者们提供了发起、诱发和赋能的三种功能，即这种角色属性为公共空间的参与者们进入公共空间活动提供了主动进入的可能性、引诱进入的可能性以及使得参与者们能够参与活动的可能性。不同的角色定位可以产生上述三种不同的对应功能。同时面对不同的公共空间参与者，其角色属性也会具有多重定义。

一个城市公共空间有时候面对多种使用者或参与者时，其角色属性的定义往往会有多个。

总之，作为社会介质的公共空间的角色属性是其特有的属性特征，在参与者们的日常使用过程中承担着重要的作用与功能。

载体、渠道和角色属性体现了作为社会介质的城市公共空间自身具备的交流性、开放性和自由性。城市公共空间的本质是没有任何进入门槛的，面向所有人群开放，人们可以在此自由交往，培养公民的自豪感、安全感和归属感。并且在载体、渠道和角色的属性之下，人们还可以将城市公共空间作为一个社交的真实"对象"，开展他们日常的社会交往行动，发布群体组织的各种活动信息，吸引个人参与到公共空间中，传播各类型群体组织的社会意义，提升人与人之间社会交往的真实体验，建构一个和谐共处的公共性社会环境。

三、公共空间的构成要素

以下所列内容为公共空间作为社会介质属性时特有的要素，即公共空间所具有的要素内容：物质基础、连接类型、参与方式和意义的可能性。物质基础和连接类型是社会介质的公共空间具体的研究对象，参与方式则代表了怎样去探究作为社会介质属性的公共空间，意义的可能性即为何要建立作为社会介质的公共空间。

（一）物质基础

公共空间作为社会介质属性时，其最基本的要素依然是物质基础（material base）。任何人造环境都离不开物质环境的营造，城市公共空间亦是如此。我们在界定公共空间要素的时候，出发点始终是从公共空间的物质基础开始的。尽管公共空间的概念属性发生了变化，但其构成物理环境的物质基础始终伴随着公共空间的属性变化而变化。在这里，公共空间的物质基础具体是指关于建造公共空间物理环境的全部物质性基础内容，如场地要素、空间形式、分区规划、尺度、色彩、材料、植物配置和技术基础等基本要素。在公共空间的物理环境营造过程中，这些具体要素充当了物质基础的具体内容。它们根据社会介质属性特征的需求，自我组合与修正，其物质基础的构成原则不再是单纯的美学审美和人们的日常行为，而是为了塑造一个具有社会介质属性的公共空间。因此，这里的物质基础不仅仅是构建最基本的物理环境，还是为了公共空间的社会介质属性去构建能够让人们交流、沟通的物质空间基础。

空间形式的选择、分区规划的确定、场地环境的分析都与作为社会介质的公共空间密切联系在一起。什么样的空间形式有利于人们的交流？什么样的布局样式有利于作为社会介质的公共空间体现其平台、渠道和角色的属性？原场地环境的保留与改造依赖于公共空间连接哪种类型的对象与目标？甚至大小和尺度、颜色、材料及结构特征也都与连接的对象和人们的参与方式有关。针对不同的连接对象，其空间大小、尺度、颜色、材料及植物配置的偏好都会进一步专业化与体验化。

（二）连接类型

作为社会介质的城市公共空间最重要的属性特征就是其介质性。社会介质的概念中最突出的特点就是可以连接，具有连接性，因此，连接类型（types of connection）就成了作为社会介质的公共空间必然具备的要素之一。由于城市公共空间具有连接性，所以我们需要明确每个城市公共空间具体的连接类型是什么，即连接对象是什么。只有弄清楚连接类型，才能找到设计研究可能的对象，根据设计对象的需求来设计属于他们的公共空间。

1. 人与物质基础的连接

这里是指公共空间将人与物质基础要素建立起连接，可以是支持人对于物质基础认知上的、情感上的，也可以是行为上的连接。例如，人们在公共空间中对于基础公共设施的认知需求，对于优美景色的情感需求，对于活动场地质量的行为需求，对于空间场所记忆的需求等。作为社会介质的公共空间无法忽视人与物质基础的关系，只有正视这种关系，为人们创造建立连接的可能性，才能满足人们在公共空间中对于优美、舒适、宜人的物理环境的需求。

2. 人与人的连接

这里是指公共空间承担着个人与个人社会关系的连接。这里的个人与个人可以是熟悉的个人，也可以是陌生的个人。公共空间如果能为陌生人提供见面与交流的可能性，则能更大限度地发挥其作为社会介质的作用，让更多互不相识的社会个体建立联系，创建相互之间的社会关系，从而更好地融合在一起。

3. 人与群体的连接

这里是指公共空间将个人与群体联系在一起。人们在公共空间的使用过程中不单是个人与个人的相遇，还有个人与群体、个人与组织的相遇，群体与群体的相遇。无论是同质群体还是异质群体，[①] 人们都能通过公共空间这个社会介质与其建立联系，从而使个人与群体、群体与群体之间彼此了解、彼此熟悉，并能通过公共空间这个平台共同交换彼此的信息、知识，达到互相之间的理解，消减误解与矛盾，降低社会犯罪与不安全因素产生的可能性，逐步建构起一个和谐的、为所有人服务的社会公共场所。

（三）参与方式

公共空间中对于参与性的要求历来被学者所提及，但又似乎未被提到足够重要的地位上来。这里所指的参与方式（ways of engagement）是强调公共空间为主体与客体所提供的使用方式，不仅仅是活动类型，而必须使连接类型与公共空间产生参与性的互动行为。

不同维度的研究路径都支撑了消费者参与性是一个多维度的概念。需要注意的是，

---

① Kohn M.Brave New neighborhoods: the privatization of public space[M].New York:Routledge,2004:12.

认知、情感、行为维度也是在科学文献研究中关于消费者参与性研究的最常见的一组要素。多维度视角建议将不同维度结合起来，从而获得消费者参与性的最佳表达与建设。

1. 认知参与维度

认知参与维度对应的是消费者通过对某一特定对象的接触过程、专注并产生了兴趣。如在品牌参与的语境中，认知参与导致了消费者对于特殊品牌的专注或兴趣。在公共空间中，认知参与导致了参与者对于公共空间中的某一特定对象产生了专注、认知的参与活动。

2. 情感参与维度

情感参与维度指的是一种情绪活动状态，也称为灵感或骄傲感，是由参与的对象引起的。例如，在品牌参与语境中，情感参与会导致消费者对于特定品牌产生关联、奉献或承诺。那么在公共空间中，情感参与会导致参与者对于特定的公共空间产生情感上的关联、奉献或共鸣。

3. 行为参与维度

行为参与维度是指消费者的行为与参与对象有关，并且能被理解为努力以及互动中的能量给予方。例如，在品牌参与中，行为参与的消费者会针对特定品牌采取购买的行动。在公共空间中，行为参与会使空间参与者对于某个特定公共空间采取参与的实际行动。

尽管我们在城市公共空间的范畴下不存在消费者这一身份，但我们依然可以将公共空间的使用者与消费者画等号。所有消费者参与性的研究观点可以被我们拿来思考城市公共空间中使用者的参与性。由此可见，在公共空间的使用者参与性方面，我们需要从三个维度出发去考虑，即认知维度、情感维度、行为维度。这三个维度是彼此交织的结构，没有哪个维度可以替代其他两个维度独立存在。

（四）意义的可能性

作为社会介质的城市公共空间的第四个要素是意义的可能性（potentials of meaning）。意义的可能性在这里是基于布鲁默（Herbert Blumer）的符号互动理论中关于符号互动的本质前提而提出的。

在布鲁默的符号互动论理论构架中，其成立的前提基础有三个：人们对于事物产生的行动依赖对于人们来说具有意义；这种事物的意义来自或产生于人与自己同类之间的社会互动；这些意义是可以被修正的，人类可以用一个解释的过程去理解他所遭遇的事物。[①]

对于公共空间来说，首先，人们选择在城市公共空间发生目的性的社会行动是依赖于公共空间对于主体使用者来说具有意义——公共空间对不同的人来说具有不同的意义。其次，这种公共空间本身所具有的意义来自人类在此空间中发生的社会互动行为。最后，这些公共空间产生的意义又是可以被不断修正的，人们可以用一个解释、修正的

---

① Herbert Blumer.Symbolic interactionism: perspective and method[M]. Los Angeles: University of California Press, 1986: 3.

过程去理解他所使用的公共空间，因此城市公共空间的意义不是恒定不变的，而是人们通过理解赋予的，因此其意义也在不断地变化。同时，公共空间不断变化发展的意义又能反过来影响人们在公共空间中产生新的使用方式和生活方式。

因此，我们在设计城市公共空间时，就需要考虑作为社会介质属性时，城市公共空间意义的可能性。当它连接不同的使用对象，运用不同的参与方式时，其产生的意义也会发生变化。不同的需求、不同的参与方式和参与度、不同的物质基础建构能够创造不同意义的公共空间。同时这些不同意义的城市公共空间又反作用于人们的参与方式、参与程度、连接对象，甚至是物质基础。这一双向的影响机制使城市公共空间意义的生成更具变化性、未知性和挑战性。每一个城市公共空间，当它所承担的社会介质属性中的要素发生变化时，其对应的空间意义也会发生变化，即意义的可能性。

设计者们可以利用这一双向作用机制，设计和建造符合时代发展变化、人们实际需求的公共空间，并且不断探索公共空间可能的意义，区别于以往口号式的设计目标，将公共空间的意义作为设计的动态要素来考虑。

四、城市公共空间的特征及设计要素

（一）城市公共空间的特征

1. 主观性

城市公共空间作为客观存在，它所具有的主观能动性取决于设计师、参与者具有的主观性。在社会中，年龄不同、文化程度不同、需求不同、心理状态不同都会使参与者的主观感受发生不同程度的改变，从而改变公共空间的主观性。

2. 多样性

城市公共空间的分类标准有很多，如从功能角度来说，城市中的公共空间有各种不同的用途，具有功能多样性；城市公共空间作为展现城市形象的载体具有形式的多样性，受到城市不同历史文脉、自然环境、经济的影响从而展现出不同的形式。

3. 象征性

城市公共空间是城市形象的重要表现之处，往往被人们称为城市的"起居室""会客厅"和"橱窗"。[①]每一座城市都有其独特的语言，每一座城市中不同的历史、文化、自然环境等多样性组合在一起便形成了它独一无二的城市象征性。举例来说，杭州市是一座具有浪漫神话故事的城市，所以它众多公共空间中都存在着神话故事的元素；北京是中国封建王朝更替中的重要见证场所，我们看到故宫就能自觉地联想到这座城市的名字。

---

① 王鹏. 城市公共空间的系统化建设 [M]. 南京：东南大学出版社，2002：72.

4. 统一协调性

城市居民是城市规划的参与者与体验者。随着时间的推移，通过市民在其中不断进行活动，此区域就会形成空间作用的确定性。这种确定性与城市中不同的建筑有一定的关联性，居民在写字楼中工作将会自动将写字楼所在的一定区域划分为工作区；居民用于居住的建筑将会划分为居住区。依据划分的基础，城市公共空间的设计也将根据不同的划分进行相应的设计，与周围建筑相结合。

5. 历史性与传承性

城市公共空间的历史性取决于城市母体所承载的历史文化。中国具有丰厚的文化底蕴，不同的民族、地域有着不同的历史文化，在不同地域生活的人们也拥有着不同的审美。不同区域的文脉源远流长，经过不断地发展与扬弃才形成了今天每个城市的不同形象，而这些城市独有的形象不是一朝一夕就能改变的，而是需要经过长时间的进步形成的，但优秀的历史文化不会随着时间的推移而消失。

（二）城市公共空间的设计要素

1. 设计原则

城市公共空间在设计上遵循一定的设计原则，有利于促使不同的公共空间更加具有活力，提升城市空间品质。城市公共空间的设计原则大致可以分为舒适性、审美性、历史性、政策性以及经济性。

（1）舒适性

舒适性是公共空间设计的重点，也是提升公共空间活力首先要考虑的因素。舒适性强的公共空间能够为人们在场所中或场所间行走提供方便，也就是在使用过程中满足最基本的功能性。在空间较大的公共场所中能够更快、更便捷地帮助人们找到目的路线，为行动不方便的人群提供无障碍设施等。这些都能让公共空间变得流畅和舒适。舒适性大体包含了空间安全感，公共空间在物理与视觉上的可达性、使用过程的流畅性。

总体来说，所有的公共空间设计都离不开以人为本的核心原则。包括《美国大城市的死与生》中的一条原则：相信使用者的体验，人们行走时倾向于选择直线路径，走"捷径"；挑选合适的材料时要考虑到可持续性、成本以及美学，都要以人为中心展开一系列设计。[①]

（2）审美性

设计存在一定的审美性，要以人的审美为主线。公共空间是一个城市混合空间，具有复杂性和多变性，依据不同的使用功能其设计的风格需要贴合其使用状态所需的氛围，进而针对空间的主要使用人群通过大数据分析总结出符合的设计风格，同时还要给审美的发展留有空间，在空间设计建设上运用"留白"为改造和添加留下想象与设计空间。公共领域的提升和演进既要尊重现有的文脉，又要适应未来的变化。

---

① ［美］简·雅各布斯. 美国大城市的死于生 [M]. 金衡山，译. 上海：译林出版社，2020.

如今绿色设计成为设计的新重点，不仅有利于可持续发展，也有利于资源保护。如巴塞罗那将城市公共空间"再自然化"，通过公共空间设计的自然化，提升人居环境品质。绿色生态的公共空间能使人在心理上得到放松、获得灵感的同时激发对自然的向往。

（3）历史性

这里说的历史性与上面所提到的城市公共空间特征中的历史性有一定的相同之处。首先，城市公共空间设计的基础要建立在认识并重视一个地方和另一个地方的差异上。一座城市历经百年的沉淀会留下特有的建筑、老街、城市地标等历史设施，应在保护的基础上给它们赋予一定的文化并加以提升。在这种人为设计的新环境中获得新的感触，从而诞生独一无二的区域属性，最终获得归属感。所以在保留与继承传统文化或是历史遗产的同时发扬或接受现代主义设计，能够使不断变化与流动的城市在未来让后人感受到与历史文化的一脉相通。

（4）政策性

所有设计的前提是遵守政策规范，公共空间的发展与进步需要政策扶持。对公共空间的设计已经大范围地得到了政府的重视，但是在空间使用的维护上却缺少重视和行动，在空间设计完成后需要增加使用的可持续性，完成后续的维护工作：第一，植物的维护；第二，设施的维护与修缮；第三，公共活动与文化的更新；第四，视觉元素的重构；第五，虚拟公共空间的隐私性。

（5）经济性

如今网红打卡成为"热词"，适当加入经济商业性质产业，在公共空间内巧妙地融入一些书吧、咖啡馆、餐吧等具有商业性质的产业，能够吸引年轻人打卡以增加空间活力；同时在商店外观上加入地域文化特色、周边环境加入植物造景等，能够丰富空间氛围，提升公共空间文化品质。

2. 设计要素

（1）空间布局

空间布局是建成环境要素在空间中的具体表现。合理的城市空间布局将形成清晰有序的空间结构和空间形态，是城市功能和各类空间要素的有机结合。在不同自然地理、经济结构和社会文化背景的影响下会形成各具特色的城市空间布局，城市公共空间作为城市空间布局的要素也将体现出不同的空间特征。

①城市空间布局结构。城市的空间布局是整个城市环境与自然、文化背景关系的体现，是形成具有文脉特色空间的基础。科学合理的城市空间布局和城市公共空间建设不仅促进了当前城市特色建设的有序发展，也为城市的长远发展奠定了基础。

传统城市空间形态的表达形式，无论从选址还是修建上，都非常慎重地考虑到与自然环境的融合，尊重城市所处背景环境的自然风貌。进行空间布局时不仅合理利用环境中的有利因素，创造适合于生产和生活的空间环境，还使人工环境协调地融于自然环境，创造出地域特征突出的空间形态、丰富多彩的城市风貌。例如，平原城市空间呈现出规整的路网和宏伟的轴线序列，而山地城市布局受到自然条件和地形的限制，它的规划建设的总体思想更多地遵循"因势就利"的原则，追求城市与自然环境的和谐共生，空间形态更多地呈现出流动性和有机性的特征。

不管自然背景环境有多么相似，城市的自然地理和环境总是不同的，城市的空间形态也是有所差异的。山地城市的空间布局因其具体城市环境的不同，城市形态格局也会千差万别。如兰州地处山地丘陵地区，由于受高山、峡谷和江河等自然条件的限制，城市沿江河的两侧沿岸的狭长地带伸展，形成带状的布局结构（图2-2）。同是山地城市的重庆受山地、江河的影响，城市不能集中连片地建设，而是结合地形条件分成几块，使城市呈组团式的分布。并且每个组团根据自然地形条件安排与之相适应的城市功能，其特征使各组团的形态、环境差异较大，环境空间更加丰富多变（图2-3）。

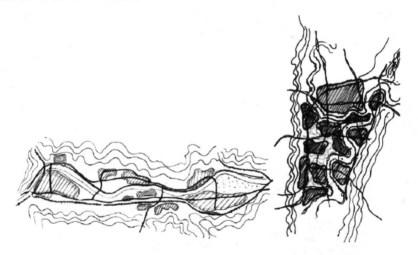

图2-2 兰州城市带状布局   图2-3 重庆组团式布局

在不同自然地理、经济结构和社会文化的影响下，经过时间的积淀与空间的演变，逐渐形成具有文脉特征的城市空间布局结构。城市公共空间的布局是城市空间布局的主要部分，是城市文脉体现的重要空间载体。例如，平原圈层式发展的公共空间主要集中在城市几何中心；山地带状城市的公共空间则集中在主要廊道和轴线；而组团型城市的公共空间主要分布在各组团的中心。

总的来说，自然环境是城市空间布局的基础，不同的地理环境生成的城市空间形态模式是不同的。对这种总体空间模式差异的感知，使人们能够更全面地认识城市的空间形态特征，这也是人们认识空间，形成空间精神的重要来源。

②空间的平面肌理。城市肌理是指城市的特征，与其他城市的差异，包括形态、地质、功能等方面。具体而言，包含了城市的形态，质感色彩，路网形态，街区尺度，建筑尺度，组合方式等方面。从宏观尺度来看，是建筑的平面形态；从微观尺度来看，是

空间环境场所。城市肌理的演化受到自然、经济、政策三方面的共同影响。

通过把建筑作为背景而不是作为实体的图底关系图分析，我们可以清晰地看到城市公共空间的网络结构。城市公共空间的平面肌理是城市空间网络的主要组成部分，如街道、广场等，也可以说公共空间肌理结构对城市布局结构起着决定性作用。城市公共空间的形态肌理一般可以分为环形放射式、方格网式、混合式和自由式四种基本形态。城市广场有规则和不规则之分。东、西方城市具有不同的城市结构与肌理；现代的不同城市空间形态结构也不一样。城市空间肌理是城市肌体的"纹饰"，它既是对城市内在脉络的一种反映，又是城市时代性、地域性和主体文化价值取向的显性要素，同时也潜移默化地影响着人的行为模式。

③特殊空间。所谓特殊空间，是指在自然环境、历史文化、生活习俗等共同作用下，空间所表现出来的空间特色和品质。它是在特定地域、特定社会环境及历史文化背景下形成的，受当地的民俗、宗教、礼仪等地方特征的影响，具有时空结合的多维度特征。不同的地域环境建构了不同的城市空间特质，如有1700年历史、被誉为"建筑艺术奇葩"的龚滩古镇（图2-4），其空间形态呈现出一种"流动宛转"的韵味：长达2千米的青石板路蜿蜒曲折，上下起伏在乌江沿岸的悬崖峭壁之上；青石板一侧为"借天不借地"、凿陡壁建造的二层木质楼房，另一侧为临江支撑于乱石悬崖之上的纯木吊脚楼，空间形态生动贴切，与环境、地形地貌丝丝入扣，虽有人作，宛若天开。①

图2-4 龚滩古镇

（2）空间尺度

尺度研究的是建筑物的整体或局部给人感觉上的大小印象与其真实大小之间的关系问题。尺度不是指空间要素真实尺寸的大小，而是主要以行为主体——人为参照，对于空间形体各部分的比例关系和元素大小进行识别，从而得到对整体的大小印象的判定。对空间尺度的判断，主要源于空间中人的行为心理尺度，因为空间的设计以满足人的使

① 孙俊桥，李先逵. 新旧合体的文脉追求——大昌古镇搬迁设计中的以新补旧 [J]. 新建筑，2007（04）：23-27.

用功能需求为基本准则。城市公共空间中人与建筑、建筑与建筑、建筑与空间的相互关系都能从它的尺度关系上得到直接反映，它是表达公共空间文脉的重要控制因素。对城市公共空间的尺度研究，主要体现在对公共空间的规模、空间围合的高宽比以及空间界面的尺度控制上。

①空间的尺度。

A. 公共空间的用地指标：

公共空间的规模与城市居民的精神生活质量和生活水平有直接关系。根据对城市居民需求的分析，我国制定了与公共空间规模相关的用地标准与规范。如《城市用地分类与规划建设用地标准》（GBJ 137—90）中，对建设范围内的道路广场用地、绿地的用地指标做出了说明（表2-2）。

表2-2 规划建设用地结构

类别名称	占建设用地的比例（%）
居住用地	20~30
工业用地	15~25
道路广场用地	8~15
绿地	8~15

每个城市的自然环境、人口构成和建筑密度都有所差异，所以城市公共空间的用地指标也会不同。比如，山地城市重庆因人口多而用地紧张，所以建筑的密度偏高，公共空间面积相对有限，其用地指标普遍都低于国家标准，更远小于一些平原城市（表2-3）。

表2-3 重庆部分城市公园绿地用地指标

城镇	城镇人口（万）	面积（公顷）	占总用地的比例（%）	人均用地（平方米/人）
巫山	6.00	3.6	1.2	0.6
云阳	12.00	75.93	8.92	6.33
石柱	4.12	23.47	7.35	5.70
万州	49.39	200.49	6.53	4.06
国家标准	8~15			≥ 7

B. 空间围合的高宽比：

受自然地理条件影响，不同地区的空间围合尺度是有微妙变化的，比如，中国北方城市空间就要比南方城市空间的尺度要大，因为采光必须考虑日照和间距。比例、尺度关系在公共空间形态和结构中具有决定性的作用。把握本地区空间围合的形式方法和特点，对空间的位置和度量加以限定，才能形成有意义的、具有人情味的空间造型。

②界面的尺度。尺度的另一方面是指空间界面构成的比例关系，即界面的尺度。界面尺度主要满足空间构图的尺度比例标准，在空间形象审美和文脉的数理逻辑连续方面具有十分重要的意义。界面元素的比例尺度，体现了气候适应性、功能决定性和生动性相结合的特点。气候的变化是界面元素的形式和大小的决定性因素。比如在泉州，由于地处台风多发地区，为避免受台风的侵袭，窗户、门、阳台栏杆等元素都是小尺度的。

③天际线。关于天际线的内涵，张松在《历史城市保护学导论》一书当中将城市天际线定义为：以天空为背景的一栋或一组建筑物以及其他物体所构成的轮廓线或剪影。[1]

城市天际线对城市特征的表现起着重要的作用。它是城市在竖向度的空间形态，体现了城市建筑与公共空间的相互关系、城市建筑与背景环境的相互关系、城市公共空间与背景环境的契合关系。一方面，它勾勒出城市建筑的形式特征；另一方面，结合公共空间的虚实关系，与背景轮廓线相互配合，形成丰富的节奏感，凸显城市空间环境的特征。城市公共空间天际线主要包括以下三个方面。

A. 城市外部展开面的轮廓线：

一个形态完整、结构清晰的城市天际线有着很强的意象识别性，起到加强城市整体意象的作用。或凌厉而又雄厚，或拔地而起，或绵延悠长，它是一座城市最具代表性的天际线。以中国香港为例，城市建筑都衬托在背后的太平山和柏架山的绿色背景前面，这就把多姿多彩的建筑限定在青山和海湾的画框中，高层建筑强烈的垂直线条与山体在水平方向上的起伏相互配合，节奏感丰富。天际线成为香港极负盛名的特色景观（图2-5）。

图2-5 香港的城市天际线

B. 街道天际线

街道天际线具有极强的动态形式。人们行走于街道中，街道两侧界面从最远处的建筑一直延伸至两侧的建筑，共同形成整体的轮廓线，与普通大众的关系最

① 张松. 历史城市保护学导论[M].上海：上海科学技术出版社，2008.

为密切。

C.广场天际线：

城市广场作为城市公众聚集的场所，是城市公共空间的重要组成部分，其天际线也是城市公共空间天际线中重要的一种。广场周边实体所形成的天际线是广场中重要的视觉线性要素。

（3）空间界面

界面是指限定某一空间领域的面状要素，是实体与空间的交接面。作为一种特殊的物质形态要素，界面是实体要素的重要组成部分。另外，界面与空间相互依存，界面限定了空间，没有界面的界定，空间也就不存在了（图2-6）。

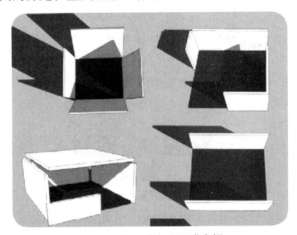

图2-6 界面围合而形成空间

一个城市的历史与文化不仅仅体现在建筑实体中，更体现在城市与建筑发生关联的方方面面。其中，城市公共空间与建筑的结合点——界面就是城市地域文化的重要载体。它在视觉上展示给人们观看，并能让人对城市空间形成印象。城市空间界面是人与城市的第一接触。不同界面所构成的整体环境及秩序反映了不同历史时期的风貌特色。城市空间界面多种多样，人能最直观感知的界面当属城市公共空间的界面，它是城市向居民和游客展示的媒介，也是诸多城市活动的"容器"。公共空间界面综合了各种物质要素，涵盖了人们的各种行为方式。界面中各种历史元素的叠加以及连续的视觉效应使得空间具有表述城市场景的代表力。当我们想到一个城市时，首先出现在脑海里的就是它的公共空间，或是特色商业街，或是广场，或是公园等。界面围合而形成空间，它们不同的组合方式得到不同的空间效果，展现不同的文化精神。空间界面的形成和界定，主要由物质要素的构成、形式、色彩以及材质等方面决定，同时，也受到气候、光照变化的影响，不同要素构成的空间界面，反映出不同的空间特色和场所精神。

①空间界面的构成形式与细节。城市空间中的界面表现为建筑与街道之间的界面、空间与空间之间的界面。本书研究的空间界面是指局部地段的建筑实体与街道、广场环

境相互作用产生的界面，是立体的物质形态而非平面化的底面或立面，并对各种界面元素及其内在含义进行了理性解析。

底界面、侧界面、顶界面共同组合构成空间的界面（图2-7）。公共空间的底界面要求与周围环境有比较明确的区分，通过或上升、或下沉的地面起伏变化，以及地面材质的区分来对空间加以限定。公共空间的侧界面是垂直于底面的竖向界面，是人们在空间中活动时最易感知的界面，如建筑墙体和阳台。而空间的顶界面起到限定空间竖向范围的作用，如景观廊道、建筑挑檐等。

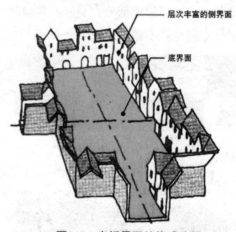

图2-7 空间界面的构成分析

公共空间界面是多因素叠加的多层次产物。在不同自然环境、文化背景的影响下，界面的形式与装饰细节上都会存在或对比强烈、或微妙的变化。地域文化是多元的，具有历史性、宗教性、功能性、空间性特征。关于空间界面文脉的意义，一方面，它反映了纵向上对历史文化的综合积淀；另一方面，它反映了横向上外来元素在地域化过程中的转化。如泉州的街道空间界面（图2-8）有应对气候的骑楼空间形式和受伊斯兰文化影响的界面细节。由于泉州较长时间的日照与炎热气候导致了界面对大量阴影的追求，体现为沿街骑楼、挑檐、遮阳篷，以及二层的90°向外旋转的女儿墙。于是自然而然地形成了界面造型的凹凸以及富有层次的前后关系和空间形式。界面中的各元素也因气候、方位以及遮蔽物的不同而产生相应的微妙变化。[①] 受伊斯兰文化的影响，界面整体构成上单一的复制和强调具有伊斯兰风格的拱券形式，细部装饰与整

图2-8 泉州中山路的界面细部

① 泉州市城乡规划局. 闽南传统建筑文化在当代建筑设计中的延续与发展[M]. 上海：同济大学出版社，2009：6.

体伊斯兰风格相呼应。

②空间界面色彩。色彩是人们感受、判断与记忆所处环境的重要因素之一。每当人们提起那些具有地域特色的城市，伴随而来的是其或浪漫、或凝重、或明快的色彩印象。由此可见，人们对城市形象的把握很大程度上是借助于城市的色彩构成。根据万物有色的自然规律，视觉表征的变化应与人的色彩感觉有密切关系，色彩是文脉系统的第一视觉要素，因此，色彩系统应是文脉系统的重要组成部分。对空间色彩文脉的设计，主要体现在空间的各个界面的色彩上。界面色彩的文脉表达包括色彩的物理属性和构成。

色彩的物理属性包括色相、明度、纯度，主要解决城市的色调问题。和谐的城市色彩一定是与自然地理环境和城市的人文地理环境融合、统一的，如在希腊碧海蓝天下的白色村庄，北非岩石和沙漠的红褐、土黄的浓厚色彩组合（图2-9），意大利向日葵花田的金黄、中国苏州的粉与黛等，这些世界范围内不同地域的城市色彩反映出不同的文化背景。另外，就具体某一公共空间而言，色彩本身所具有的距离感和重量感也可以改变空间的节奏，使空间的形态感和尺度感富有变化。

图2-9　希腊圣托里尼岛的"白"与"蓝"、北非的"红褐"与"土黄"

就人对空间的感知而言，同一空间的不同色彩组合也会给人带来不同的感受。例如，北京民居的灰色和故宫的黄瓦红墙突出了皇城的威严。如果把它们的色彩组合对调转换，那么得到的空间感受肯定是不一样的，这体现了空间色彩的构成也是文脉色彩的表现。色彩和谐、优美的城市，其色彩在空间的组合排列与分布上会形成某种秩序或方式，表达空间的意向性。

③空间界面的材料。对于公共空间而言，其形式的确定往往与诸多社会文化因素有关。如生活方式、共有的价值观、追求理想生活环境的欲望等。但是，最终怎么来建构却是与当地的材料和施工技术密切相关的，这是公共空间形成的现实基础。虽然在绝大多数情况下,它们并不决定空间形式的产生,却可以影响这些形式的表现。"就地取材""因材施工"可以说是所有地方特色空间的基础，是空间形态的重要依据。

中国传统空间界面材料是营造空间氛围、凸显空间意境的一个重要部分。不管是空间的侧界面还是底界面，都可以利用不同纹理和材质来营造空间环境的意境，赋予空间

图2-10　桃坪羌寨

质感之美。木料给人以温暖感，砖块显得规整，水磨石显得光洁，石块显得厚重。不同的界面材料组合反映了不同的文化内涵，传统的空间界面材质，多是就地取材，"因材施工"，极具地域特色。如重庆传统山地建筑以自然为依托，广泛地采用所处山地中的木料，因地制宜，并且没有烦琐的装饰，使建筑与自然很好地融合在一起。再如桃坪羌寨，以就地选取的石块作为主要建造材料，使整个羌寨融于背景环境中，如从大山之中生长出来一般（图2-10）。

除了空间界面的铺地和建筑材料，地方植物在公共空间中的应用，也能赋予空间文化象征意义。如康乃馨代表对母亲的爱，红玫瑰代表爱情，我国的梅、兰、竹、菊以其清雅淡泊的形象成为人格品性的文化象征。植物除了具有一定文化意义外，还具有地域性特征，如海南的椰子、四川的竹林，还有东北的松柏等，都加强了人们对不同空间意象的亲切感和认同感。

（4）空间的细节

如同日常的琐碎构成了我们的生活一样，城市就是由一些琐碎的细节构成的。细节是空间肌体重要的组成部分，也彰显着空间本身的精神力量。城市公共空间中的细节主要包括公共环境的服务设施和景观小品。公共环境的服务设施是指为了满足城市生活、市民休憩娱乐需要提供的相关设施，包括照明、休息座椅、电话亭、垃圾桶、指示牌等。而景观小品是空间的点睛之笔，既具有实用功能，又具有精神功能，包括雕塑、喷泉、景观墙等。空间的意象总是通过大量的细节加以呈现。优秀的公共服务设施与景观小品具有特定区域的特征，是对本地区人文历史、民风民情以及发展轨迹的反映。通过这些空间设施与景观小品可以提高区域的识别性，这些细节在履行公共服务功能的同时也能使人获得空间的、文化的、情感的体验。也许今天它并不会让人们感到惊奇，但是却在人们生命中的某个时刻不自觉地涌现，在人们回忆这个空间的时候，这些细节总是以最生动、最可感知的方式出现。

比如，洪崖洞城市阳台点睛之笔的主题雕塑。首先，以重庆的民居建筑吊脚楼为题材的雕塑，为市民和游客展示了重庆的建筑艺术风貌，恢复了人们对旧时重庆的记忆，也强化了这个空间的艺术氛围。其次，位于重庆主城最大的观景阳台，其本身也成为这个"城市阳台"空间重要的组成部分，并且经过时间的累积，成为人们对这个公共空间记忆不可缺少的一部分。

（5）空间的功能

公共空间的功能是文脉隐性要素中社会文化的具体体现。城市公共空间是广大市民生活、社会交往的公共场所，承载城市的各种公共活动。正是各种各样的空间功能，使文脉得以体现和发扬。首先，城市所在地区环境、物产、风俗民情的不同，使城市形成各自独特的地域功能和文化特征，如曾作为都城的西安、洛阳；曾作为手工业中心的苏州、杭州；曾作为海外贸易城市的广州、宁波等。在不同城市的地域功能和文化特征影响下，城市的公共空间也会有不同的功能特征。其次，同一城市的不同公共空间所处区位和基地条件的特殊性，也会使公共空间本身具有特殊的功能特征。这些特殊的功能特征凸显了城市的公共空间中的文脉，强调了空间特色。

第三章　共享理念视域下公共空间

设计的理论基础

任何研究都要有理论做基础，本章主要对共享理念视域下公共空间设计的相关研究进行综述，分析城市公共空间中共享理念的发展与演变，阐述相关理论，其中包括列斐伏尔的空间生产理论、波特曼的"共享空间"理论、健康城市理论、马斯洛的需求层次理论、行为心理学、外部空间设计理论等，为本书的研究提供理论支撑。

一、相关研究综述

（一）共享理念研究

根据知网数据库，国内"建筑科学与工程"学科下的共享理念文献研究涉及6个方向，其中，共享理念下的规划理论研究基础较为薄弱，包括背景、内涵及意义的研究（3.92%），以及城市规划策略与方法（7.84%）两个方面，表3-1总结了国内规划学界关于共享理念的重要研究成果。

表3-1　规划学视角下共享理念研究的代表文献整理

学者	年份	文献名称	文献来源
汤海孺	2016	《开放式街区：城市公共空间共享的未来方向》	《杭州（我们）》
李勇	2016	《关于当代共享的背景、内涵及意义》	《杭州（我们）》
石楠	2017	《"人居三"、〈新城市议程〉及其对我国的启示》	《城市规划》
聂晶鑫,刘合林,张衔春	2018	《新时期共享经济的特征内涵、空间规则与规划策略》	《规划师》
王伟,冯羽,郭文文	2019	《共享城市视阈下城市规划方法论创新探析》	《北京规划建设》

除此之外，共享理念下的城市设计方面的研究占比最大，约占33.33%，主要是大学城校园和共享街道等专项规划的设计研究；共享理念下的公共空间研究占比

21.57%，主要是居住区和传统乡村聚落的公共空间研究；共享建筑设计研究以共享办公室、共享青年公寓等专题为主；共享理念下的城市更新和社区营造研究主要针对具体实践案例进行针对性的研究（见图3-1）。

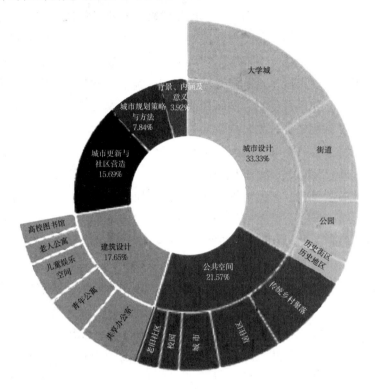

图3-1 共享理念下相关研究方向的占比

结论：国内关于共享理念的理论研究主要集中在其本质内涵以及对城市规划学科方法的影响两个方面的内容。共享理念的内涵方面，不同语境下的共享内涵并不相同，当"共享"是一种社会发展理念的时候，体现的是解决社会公平正义问题的人文价值观[1]，当"共享"是一种经济模式的时候，体现的是一种以使用权转移为特征的资源高效分配模式[2]，当"共享"是一种社会建设模式的时候，体现的是一种共商共建共享的社会治理格局[3]。在城市规划学领域，大部分学者认为，共享理念下的城市规划策略与方法应在强调城市空间资源高效率使用的同时关注民意，以人为本，把包容性发展放在核心位置，满足多元化的个性化需求，实现人人权利平等，关注弱势群体和代际群体的利益，体现城市发展的社会公平。共享理念在城市规划领域的研究主要包括专项空间的城市设计和城市公共空间两个方面，共享理念下的历史文化街区公共空间研究较为匮乏，主要基于

① 石楠. 共享 [J]. 城市规划，2018（07）：1.

② 郑联盛. 共享经济：本质、机制、模式与风险 [J]. 国际经济评论，2017（06）：5，45-69.

③ 汤海孺. 开放式街区：城市公共空间共享的未来方向 [J]. 杭州（我们），2016（09）：9-11.

城市设计维度对公共空间进行物质方面的研究。

（二）公共空间相关研究

1. 国外对公共空间的研究

国外对公共空间的研究大致可以分为四个阶段。在第一阶段，国外对公共空间的研究是基于视觉审美视角，更多地停留在客观物质形态的层面，盲目追求形式主义而忽略了对人的需求和利益的考虑。[①] 如西特（Comillo Sitte）提出的建筑美学理论，该理论单纯从物质空间形态角度出发，而不涉及其他社会、经济、文化等因素。在第二阶段，众多学者将人们的空间使用感受纳入到研究范围中来，将客观物质环境研究与心理学、社会学和城市设计学科相结合，如公共空间的"可识别性""场所感""归属感"等。在第三阶段，人们将在公共空间中的公共生活和行为活动作为重点研究对象，最具代表性的是扬·盖尔（Jan Gehl）发表的《交往与空间》，指出不同物质实体环境会衍生出不同人群的多样化行为活动，[②] 认为高品质的公共空间场所可以刺激自发性活动和社交活动的发生。第四个阶段是公共空间的社会研究阶段，标志着国外公共空间理论的成熟。简·雅各布斯（Jane Jacobs）提出，公共空间是构建和谐的人际社会交往以及富有活力的城市社会生活的重要空间物质载体。[③] 卡尔（S. Carr）指出，公共空间是容纳社会生活的"容器"，是公众产生社会交往与联系的重要场所，丰富了生活的价值与意义。[④]20世纪80年代之后"新城市主义"理论和实践强调了公众参与在城市公共空间、社区场所营造过程中的重要性。马修·卡莫纳（Matthew Carmona）从形态、认知、社会、视觉、功能、时间等6个维度对公共空间进行了城市设计方面的研究，强调公共空间的社会交往场所职能。[⑤]

结论：国外对公共空间的理论研究体系更具有系统化和综合化的趋势。系统化是指从不同的视角研究公共空间，主要涉及视觉审美、认知意向、行为心理和社会属性等维度；综合化是指公共空间的研究内容不仅仅局限于对其物质空间形态的设计层面，公共空间社会生活逐渐被纳入研究范围内，研究方法也更加注重人本主义思想，通过尊重多样化使用人群的个性需求，注重自下而上的公众参与机制与公平性研究。

2. 国内对公共空间的研究

通过在中国知网内进行检索，笔者共找到关于国内公共空间的研究文献4000余篇，题目涉及"公共空间"的期刊文章和学位论文中，有2/3来源于建筑工程和城市规划方面，另外1/3来自社会学、政治学、史学等其他学科。国内有关公共空间的研究主要包含规

① 陈竹，叶珉. 西方城市公共空间理论——探索全面的公共空间理念 [J]. 城市规划，2009（06）：59-65.

② Gehl J. Life between buildings:using public space [M]. Copenhagen: 1971: 6.

③ Jacobs, Jane. The death and life of great American cities[J]. Vintage, 2016（03）：58.

④ Carr S. et al. Public space[M]. Cambridge: Cambridge University Press, 1992: 36.

⑤ [英] 马修·卡莫纳，史蒂文·迪斯迪克，蒂姆·希斯，等. 公共空间与城市空间——城市设计维度 [M]. 马航，张昌娟，刘堃，等，译. 北京：中国建筑工业出版社，2015：3.

划理论研究、案例研究及社会学等方面的研究。

（1）公共空间理论研究

除了对公共空间的本质属性、内涵、界定方法等进行定性分析外，我国大部分公共空间的理论研究是基于国外理论进行的转译和归纳工作，国内公共空间理论研究基础较为薄弱，但是，部分规划学者基于国外公共空间理论提出了新的理论观点（见表3-2）。如杨贵庆[①]提出城市公共空间的规划布局应遵循公平性原则，应提供多样化类型的公共空间，从而满足不同社会人群的使用需求，应注重提升人群对公共空间的共享性认知，营造公共空间场所的特色和记忆，从而增强社区归属感和凝聚力；龙元[②]认为，散布在住区内的"小"尺度生活性公共空间是与市民生活息息相关的公共空间类型，完善的公共空间系统应该是由"小"和"大"公共空间共同结合形成的；杨迪和杨志华[③]提出，城市内应加强小尺度公共空间的渗透性，探索可以同时兼顾使用效率与供需平衡的公共空间营造模式；许凯和 Klaus Semsroth[④]认为，不仅应注重提供充足数量和承载力的公共空间，更应该提升公共空间的综合品质，重视公共空间的公共性；杨震和徐苗[⑤]认为，消费时代下的公共空间营造，应通过弱化私有化和商品化，提升空间功能兼容性和社会包容性，最终实现正效益。针对中国城乡发展的差异性，逐渐出现大量学者对乡村公共空间的研究，例如，王春程等[⑥]认为，随着城市化进程的加快，乡村公共空间与村民公共生活逐渐出现脱节，应根据特定的社会关联与人际交往方式，防止乡土公共空间的异化和乡土文化的流失。

表3-2　国内关于公共空间研究的代表性文章

学者	年份	文献名称	文献来源
陈竹，叶珉	2009	西方城市公共空间理论——探索全面的公共空间理念	《城市规划》
陈竹，叶珉	2009	什么是真正的公共空间？——西方城市公共空间理论与空间公共性的判定	《国际城市规划》
龙元	2009	公共空间的理论思考	《建筑学报》
胡跃武	2010	公共空间研究线索简述	《北京规划建设》
张庭伟，于洋	2010	经济全球化时代下城市公共空间的开发与管理	《城市规划学刊》

① 杨贵庆. 城市公共空间的社会属性与规划思考 [J]. 上海城市规划，2013（06）：28-35.

② 龙元. 公共空间的理论思考 [J]. 建筑学报，2009（z1）：86-88.

③ 杨迪，杨志华. 计划型城市到经营型城市的公共空间生产研究 [J]. 城市规划，2017（10）：39-45.

④ 许凯，Klaus Semsroth. "公共性"的没落到复兴——与欧洲城市公共空间对照下的中国城市公共空间 [J]. 城市规划学刊，2013（03）：61-69.

⑤ 杨震，徐苗. 消费时代城市公共空间的特点及其理论批判 [J]. 城市规划学刊，2011（03）：87-95.

⑥ 王春程，孔燕，李广斌. 乡村公共空间演变特征及其驱动机制研究 [J]. 现代城市研究，2014（04）：5-9.

续表

学者	年份	文献名称	文献来源
杨震，徐苗	2011	消费时代城市公共空间的特点及其理论批判	《城市规划学刊》
杨贵庆	2013	城市公共空间的社会属性与规划思考	《上海城市规划》
许凯，Klaus Semsroth	2013	"公共性"的没落到复兴——与欧洲城市公共空间对照下的中国城市公共空间	《城市规划学刊》
王春程，孔燕，李广斌	2014	乡村公共空间演变特征及驱动机制研究	《现代城市研究》
王一名，陈洁	2017	西方研究中城市空间公共性的组成维度及"公共"与"私有"的界定特征	《国际城市规划》

（2）公共空间的社会学研究

此前，国内公共空间的规划研究大多集中在公共空间的物质形态的设计层面，随后，众多学者逐渐对公共空间反映的社会问题进行反思，如宋立新等[1]从社会学的角度，分析公共空间的布局特色与反映出的社会问题之间的关联，并得出我国公共空间的社会群体集聚性不够、空间文化特色不够突出等问题，认为公共空间的建设发展应彰显地域文化特色。龙元[2]认为公共空间作为社会公共性的展现场所，其核心是公共生活，通过"市民"参与营造的多元、竞争、系统的社会交往空间。

公共空间的社会学研究多探讨其"开放性""公共性"及"功能多元性"。例如，杨植元[3]认为，应根据不同人群的行为活动特点和心理需求，针对空间布置形式不足提出具体的改善意见，营造具有多元功能的空间体系。公伟[4]认为，公共空间的"公共性"，既需要通过规划设计手段改造和提升物理空间，同时也需要以主体使用人群为主导的社区多元人群的共同参与，更需要体制设计的支持；黄斌全[5]认为，传统"自上而下"的规划设计手段由于无法深层次地理解市民的利益诉求和使用需求，导致公共空间的供给无法与实际使用需求完全匹配。规划师需要由专家和局外人的角色，逐步转变为沟通者、组织者，参与到市民的日常活动中，了解人们的实际使用诉求，并作为公共空间规划设

---

[1] 宋立新，周春山，欧阳理. 城市边缘区公共开放空间的价值、困境及对策研究 [J]. 现代城市研究，2012（03）：24-30.

[2] 龙元. 公共空间的理论思考 [J]. 建筑学报，2009（z1）：86-88.

[3] 杨植元. 基于人的行为心理视角下的城市公共空间边界设计探析 [J]. 城市建筑，2019（24）：21-22.

[4] 公伟. "开放社区"导引下的老旧社区公共空间更新——以北京天通苑为例 [J]. 城市发展研究，2019（11）：66-73.

[5] 黄斌全. 公众游憩需求为导向的城市公共空间规划设计——以上海黄浦江东岸滨江开放空间贯通为例 [A]// 中国城市规划学会，东莞市人民政府. 持续发展理性规划——2017中国城市规划年会论文集（07城市设计）[C]. 中国城市规划学会，东莞市人民政府，2017：13.

计的导向。王鲁民和马路阳[1]认为，公共空间的"开放性"是指作为公共社会活动发生的载体，可以反映社区生活的方方面面，是公众社会生活与社会交往的展开场所。

（3）公共空间的实证研究

国内关于公共空间的研究存在大量的实证案例研究，笔者通过对现有文献的梳理，总结出国内规划学领域的公共空间实证研究可以划分为城市、社区、乡村三级体系，主题关键词包括"更新""营造""转型""整合与重构"等。其中，城市级别的公共空间研究约占23.53%，研究对象涵盖了城市广场、街道、公园等；社区层级的公共空间研究最多，约占43.14%，研究对象以普通居住区和旧城社区最多，传统历史文化街区的公共空间研究相对较少；传统乡村聚落的公共空间研究数量逐渐增多，现有文献数量约占33.33%（见图3-2）。

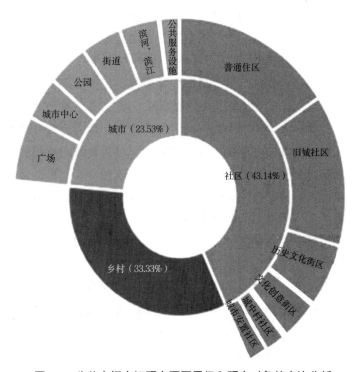

图3-2　公共空间实证研究不同层级和研究对象的占比分析

通过研究实际的公共空间问题以及空间现象，众多学者试图提出解决问题的规划方法和决策思路等，且普遍得出的结论是，公共空间营造对城市发展、社区生活、乡村文化振兴有重要的意义，公共空间作为公众交往与活动的空间，其封闭不利于公共空间的共享，也不符合其公共性的特质和提供公共服务的职能。例如，公伟[2]以北京天通苑为例，

[1]　王鲁民，马路阳. 现代城市公共空间的公共性研究 [J]. 华中建筑，2002（03）：49-51.

[2]　公伟. "开放社区"导引下的老旧社区公共空间更新——以北京天通苑为例[J]. 城市发展研究，2019（11）：66-73.

指出社区公共空间体系的构建应与居民的日常生活紧密相连，对公共空间资源进行有效整合，营造可达性强、步行友好、功能混合的公共交往与活动场所，引导和促进不同人群之间的接触和交流，提升空间使用人群的"主人翁"意识。王勇和李广斌[①]以苏南地区的乡村空间为例，结合我国新农村建设的时代背景，得出乡村公共空间的转型受社会政治背景影响较大，任何单一市场、政府或者村民主导下的公共空间营造都不足以实现乡村公共空间的高校供给，而是有赖于国家、市场以及农民之间共同参与。孙施文[②]以上海陆家嘴城市中心区为例，提出城市公共空间的更新与改造应考虑其所在地区的特殊性，通过加强空间管制来保证公共空间质量，尊重使用人群的个性化需求，重塑公共空间的活力和吸引力。

（三）公共空间的共享研究

根据知网数据库，现有文献对公共空间的共享研究包括三个部分，即公共空间的共享性认知研究、共享经济下的公共空间研究以及专项公共空间的共享性研究。

1. 公共空间的共享性认知

国外学者提出城市公共空间与共享之间的关系并不完全等同，公共空间存在着"共而不享"或"享而不共"的问题。根据学者的相关研究，真正意义上的公共空间应该具备共享性的价值。比如，刘宛[③]曾对这一问题展开研究，认为公共空间未必可以称为共享空间，真正意义上的公共空间应是人人共享的，不仅需要物质空间的开放和共享，还需要空间社会生活和场所精神的人人共享。朱怡晨和李振宇[④]提出，公共空间的共享性体现在历时性、渗透性、分时性、多元性、日常性五个方面，提出应在公共空间中植入熟悉的生活元素和氛围，提高空间的吸引力。

基于公共空间与共享关系的研究，很多学者从人群、时间、空间、体制等维度探究实现公共空间共享的方法策略。如卓健和孙源铎[⑤]提出采取民政企合作的渐进式更新方法，通过政府简化审批流程和适当下放权力，实现人人共享城市。张馨[⑥]提出，公共空间的共享价值需要从根本上通过政策制度和法律手段进行保护，强调公共空间营造的人本主义思想，完善公共空间的层级体系。

2. 共享经济下的公共空间规划

国内学者认为共享经济对公共空间规划产生了一定的影响（见表3-3），如聂晶鑫

---

① 王勇，李广斌. 裂变与再生：苏南乡村公共空间转型研究 [J]. 城市发展研究，2014（07）：112-118.

② 孙施文. 城市中心与城市公共空间——上海浦东陆家嘴地区建设的规划评论 [J]. 城市规划，2006（08）：66-74.

③ 刘宛. 共享空间——"城市人"与城市公共空间的营造 [J]. 城市设计，2019（01）：52-57.

④ 朱怡晨，李振宇. 作为共享城市景观的滨水工业遗产改造策略——以苏州河为例 [J]. 风景园林，2018（09）：51-56.

⑤ 卓健，孙源铎. 社区共治视角下公共空间更新的现实困境与路径 [J]. 规划师，2019（03）：5-10，50.

⑥ 张馨. 共享发展理念下城市公共空间的价值探讨 [J]. 南通职业大学学报，2018（03）：11-14.

等[①]提出，共享时代背景下的空间营造新规则，表现为多尺度与分散化的空间布局规则、混合性与多元化的空间形式规则，应遵循"行为—空间—规划"的模式，统筹共享公共空间布局，实现公共空间共享的积极效益。吴宦漳[②]提出，应重视共享经济发展背景下的城市空间方面的研究，对闲置的存量公共空间资源进行活化利用，实现城市用地的功能混合与弹性发展。赵四东和王兴平[③]认为，共享经济下城市空间资源配置的效率提高，城市存量空间资源得以发掘并活化利用，弥补了现状城市公共空间的数量与质量的不足。申洁等[④]认为，共享经济下会催生出很多共享的城市空间与设施，如交通道路和公共服务场所与设施等，城市规划只有结合公众参与，才能保证空间是否可以有效协调不同利益主体的权益，从而实现城市规划的科学化、人本化，促进城市存量空间的活化和空间品质的提升。

表3-3 国内共享经济下的公共空间研究代表性文章

作者和年份	题目	来源
储妍，茅明睿（2016）	《共生城市——共享经济与城市更新的研究与思考》	《规划60年：成就与挑战——2016中国城市规划年会论文集（06城市设计与详细规划）》
赵四东，王兴平（2018）	《共享经济驱动的共享城市规划策略》	《规划师》
申洁，李心雨，邱孝高（2018）	《共享经济下城市规划中的公众参与行动框架》	《规划师》
袁昕（2018）	《以共享经济促进共享城市发展》	《城市规划》
石晗玥，朱骁（2018）	《基于共享经济的互动式乡村发展路径探究——以安徽省先锋村为例》	《共享与品质——2018中国城市规划年会论文集（18乡村规划）》
王瑶，洪亮平（2018）	《共享经济视角下的社区营造策略研究——以台北南机场社区为例》	《共享与品质——2018中国城市规划年会论文集（20住房建设规划）》
贾佳，周晨（2018）	《新时代乡村振兴如何借力共享经济》	《共享与品质——2018中国城市规划年会论文集（18乡村规划）》
陈立群，张雪原（2018）	《共享经济与共享住房——从居住空间看城市空间的转变》	《规划师》

结论：国内城市规划领域关于共享经济的研究内容涉及住区居住空间、公众参与、乡村建设发展、社区营造和城市规划方法方面，共享经济下对学村型历史文化街区公共

① 聂晶鑫，刘合林，张衔春. 新时期共享经济的特征内涵、空间规则与规划策略[J]. 规划师，2018（05）：5-11.

② 吴宦漳. 共享经济新趋势对城市空间的影响与规划应对[A]//中国城市规划学会，杭州市人民政府. 共享与品——2018中国城市规划年会论文集（16区域规划与城市经济）[C]. 中国城市规划学会，杭州市人民政府：中国城市规划学会，2018：8.

③ 赵四东，王兴平. 共享经济驱动的共享城市规划策略[J]. 规划师，2018（05）：12-17.

④ 申洁，李心雨，邱孝高. 共享经济下城市规划中的公众参与行动框架[J]. 规划师，2018（05）：18-23.

空间的研究相对较少。

3. 公共空间共享性的实证研究

针对具体的公共空间类型，近几年，国内学者的共享研究主要集中于开放式街区、生活社区、自贸区、校园等的共享住房、共享街道、共享景观、共享设施（如图书馆、医院）等空间。其中约1/2的文献首先为城市居住社区公共空间的研究，其次为乡村社区的公共空间研究，数量约占21%，且主要研究内容涉及公共服务设施和街道交通的共享方面，共享景观体现的是居民的共建共享，共享住房体现的是空间产权和使用权的分离，共享街道则体现了不同交通方式在街道空间中使用机会的相对均衡。公共空间的共享研究较多偏重于物质实体层面的研究，对学村型历史文化街区公共空间及其公共生活的研究较少（见图3-3、表3-4）。

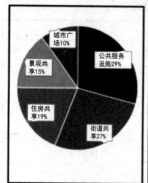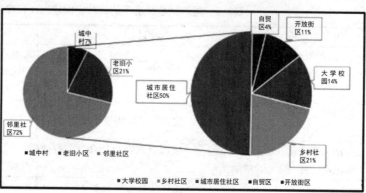

图3-3 公共空间共享研究中不同内容与对象所占比例

表3-4 关于公共空间共享性的代表性文章

作者和年份	题目	文献来源
邓鹏，邱灿红（2009）	《互动与共享——以南华大学西校区公共空间营造为例》	《中外建设》
汤海孺（2016）	《开放式街区：城市公共空间共享的未来方向》	《杭州（我们）》
汤海孺（2017）	《空间视角下的共享与生活社区营造》	《杭州（我们）》
赵万民，冯矛，李雅兰（2017）	《村镇公共服务设施协同共享配置方法》	《规划师》
张馨（2018）	《共享发展理念下城市公共空间的价值探讨》	《南通职业大学学报》
高相铎，陈宇（2018）	《共享理念下自贸区空间发展的规划策略——以川南泸州自贸区为例》	《规划师》
朱怡晨，李振宇（2018）	《作为共享城市景观的滨水工业遗产改造策略——以苏州河为例》	《风景园林》

作者和年份	题目	文献来源
刘纯（2018）	《城市公共空间中的共享景观营造》	《城市建设理论研究》
公伟（2019）	《"开放社区"导引下的老旧社区公共空间更新——以北京天通苑为例》	《城市发展研究》
孟祥磊，朱莉君（2019）	《基于开放共享的五分钟生活圈非正式空间研究》	《活力城乡 美好人居——2019 中国城市规划年会论文集(20 住房与社区规划)》
吕元，曹小芳，张健（2019）	《友好型社区老幼共享公共空间构建策略研究》	《城市住宅》
姚梓阳（2019）	《人人共享:包容性发展理念下的小微空间更新策略》	《活力城乡 美好人居——2019 中国城市规划年会论文集（02 城市更新）》
李娜，赵萌，张晨，孟若晗，李思燔（2019）	《从公共到共享——中国石油大学（华东）校园空间的设计更新与在地性实践》	《建筑与文化》

二、城市公共空间中共享理念的发展与演变

共享理念应该朝着一个更宏大的目标前进，不会因为时代发展过程中某些因素造成的与之相斥的现象就不算作城市公共空间共享理念发展道路的里程碑，因此，它具有过程性思维和时代更替性。

共享理念是时代的产物，有因才有果，中西方城市公共空间每一阶段的发展历程都是共享理念成长的土壤和肥料，孕育着新时代的种子。

城市公共空间形态指的是基于一定的自然与经济及文化的背景，人类从事各种类型的活动和自然因素彼此作用的综合性系统化工程。以下是对国内外城市公共空间发展过程中体现出共享理念雏形的概述和共享理念在城市公共空间中的理解。

（一）空间功能互补

城市空间内各种资源或组合要素之间所存在的相互需要、相互补充的关系称为城市资源空间组合的互补性，因为资源之间存在互补才形成了城市资源在空间的聚集，在此过程中，充分满足了人对空间的需求，共享理念在资源互补层面也因此有了实施的平台，并从宏观、微观层面解析城市公共空间体现出共享理念的雏形。

1. 宏观层面——空间资源整合

宏观层面下的公共空间资源互补主要包括城市道路网和空间系统等，空间的形态特征与人们的社会经济活动息息相关。

中国的城市历史悠久，最开始的封建社会意识主要以儒家礼制、伦理尊卑、王权至

上为主，这种社会风尚对古代城市发展有着深刻的影响。《周礼·考工记》中记载"匠人营国，方九里，旁三门，国中九经九纬，经涂九轨，左祖右社，前朝后市，市朝一夫"的营建模式（见图3-4），类似的还有平遥古城（见图3-5）。中国城市从古代至现代的发展所呈现出来的显著特征，即因为在封建制度的影响下，城市的公共空间对市民的共享不可能存在，城市被"王制""礼"的意识限制，不管是王都还是州府的兴建过程，都被统治阶级的需求或是兴趣所干扰。上述观点有可能缺乏全面性，但却说明城市发展时基本上均以统治者为中心。

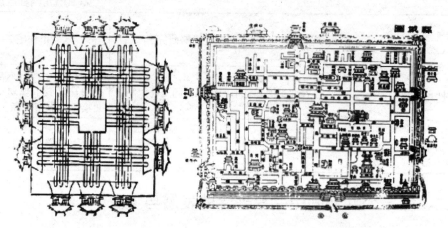

图3-4　周王城复原想象图　　　　图3-5　平遥古城平面示意图

严格的等级制度导致每一级城邑的建设不管是外形、结构还是内部，都被要求按照统治阶级的需求设计，然后应用到所有的城市规划中。城市布局的不同所代表的社会成分也不同，统统符合某种社会结构来安排。王宫居中，便于四方贡赋，也利于控制四方。前朝后市，左祖右社，官宦之家居于四周，而庶民则在城外安家。城市整体层次分明，尊卑有序，形成严格而稳定的规划布局结构。

根据这种规则的网状拓扑结构布局形式，城市公共空间的形态特征稳定、一致，突出的中轴线，纵横交错的城市交通道路，再依次联通小尺度的街巷。如唐朝长安城（图3-6）中央的朱雀大街，通过中轴线的强调，突出了封建统治至高无上的权力，还满足了对各个空间的控制管辖。封建社

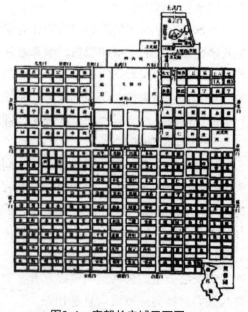

图3-6　唐朝长安城平面图

会时期的公共空间虽然称不上共享空间，但是空间结构也能够很好地满足王宫对各个空间节点的控制，使公共空间之间的联系相对较强。

　　早在公元前 5 世纪之前，古希腊城邦的建设中已经发现较为完整的城市规划设计，如米利都城（图 3-7），该城邦是由享有"城市规划之父"之称的希波丹姆完成的。这个城的构想吸收了柏拉图和亚里士多德有关社会秩序的理想。米利都城设计的核心是各种可供市民进行生活活动的广场。古希腊人对能承载自身需求及活动的场所有强烈的渴望，神明活动、集市买卖、表演、交谈在古希腊人的生活中不可或缺，因此，公共空间是否能承载他们的需求是核心部分。古希腊人追求秩序和古典美，因此，城市布局以棋盘式路网为骨架，广场和各种建筑（图 3-8）罗列其中。米利都城的城市布局体现了古希腊人对理想空间的要求，追求能够承载人们公共生活的秩序空间。

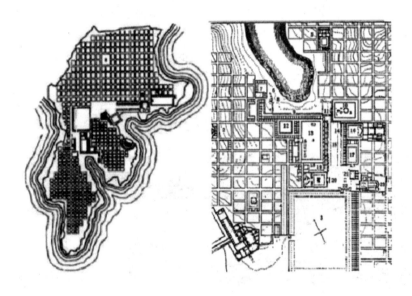

图3-7　米粒都城总平面图　　　　图3-8　米利都城的中心区

2. 微观层面——空间资源联系

　　微观层面的城市公共空间功能互补主要指相邻空间的功能互补。共享模式规避耗费资源现象，使城市的活力得以增加，切实提高利用的效率，降低了所提供服务的边际成本，获取相应的经济与社会方面的效益。诸如各小区居民彼此共享对方的空间，从而使公共空间得以改进与优化。共享指的是联合地占用了空间或资源，成为有效分配资源的流程，所以共享性是城市组织公共空间需遵循的相关原则。共享空间能够以使用者为媒介构成存在紧密联系的群体，从而基于更多维度实现沟通与共享，对于构建可持续发展的居住区与打造宜居城市将产生深远的意义。

　　我国拥有两千多年封建社会的历史，一些城市由水而兴起，由于水运环境便捷，使城市产生繁荣的景象。江南地区拥有发达的水系，水乡城市融合了水体与城市，空间景观践行天人合一的理念。诸如苏州，小桥、流水、人家勾勒出一派优雅的江南景象，道路和河道彼此交织，产生使彼此联结的系统，水系周边公共生活与水上商业活动联系紧密。处在河道与道路交叉口的小广场成为构建交通和中心区的重要元素，使组成的空间环境别具一格。早在隋唐时期，随着运河的开通，使扬州跻身于国家商业中心城市的行列中，究其原因就是空间的关联性较强，不同的空间体系相互结合、彼此共存，产生了城市与水系彼此融合的公共空间环境。在开封、杭州、周庄等城市公共空间环境中，水与城市彼此融合在一起，相得益彰、独具韵味，承载大街小巷的气息，与周围公共空间融为一体。

工业时代，人类的生存环境遭到极大的破坏，取而代之的是混凝土和污染物。19世纪下半叶，"城市公园运动"使人类开始向绿色回归。1858年美国第一个城市公园——纽约中央公园由奥姆斯特德设计建成。然而这类公园被越来越密集的建筑包围，形成一座座绿色的"孤岛"（图3-9），对于偏远地区的人群不够友好，生态系统也脆弱。奥姆斯特德于1880年设计了波士顿城市公园体系（图3-10），整个体系通过河流、城市绿带将几个核心的城市公园连接在一起，形成了一个整体，市民可在整个系统中感受到连续的绿色景观，打破了传统的孤岛绿地设计，其带来的生态影响也是举足轻重的。波士顿拥有全球首个城市公园系统，为城市公园的规划揭开帷幕。

图3-9 "绿色孤岛"

图3-10 波士顿城市公园体系

（二）空间互利共生

互利共生指的是对彼此有利的两个物种通过共同生活，将"竞争"转变为"竞合"。共享针对使用者而言，与不同人沟通与相遇作为必然，利用城市公共空间的目标激发社会公众的参与感，从而更好地维系空间资源。

1. 空间布局多样

具备多样性的城市公共空间如同能够实现多元与复合功能的整体，有效地连接城市的各部分，同时发生多种类型的社会行为，相当于能够共享的环境，同时充当公共资源池的角色。

（1）开端

《周礼·考工记》中记载，我国手工业在春秋战国时期已经发展得十分完善，手工业成为当时社会非常专业的主流行业。最开始的时候城市实现了政治中心的功能，城市中广泛地开展工商业，旨在使统治阶级在消费上的需求得到满足，同时获取更多的财政收入，并非旨在聚积资金发挥扩大再生产的作用。城市手工业作坊普遍在城市郊区中分布。及商代末期，各类手工业作坊在城市的中心得到相应的发展，手工业作坊或以宫廷为中心进行布置，或在外廊城中集聚。由于市场发挥的作用，并且基于家庭生产模式的影响，使商业空间的布局模式产生，实现了居住与销售以及生产方面的空间的一体化，使同行业集中于一条街区或一个区域。城市公共空间的功能逐渐实现集合化、专业化，也标志着城市公共空间有了共享的基础。

同时，手工业作坊的快速进步促进了商业公共空间的产生。空间以商业布局的需求为依据，将人流与物流聚集在一起，促使商贸口岸或集市的产生，空间的形态呈线性且沿街形成市，使人流与商业以及交通方面的需求得到充分的满足。而城市的广场却较少，即便有的城市有了早期的广场雏形，但一般规模比较小，其主体是城市的节点空间，诸如丽江的四方街以及平遥的中心街等。

在中国，"城"的出现早于"市"。而市的出现使城的结构逐渐向城市推进，同时快速发展，形成了人口大量聚集的城市。最开始，市多集中于城市内部的特定位置，以集中管理为主，而随着人口规模的扩增，市也向整个城市蔓延，在整个城市中形成了以街市为主干遍布全城的商业网。纵横交错的商业街市蓬勃发展，与现代的商业步行街有异曲同工之妙。到此时，商业公共空间与街道能够融为一体呈线性分布，空间内生活的多样性较强，基本能满足居民的生活需要。我国城市的街市以商业活动为中心，人们可以实现买卖、交往、吃喝玩乐等各种活动。这种街市对打破居民以小家为中心的传统有推动作用，鼓励市民积极交往，促进经济发展，因而具有蓬勃的生机。

中国的城市街市相当于聚会的空间，且发挥商业活动的核心作用，公众以贸易、饮食以及休闲娱乐为契机实现聚会的目标。上述街市为居民生活提供了便捷的环境，以使其生命力经久不衰。

（2）发展

宋朝经济发展迅速，商业繁荣，城市内容也不断扩展，街市的形式也越来越丰富。市民的生活需求更加多样，以线性街道加以展开，街道两旁出现商铺与茶馆等各种类型的建筑，建筑向街道延伸出现了"半公共"的空间模式，在此基础上逐渐发展成我国特色的街道性城市公共空间。在街道某些具体节点位置需要更大的空间来承载特殊活动，因此将这部分空间扩大，随之形成了一部分的广场。

张择端在《清明上河图》中细致地描述了汴京街市（见图3-11）。随着商业、服务业的发展，开封城中到处可见繁华的商业街，甚至通宵达旦、灯火通明的夜市、"瓦子"（见图3-12）（一种固定的玩闹场所）也层出不穷，体现了社会风气较为开明，人民的生活水平有了较大的提高。城市空间结构基本和近代封建社会的城市空间结构一致。

图3-11 《清明上河图》中商业空间的布局

图3-12 瓦子中的空间布局

瓦子是宋朝娱乐发展的一个特殊产物，它的出现标志着一场城市生活、空间资源布局变革的完成。瓦子相当于一条娱乐街，可以进行相扑、影戏、杂耍、读书等活动。瓦子里圈出一些"勾栏"（即场地），其中划分出各种表演杂剧、武术的相关场地。瓦子以及勾栏的出现彰显了古代的文化底蕴，也是人们生活具有多样性的体现，人们能够其乐融融地共享当时的商业空间环境。宋朝对佛教的尊崇达到了顶峰，因此庙宇广场也随之发展起来。庙宇广场一开始作为从世俗环境到宗教之间的一个过渡空间，后来随着社会的发展，其承载了更多的功能。庙会是当时一个普遍而重要的活动，因此，庙宇广场在庙会时还承担了庙会、赶集的作用，市民在庙会上进行买卖、算卦、杂耍，十分热闹。如北京的隆福寺、南京的夫子庙都是典型的代表。这些庙宇广场通常利用庙宇的山门或者墙，形成一个半开放的广场空间，周围也常用下马石、牌坊作为标志。

除了大型城市中的广场，普通的城镇中也有特色的广场出现。这些广场与城市里严谨的空间设计不同，是依照当地的风俗习惯、地理气候等特点依附建筑而形成的，空间结构多样而有特色，具有很强的区域性、个性化。

（3）成熟

自宋代以后，城市公共空间发展趋于成熟。商业广场建立在街道的交叉口或道路空间的节点，与周围的环境相结合，举行商业活动。四川罗城（图3-13）中的"一条船"广场，通过扩大街道空间节点，而旁边的建筑面向广场，弧形排布，形成像船一样的中间宽、两边窄的空间。整个城镇以广场为中心向周围发散。

城市公共空间成熟的标志之一体现在小城镇的公共空间完整化、多样化上。城镇存在各种各样的公共空间，大多因市民的活动需求而自发而成。交通广场是城镇中存在的普遍形式的广场，通常以城门、桥、码头前的空地为基础，与街道相连，没有固定形式，自由随意。世俗广场主要承担市民聚会的作用，通常是指钟鼓楼、大的戏台等建筑前的空地，主要进行文娱活动，人口较为集中，有特殊的标志点。在江南地区，由于城镇有较多河流穿行其中，人们在岸边搭建平台，朝向水面，既可以通过船只进行买卖、游览、交往等活动，还可以观看平台上的演出。城镇中宗祠因需要举行祭典等活动，通常会预留空地，逐渐发展成宗祠广场。城镇的庙宇也设计了庙宇广场，作为庙会之用。

图3-13　四川罗城古镇图

2. 空间设施共享

共享空间发挥了推动人群相遇的作用。因为聚餐等休闲娱乐活动均可发生于相同的设施之中，使彼此无关联的公众自发自主地聚集，从而促使诸多活动场景的形成。

我国古代城市通过"井"进行集中供水，自然而然，"井"周围人群聚集，演变成了市民交流、买卖的场所。如果没有"井"这一设施，人们便没有机会每天相聚于此，也就没有后续的市井生活。市民由单一的行为活动衍生出后续更多的"体验"。《史记》就有记载："古未有市，若朝聚井汲，便将货物于井边货卖，曰'市井'。"西方城市也有类似的演变，如西方广场中普遍存在的喷泉。

类似的案例在彭一刚先生的《传统村镇聚落景观分析》[①]中也有所体现，如云南的村落广场。云南作为少数民族的聚集地，有以树为图腾的传统，因此，许多村落以信仰的树种为中心形成了村落广场，搭建戏台、照壁等空间，举行祭典、集会等活动。

（三）空间虚拟融入

科技是当今社会的主题，人人都离不开科技。互联网技术的飞速发展使得虚拟空间成为人们生活中不可分割的一部分，虚拟空间带来了巨大的优势，对传统实体空间产生了一定的冲击。而虚拟空间这种断崖式的发展也让我们的生活还来不及适应，从最开始的惊叹，随着时间的流逝而逐渐暴露出弊端。于是我们思考如何找到虚拟空间与实体空间的连接切入点，使之更好地为人们服务。大量的实践表明虚拟与实体的融合是完全可行的。当代公共空间营造中利用互联网、物联网等技术与场地环境及设施相结合的案例越来越多，以人的需求为基础，创造一个科技、智慧的公共空间。这种复合空间不仅具备交往互动的基础功能，还融入了先进的科技虚拟技术，能够最大限度地发挥城市公共空间的价值作用。融入虚拟空间能够从工作与学习以及观赏和服务等几种空间类型中得以展开。

---

① 彭一刚. 传统村镇聚落景观分析 [M]. 北京：中国建筑工业出版社，2018.

1. 灵活的工作空间

早期的工作空间以家庭为单位。工作空间有着很强的公共属性，生产要素高度集中，对于从业者来说，这种公共性带有很强的不可选择的强制性色彩。工作形式、工作地点受到严格的限制，受到政府的影响较大，因此会形成独特的城市结构与空间形态。互联网的普及对传统的工作空间进行了改革，降低了工作地点的集中化，丰富了工作形式，同时也使工作内容更加活泼灵活，选择度更高，因此，除了传统的制造行业特殊的属性之外，其他工作的空间都将迎来改革。现如今，许多职员可以选择在家办公或者自由选择办公地点，这种情况对工作的公共属性产生了相应的冲击，降低了空间公共化程度的相关要求。

2. 多元的学习空间

传统的学习空间以学校、图书馆为主，学生通过实体书籍、教师讲授来获取知识。学校是教师传授知识、学生学习的主要场所，而图书馆是学生通过自由选择书籍来获取知识的场所，具有相对集中的学习行为。

互联网的出现促进了学习的全面化。互联网有着强大的信息储存与上传能力，知识的分享和保存可以快速便捷地在同一层面上进行，知识获取逐渐向普遍化、碎片化发展。在线教育、虚拟课堂和网络知识库与传统的学校教育一样成为学习的主要方式。电子图书馆的出现也形成了多样化、多来源的知识库（如知网）。虽然这种新型学习方式还在发展中，没有对传统知识传播体制造成颠覆，但随着科学技术的发展与现实需要，这种学习方式一定会发挥更大的作用，为学习带来更多的便利。

3. 互动的观赏空间

观赏空间拥有悠久的历史，从古希腊剧场至我国传统戏园再到电影院，传统观赏空间所呈现出来的观赏性是单调的，同时也展示了单一的信息传递的属性，观赏者被动地接收信息，甚至很少参与到互动中来，这种空间性质在互联网的参与下得到了极大的改善。互联网时代，随着新技术的发展，观赏空间的互动性大大增强，人们可以通过虚拟影像直接在现场体验到丰富多彩的视觉图像，细节和灵活度也不断提升，3D显示技术和虚拟现实技术的应用，使用户突破时空壁垒成为可能，感官的刺激与审美相对于传统的表演更加强烈，甚至与现场观赏的感官体验保持一致，排除心理上对"真实"的意义性追求，人们几乎可以用虚拟观赏空间代替实体观赏空间。

4. 便捷的购物空间

购物空间的变革早已形成，已被大多数人接受。交易从古到今都是社会的核心，传统的购物空间集市发展到现在的综合性购物中心，随着社会的变迁而不断改进与补充。当今处于信息时代，互联网的普及让网上购物成为能与经过了几千年发展的实体商店形式共同发展的另一种形式。虽然实体商店形式在起初受到了网上购物的冲击，但其内涵、结构功能不会发生本质的改变，这是因为人对公共活动由来已久的追求与渴望，不会被虚拟技术迅速瓦解。因此，在虚拟交易盛行的今日，实体购物空间不会消亡，而是与虚拟技术相结合，并肩完善与发展。

5. 智能的服务空间

传统的服务业以餐馆、商店、旅游、医院为主，本质是人对社会运转的价值体现，但繁重的工作压力压迫着人的心理与身体，在此矛盾下，逐渐引进科技来解放人的双手，提高生产力，更好地推动社会的运转。表现之一是引入自动控制和机器人技术，现在有关机器人的餐厅比比皆是，无人驾驶汽车也在蓬勃发展，工厂机械化逐渐推进，生产力得到了显著的提高。但是更加智能的发展比预期还是要慢很多，出现的问题也不少。因此，科技智能在传统服务业的发展还需观望，科技完全取代人工很难实现，但更加智能的城市产业是大势所趋，投入更多的精力进行研究才能实现真正的智慧城市，提高市民的生活水平。

（四）具有共享特征的公共空间与传统城市公共空间的异同

我国具有代表性的城市公共空间发展阶段分可为封建时期、半殖民地半封建时期、计划经济时期、改革开放时期、互联网时期。笔者通过描述公共空间发展过程中各个空间类型所体现出的共享雏形，横向对比传统公共空间的特征，总结出共享空间与公共空间的异同以及趋近于共享理念的空间特征。在表3-5中，"正负相关性"表示在同一时期，各类型所表现的空间特征与共享性中的某一特征具有的某种关联，即空间特征越明显，共享性是否越强，"是"用"＋"表示，"否"用"－"表示，共享性越强则越趋近于当代城市公共空间的共享理念。"与传统公共空间的异同"是指空间特征与公共空间当下面临的普遍性问题的比较。共享性可以通过对"共享"概念的分析总结出以下几个特点：资源互补、互利共生、虚拟融入。

表3-5　各时期公共空间的共享与传统公共空间的异同

封建时期				
类型	空间特征	与传统公共空间的异同	与共享性的某一特点相似	正负相关性
街巷（唐）	空间结构满足统治阶级对各个空间节点的控制，使空间之间的联系相对较强	异：工商业不能自由发展，公共活动匮乏；同：笔直而宽敞的中轴线连接纵横交错的城市交通道路	资源互补	＋
水网空间（隋唐）	形成城与水系交融的城市商业公共空间环境，道路与河道系统形成一个密切配合的系统，串联了周边公共空间的行为活动	异：传统濒水空间更注重生态、休闲、人文要素；同：道路与河道交叉形成的商业活动系统与传统濒水空间较为相似	资源互补	＋
手工业作坊商业空间（商代晚期）	手工业作坊的发展形成居住空间、生产空间、销售空间一体化的商业空间布局	异：规模较小、集中在街市节点空间；同：具有功能多样性、复合性的特点	互利共生	＋

续表

封建时期				
类型	空间特征	与传统公共空间的异同	与共享性的某一特点相似	正负相关性
街市化商业空间（宋）	商业公共空间与街道能够融为一体、呈线性分布，空间内公共生活多样性较丰富	异：未能完全脱离政治活动中心，活动种类有限；同：规模较大，分布较广，与现代商业步行街相近	互利共生	+
寺庙商业空间（唐）	起初为宗教庆典活动而设，而后庙会期间各类活动占居于此；汇聚人口，商业活动多样	同：作为求神拜佛的场所的同时，商业活动因宗教而兴盛，城市商业公共空间是城市宗教与商业相结合的独特景观	互利共生	+
住宅（宋）	空间的属性趋于封闭性或私有化的空间，建筑围合形成院落空间	同：对于院落成员具有强烈的公共性，对外部而言过于封闭，被空洞的形式所束缚	无	-
宫城广场	规划严整、宽阔、形式单一、空间布局封闭，强调王权、等级森严的社会意识	同：显示统治阶级、强调礼制，不对公众开放，未提倡平等参与，讲求民主	无	-
市井广场	具有固定的生活设施，人们每天相聚于此，成为聚会、买卖、娱乐的场所。瓦子里面划分出演出影戏、说书、表演杂技 武术的场地	异：当代市井广场空间为了方便管理，四周多为院墙，限制活动发生；同：场地可以划分出多种行为活动类型	互利共生	+
庙宇广场	结合相邻建筑自发形成，与周围环境形成商业性广场	广场具有较强的区域性、人本性。社会生活也融入其中	互利共生	+
半殖民地半封建时期				
类型	空间特征	与传统公共空间的异同	与共享性的某一特点相似	正负相关性
城市总体空间	城市工业、交通业的发展使城市公共空间过去的完整性被打断，出现割裂、畸形等特征	工业厂房与居住区混杂，铁路、公路与公共空间的衔接生硬	无	-

续表

半殖民地半封建时期				
类型	空间特征	与传统公共空间的异同	与共享性的某一特点相似	正负相关性
居住空间	社区公共空间环境质量与社会阶层匹配，棚户区建筑密度高，绿化差，缺乏基本的公共设施	异：由政府管理的传统公共空间能够考虑到更多人群的需求；同：根据阶层配套的城市公共空间，对应使用人群相对固定	无	-
消费设施	满足资本需求的商业发展使得大量以消费为主的城市公共空间设施开始出现	同：城市公共空间的丰富性大部分由大量的消费性城市公共设施组成	互利共生	+
城市公园	因西方"城市公园运动"的兴起而修建大量城市公共绿地，具备体育、游乐功能	异：风格上具有西方园林的特点；同：满足人群的不同休闲、娱乐需求	互利共生	+
计划经济时期				
类型	空间特征	与传统公共空间的异同	与共享性的某一特点相似	正负相关性
公园	由于人治化因素的干扰，公园的用途不是为了满足生活需求，大量公园被毁坏	异：政治色彩浓厚，不同时期的用途不同；当代公园在政府管理下在固定时段开放相应的活动空间	无	-
广场	为满足政治集会的需求而修建大量空洞、单一的广场	无	无	-
居住区	"大院制"的家属区公共空间分布零乱、无序，缺乏系统性的合理规划	异：相应配套的城市生活设施不够完善；同：公共空间被分散在城市的各个不同的封闭用地里	无	-

续表

改革开放时期				
类型	空间特征	与传统公共空间的异同	与共享性的某一特点相似	正负相关性
街道	市场经济促进城市商业步行街的产生，城市的景观的功能需求得到满足，且从人的行为、情感特征出发，以人的行为模式为指导	同：作为城市公共空间主体结构的城市街道，能够方便群众，以人为本，增添了城市公共空间的"景观"效益	互利共生	+
广场	利用不同材质的造景材料及手法满足不同阶段的市民的活动空间需求	同：注重形式与功能的同时，以人为主体，充分考虑人的需求与活动	互利共生	+
互联网时期				
类型	空间特征	与传统公共空间的异同	与共享性的某一特点相似	正负相关性
工作空间	工作空间对实体空间的公共化程度的要求大大降低，虚拟空间的公共性的便利使原始工作空间逐渐被淘汰	异：工作内容与形式不受地点限制，可以共享办公空间、家庭等室内空间	虚拟融入	+
学习空间	由于知识平台具备虚拟化与网络化特点，使知识的保存与分享能够基于不同层面进行实施	异：由于虚拟课堂及网络在线教育的产生，使公众获取知识的方式发生本质上的改变	虚拟融入	+
观赏性空间	虚拟空间出现了以互动为主的科技空间，可以给人带来更好的体验感	异：人与虚拟端可以双向传递信息，附加观赏行为之外的行为活动	虚拟融入	+
交易空间	发生交易行为更加便捷，交易方式门槛较低，交易对象的随机性更强，偶发性行为程度也随之增强	异：虚拟交易行为更加迅速，但缺少一定的交流和体验；同：具备相同的体验性和交往性活动	虚拟融入	+

共享理念在城市公共空间发展过程中体现出以下特点：①联系空间资源，各个分散空间节点相互串联；②空间具有功能多样性、复合性；③空间满足体验性和交往性；④合理的空间划分；⑤空间可达性较强；⑥公共空间有足够设施吸引人群；⑦从人的行为活动出发；⑧互联网等新兴技术使公共空间的社会属性更加突出，且不可替代。

三、共享理念视域下公共空间设计的理论基础

（一）列斐伏尔的空间生产理论

20世纪初，列斐伏尔是最早一批研究空间相关理论的人。列斐伏尔的《空间的生产》[①]让人们开始思考空间的概念与作用。他尝试以跨学科的视角如社会学、政治经济学来研究空间。此后，空间相关理论的内容越来越丰富，与各学科之间的联系愈来愈紧密，对当代城市公共空间的发展影响深远。

列斐伏尔将空间与社会生产紧密结合，根据马克思主义相关理论，把社会性赋予空间，使其不再空洞化。空间实际上充满了社会性，社会关系弥漫其中；空间和社会关系，前者除了被后者支持外，前者还生产着后者，同样也被后者所生产。简言之，空间生产，也就是城市里所有的活动（生活生产、交往、通勤等）均发生于城市空间里。城市空间，特别是城市公共空间，是实施资源共享、交往和社会运转的黏合剂及场所。

列斐伏尔把空间划分成三种形式，也就是空间实践、表征空间以及空间表征。空间实践通过服务对象人群来实现，在空间实践中群体的主观行为主宰着空间，空间既可作为行为活动的承载者（是指空间自身的实践），也可作为一种行为实践的结果。空间表征是将人群的意识观念附加到特定的公共空间中，形成了一个具有独特的意识形态的空间。意识空间与物质空间相结合形成表征空间。其中表征空间是本书研究的重点。列斐伏尔认为，空间不只是人们一直以为的无意识的物理范围，而是有社会含义的空间。我们应该从单调的空间转向整体空间本身，与之对应的，发生于空间里的消费亦是消费空间本身，空间就是产品，而这种变化为本书碎片化的空间资源利用和体验性空间的营造提供了理论基础。

（二）波特曼的共享空间理论

波特曼的共享空间理论是指以一个大型的建筑内部空间为核心，可以容纳各种不同的功能与活动的空间形态，其中不仅是物质空间的共享，更应该是精神与意识空间的共享。共享空间以人为中心，尊重人的行为与心理，融合人本主义心理学与行为学。[②]

在重新定义城市公共空间的背景下，原本是建筑中庭空间的共享设计方法也能运用到公共空间中：① 设计中充分注意到"人"这个因素，和日常生活紧密相连的就是

---

① ［法］亨利·列斐伏尔. 空间的生产 [M]. 北京：商务印书馆，1949.

② 李纯. 从空间设计到审美维度的实践跨越 [J]. 建筑与文化，2018（10）：30-33.

人们所处的环境，以满足人的需求为核心。波特曼明确提出了作为建筑师，创造的建筑及环境服务的是所有人，而非特殊圈层群体，这点同城市公共空间的公共性相符合。② 借助颜色艳丽的塑料材质的串珠以及悬挂织物，强化热闹的氛围以及柔和之感。空间环境里的每件物品，均要铺成"管弦乐"，将其特征呈现出来，把个体的惬意之情唤醒。空间中配置具有吸引力的设施能增强人在空间中的体验感。③ 在建筑设计中有静和动两个方面，过去的建筑师都趋向于将建筑看成一个静止的东西，然而动是更为重要的。人们从古至今都爱运动，因为运动代表着活力与生机。建筑里水的运动、物品的运动、人的运动乃至处于运动状态的声音均十分重要。动态化的公共空间一方面能让空间形态的层次更丰富，视觉上给人以趣味感和运动感，另一方面能引导人群的行为活动并促进交流。④共享空间是以人们对狭隘空间向广阔空间的渴望为基础的。当空间不只是单调地出现一种事物，在空间中从每个视角都能发现有趣的观赏点，那么它将给我们带来精神上的愉悦与自由。城市公共空间过渡性的层级划分在满足多样化空间需求的同时，对人们的社会交往活动也具有积极影响。

在波特曼的整个设计里，始终贯穿着上述设计理论，大型的室内设计变成设计核心之所在，而这些设计原理在城市公共空间中将会体现得更为淋漓尽致。

（三）健康城市理论

1. 健康城市

世界卫生组织提出了健康城市的概念，健康是其核心观点，人的健康、城市环境的健康、自然环境的健康以及社会结构和社会关系的健康有机复合、共同发展形成了健康城市。① 健康城市也是一个可持续发展的概念，持续地改善自然和社会环境的和谐，从而持续扩大社会和自然资源，进而涉及人的健康层面，再反作用于城市的健康，二者相互支持，有机协调发展。健康城市不单单是外在环境的健康，更是为了人们生理和心理的健康，说到底健康城市是以人的健康为核心，将这一理念应用于城市的规划、开发、建设、管理与发展等方面，这也与我国现阶段以人为本的社区规划不谋而合。

健康城市的概念也是一个不断发展和完善的概念，从最初简单地强调公共卫生环境，发展到自然与社会的和谐，再到现阶段健康城市已经涉及城市、社会和人的方方面面，其中包含了医疗养老、自然环境、教育就业、居住活动等多方面的内容。

健康城市的具体标准中指出：城市居民群体应相互帮助、相互协调，形成人与人之间和谐的关系，进而协同工作改善城市的健康，健康城市应提供多元化的休闲和活动空间，以方便城市居民间的交往与联系，形成健康的社交网络，尊重每个居民的文化和生活特征，保证城市居民的心理健康。这些标准为共享视域下的公共空间设计提供了支持。

健康城市在城市规划和建筑设计层面，通过对物质空间的干预，改善了城市建成环境，改善了人们的生活环境，进而改善人们的身心健康，实现以人为本的健康城市。

---

① 马亮，林坚. 我国健康城市发展的关键要素 [J]. 人民论坛，2021（08）：54-57.

2. 健康社区

居住空间是城市居民生活所需的必要空间，社区是组成城市结构的重要环节，同时社区也是城市和社会在一定范围内的缩影，因此，健康城市的实现必须以健康社区的实现为基础。

健康社区这一概念的提出是为了提升社区的物质环境质量，提高居民的物质生活品质，促进社区与自然生态之间的平衡与和谐，促进居民生理和心理的健康发展。健康社区的理念指出，社区外在物质环境和社会环境对人的健康具有重要影响，而人的健康又反作用于社区的发展。而随着健康社区这一理念不断地深入发展和延伸，其关注点不单单是社区内的空间环境，而是越发地关注社区内的社会结构和公共空间，包括社区公共活动空间以及其活动的参与度、社区社交关系网络以及社区活力等，其中也越发地关注社区中的老年群体，满足老年群体的日常需求是实现健康社区的重点，而社区公共空间在不同层面的完善是实现健康社区的重要手段。在我国现阶段的社区规划和建设环节，开发商只关心经济效益以及居住空间的精细化等层面，而忽视了社区内的公共空间，只是简单地满足了规范上的配置，并没有真正关注居民生理和心理上的需求，造成利用率低下，社区活力缺失，丧失原有的良好的邻里关系和活力，尤其是老年人所期待的代际交往等行为更是没有实现的场所和机会。

健康社区的规划原则包括：充分利用社区内原有的资源及能源；土地集约使用，功能空间复合布局；以人的步行距离为依据对社区规模进行控制、对公共服务设置进行布局；规划层次分明、易达性与安全性并存的交通网络；营造充满活力的社区公共空间；恢复良好的邻里关系，实现代际互助的社区氛围（如图3-14）。[①]

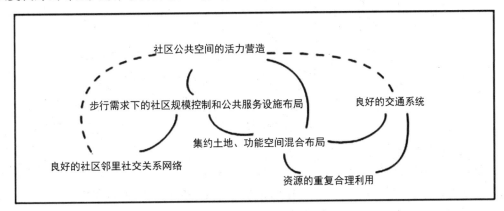

图3-14　健康社区规划原则

这一系列原则中，绝大多数都与社区的公共空间息息相关，这也印证了社区内公共空间设计的重要性。而健康社区中的这些原则是相互作用又互为影响的。

从健康社区的规划原则可以看出，用地规划、公共设施、公共空间与环境资源是建

---

① 王一. 健康城市导向下的社区规划 [J]. 规划师，2015（10）：101-105.

设健康城市的四个重点，这四个要素相互影响又互为前提，健康社区的建设就是要对其进行统筹规划和合理布局。而本书关注的重点就是公共空间这一要素，但在谈及这一要素的同时也不能规避其他要素，在诸多因素的制约下合理规划社区公共空间，形成健康社区下的健康的公共空间，营造出全龄交往的活力社区，从而实现人的健康。[①]

（四）弹性设计理论

弹性设计在建筑层面是指同一空间在面临不同需求的使用者时呈现出不同的功能属性或不同的使用方式。弹性设计这一方式是从对人群使用空间的功能需求分析到建筑前期的策划，再到建筑的设计，再到使用后的反馈这一系列的设计流程。弹性设计是包容性设计的体现，使空间可以根据不同的需求、不同的时间、不同的使用群体进行相应的变化与调整，使建筑或空间具有适应性和可持续性，适应人口和社会结构持续地变动。以养老社区老年人群体为例，老年居室可以根据使用的人数的不同将双人居住空间拆分为两个单人居住空间，或者将两个单人居住空间转变为一个双人居住空间（如图3-15）。而在社区公共空间层面，也可以根据不同使用人数对空间进行划分，以及公共空间分时段布置不同的功能等形式进行弹性设计。弹性设计需要准确地顾及使用者的真实需求，才能真正实现有效的弹性设计，弹性设计理论可以有效地指导社区形成全生命周期的空间设计和全龄适宜的空间设计。

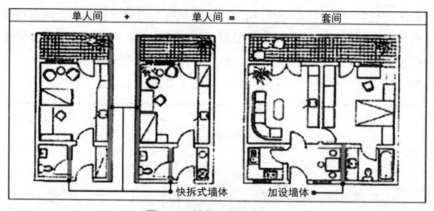

图3-15 居住空间弹性设计

（五）行为心理学

行为心理学以研究人的心理活动及其行为规律为主，在公共空间设计方面，表现为人的行为方式与空间环境之间的互相作用，而这种相互作用的结果将体现在公共空间的设计成果与使用体验中。不少城市公共空间缺乏新意，乏味单调，部分公共空间还出现了荒废的现象。之所以发生这种状况，原因就在于设计师未将大众的行为心理需要予以最大限度的考量，实施设计活动时没有全方位考虑人性化因素。因此，设计师在设计城

---

① 唐燕，梁思思，郭磊贤. 通向"健康城市"的邻里规划——《塑造邻里：为了地方健康和全球可持续性》引介 [J]. 国际城市规划，2014（06）：120-125.

市公共空间的边界时，需站在大众的心理行为角度，满足人们的心理和行为需求。空间与行为是相辅相成的关系，人作为活动和行为的主体，参与到空间的产生中来，没有活动交流的空间便没有意义。行为心理学理论表明，公共空间的设计可以通过使用人群的基本需求、行为活动的规律、心理与情感的变化等进行空间设计与思考。

行为心理学在城市公共空间设计中主要表现在以下两方面。

第一，空间设计和行为心理的关系。空间为人提供服务，将一定的场所与环境提供给大众，人的不少行为若离开了特定的场所和环境亦不会发生。与此同时，人的行为对空间设计亦产生着影响。设计师要做的工作就是对空间和心理行为的关系、环境和人的关系予以了解及探究，对特定行为应提供、匹配何种特定的空间环境加以研究，探究人的心理及行为会受到空间环境的何种影响。

第二，基于人的行为模式设计空间。现代生活环境日新月异，应对这些变化和挑战需要我们追本溯源。研究表明人的行为模式有三种：一是必要性行为。主要是带有明确目的的活动。二是自主性行为。通常是自发性、偶然性的活动。三是社会性行为，通过人群的交流和分享产生。上述三种行为活动都可以与空间产生联系，从而引起人对空间的关注。空间常常给人带来基础的感观意识，如空间的开敞与幽闭、舒适与恐惧等，因此要结合人的感受来创造空间。此外，还有几点设计要素需要满足：领域意识与个人心理舒适距离，安心感，私密感，交流互动，求异心理。

（六）有机生长理论

该理论基于仿生学及有机体理论，融合有机自我调节相关理论与弹性理论，并持续完善。随着生态、经济社会学科对城市空间研究的影响不断深入，人们开始以城市发展现实状况为根据研究城市空间，通过机体生长规律对城市公共空间发展的方式展开剖析。

对城市而言，有机生长是具有可持续性的、质量高的发展方式，城市公共空间随着城市演变的进程而不断调适及进化，在这个过程里新的空间类型与城市功能孕育而生，这对城市和周围环境在社会、经济、生态发展上获得平衡有帮助，继而形成共享和谐的城市空间环境。城市公共空间本就处在不断发展的过程中，共享理念同样具有发展思维并在各个领域滋养公共空间健康成长。

有机生长理论的主要内容包含三个方面：空间维度、时间维度以及功能维度。尽管三者的侧重点存在差异，不过彼此间关系密切，一起组成了有机生长理论系统。空间维度的有机生长表现为城市公共空间物理维度的变化，公共性和私密性的组合及切换，以适应多样化空间需求。时间维度的有机生长根据一定方向及规律的发展对生长做了强调，可预见发展的结果。它就像生命体的生长周期一样，经历雏形—健全—繁盛—衰落的过程。在城市公共空间设计中利用系统性的实施步骤才能使公共空间持续焕发活力。功能维度的有机生长表现为公共空间在生产、生活中功能不断完善，与周边相邻空间功能互补，需要完善的设施、高效的虚拟平台管理运行、协调资源利用等支撑。

（七）场所空间理论

场所空间理论是以人和现代社会生活为出发点，追求人与周围环境有机共存的一种城市设计理论。场所不仅仅是简单的几何空间实体，还包括自然环境和人造社会环境，自然环境和人造社会环境相结合作为整体来赋予空间更多的意义。所以，场所空间除了具有物质实体的形态，还具有精神价值，反映了人们在该特定空间内的生活方式及生活环境的相关特征。场所空间的形式背后是由具体场景组成的现实生活，蕴藏着不同的含义，伴随着不同的故事——故事的内容与该地区的文化、历史、民俗传统等元素息息相关。认知心理学中认为场所空间的意义让人的意识和行动方式在参与的过程中获得有意义的空间感，从而让人诗意地栖居。

场所空间实际上就是在存在空间的基础上加入情感及人文色彩。我们可以这么说，空间之所以能够成为场所，是因为其特殊的文化或地域内涵给予了空间特殊意义，使空间变得充满情感。乡村公共空间作为人们行为活动的场所，在规划设计中也需要与文化及地域特色等要素相关联，因此，引入场所空间理论对乡村公共空间规划有着指导性的意义。

（八）马斯洛的需求层次理论

马斯洛的需求层次理论于 1943 年提出，其基本内容是将人的需求从低到高依次分为生理需求、安全需求、社交需求、尊重需求和自我实现需求。马斯洛（Maslow）认为，人类具有一些先天需求，需求层次越低越基本，越与动物相似。层次越高的需求就越为人类所特有。同时，这些需求都是按照先后顺序出现的，当一个人满足了较低的需求之后，才能出现较高级的需求，即需求层次。

公共空间作为人们互动联系、信息传递、情感交流的重要场所，从马斯洛的需求层次理论来看，人们对于新时代公共空间的需求也同样呈现相似的趋势。首先要有满足人们活动的公共场所，配备相应的活动设施，到为满足不同人群需求而存在的不同功能尺度形态的活动场地，再到促进不同人群交流交往的不同层次的场地建设，最后到要为满足人们自我实现，创造展示本我的机会，能够引起人们认同感和场所感的乡村公共空间。乡村公共空间的共建共享就是要从多主体多视角的需求开始，逐步达到共享，具有集体利益、公共精神价值的高层次需求，这正是马斯洛的需求层次理论对共建共享下的乡村公共空间规划的指导意义。

（九）环境行为学理论

1. 环境—行为关系理论

环境与行为之间正是以"人"作为媒介形成相互联系的，人会随着环境的变化产生自身的心理变化从而表现在行为上，当良好的空间环境品质满足了人们的使用需求时，空间就变成人们可以积极参与的主要场所。环境—行为关系理论作为环境行为学的研究内容，人、空间和行为之间所组成的有机体，人与空间环境一直处在相互影响的结构中，人的行为受到环境的作用从而做出不同改变，同时人也在不断积极改变身边的环境为了更好地生存。在三者的相互作用下，人、环境和行为所组成的系统可以一直延续下去。从空间角度来分析，行为是由人控制的，空间环境的好坏能够诱发或阻碍人的行为的产生，而空间又是由人设计产生的，因此，三者之间始终处于相互影响循环（见图3-16）。

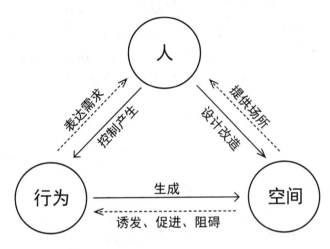

图3-16 人—行为—环境空间的关系

2. 环境知觉和空间认知理论

费尔杜斯（F. Ferdous）认为空间规划设计本身可以看成一个编码的过程，人对空间的感知就是在解码，如果人不能够清楚理解设计的代码，那么设计所表现出来的内容就是没有作用的。因此，空间设计必须强调人与环境之间的交互作用，人的感知与空间场所环境、时间记忆和人的自身认知等方面息息相关。[1]环境知觉是环境中的人对环境整体属性特征的直接反应，它直接决定了人对所处环境的情绪和体验影响着人对所处环境中的行为反应。心理学认为个体通过感觉器官接受外界环境的刺激，通过自身大脑对其做出反应，从而影响即将产生的行为。环境知觉是自上而下加工与自下而上加工之间相互联系形成的统一的结果。吉布森（Gibson）的生态知觉理论强调人在物质环境、生物环境、社会环境和文化环境中的适应性，通过对主体行为的深入研究能够更加直观地加强环境设计。环境知觉理论是在人们了解环境的过程中，强调人与环境之间的互动、感知认知、空间行为等过程。人不仅是环境中的一个客体，受环境影响的同时也能积极地改造环境，且两者之间联系的媒介就是人自身所做出的各种行为（如图3-17）。

---

① 高元，王树声，张琳捷. 城市文化空间及其规划研究进展与展望 [J]. 城市规划学刊，2019（06）：43-49.

图3-17 人与环境的关系

认知理论是在总结"图式"与"构造论"的基础上研究人对环境认识的发展机制。人的认识本身就包括具象与抽象两个部分。具象容易掌握且稳定，抽象因一直处在不断变化的过程当中而难以掌握。因此，人们对空间的认识过程本身就是一个心理变化的过程，需要通过不断地认识从而在大脑中形成自己所建构的外部环境画面。让·皮亚杰（Jean Piaget）从1921年开始从事关于儿童心理学的相关研究，随后以他为代表的日内瓦学派在深入研究人的思维和心理发展的基础上逐渐形成皮亚杰理论（表3-6）。他所提出的图式理论就是动作结构或组织是人类认知事物以及日常行为决策的重要依据。该理论的主要核心是关于人们从婴儿时期开始到成人，最后走向死亡，人的认识发展都是不断变化运动的过程，始终与外部世界相互作用，不同阶段的认知能力和感受随着环境的变化而发生改变，并将人发展的认知过程归纳为四个阶段：感知阶段（0~2岁）具有低级的感知能力，通过自身感觉与动作熟悉外部环境；前运算阶段（2~7岁）思维存在刻板性，通过一种标准辨别事物；具体运算阶段（7~11岁）可进行简单抽象的思维；形式运算阶段（11~16岁）通过一定的逻辑思维推导解决问题，思维更加灵活。

表3-6 皮亚杰的理论认知内容

人的认知过程	主要内容
组织	人们对于一切事物的认识主要体现在识别出物与物之间的不同关系。形成的不同模式反映在脑海中形成不一样的图式，图式经过从简到难的过程不断发展，从而组织成人的认识发展过程
平衡	平衡指的是人往往在准备行动的情况下，首先按照头脑中已形成的图式去进行，但在行动的过程中又增加了自己的行为与图式适应，产生这种心理动机非生理的生存需要属于精神层面的求知需要
适应	适应包括同化和调节，对于越复杂的环境，人的心理也会随着环境的影响而变得复杂。同化是人们根据自身现有的知识吸引适应环境刺激中所能接受的部分。调节作为对同化的补充，当新的并且引起人们注意的刺激产生，人们通过调节适应刺激从而对环境进行新的了解

人在大脑中构成的外部环境的基本图式要素主要分为五个方面：①中心和地点；②方向与途径；③地区与领域；④要素相互影响；⑤地点精神。此外，为了有效促进人与环境之间的互动，在环境知觉的基础上人们需要提高空间认知能力，认知地理作为心理

学的主要研究理论，认知地图可以帮我们解决许多空间问题。美国著名规划师凯文·林奇（Kevin Lynch）在《城市意象》①中提出城市认知地图，认为可读性是城市最重要的特征之一，人们对城市的心理意象得出了五种结构性因素：道路、景观、边界、节点和标志物。

3. 个人空间、私密性和领域性理论

个人空间是指人与人在交往的过程中与他人保持距离，别人进入容易引发不适感且具有自我保护功能的区域。影响个人空间的因素包括情境因素和个体因素。美国人类学家霍尔（Edward Twitchell Hall）在《隐藏的维度》中对人们在空间使用行为情况下的空间中人与人之间的距离进行了研究，并将人在交往时的距离分为四种（表3-7）。

表3-7 霍尔理论的交往距离及活动类型

距离分类	活动类型
亲密距离 （0~0.5米）	适合非常亲密的接触，是与家人、朋友或夫妻之间的抚慰、拥抱，抑或是体育运动中运动员之间进行的摔跤等，在此距离内以触觉代替语言
个人距离 （0.5~1.2米）	朋友或熟人之间的日常交往距离，人与人之间能够进行频繁的视线交流，同时进行较为舒适的语言交流
社交距离 （1.2~3.7米）	超出双方之间的个人空间，是人们在社会交往中与他人一起工作的公务性接触，感官的刺激较少，人们之间不会产生碰触，保持正常的声音水平，仅进行正常的工作交流
公众距离 （3.7~7.6米）	具有一定社会地位的个体（如演员、政治家等）与公众之间的正常的接触距离，以夸大的非语言行为代替语言交流，看不清面部表情的变化

私密性是作为人们正常交往过程中与公共性相对立且矛盾的存在。人们既追求人与人之间的交往与互动以培养友谊和情感，但又保持着自身的私密性，对自己有所隐藏和保留。私密性属于一个变化的过程，超出理想水平会使人产生孤独感，反之，会产生拥挤与不安感。因此，物质环境设计的开敞公共空间中，人们通常更多地喜欢在半私密、半公共的空间中驻足停留，满足人们心中看与被看的行为需求。在空间内部环境中设置良好的景观小品设施及进行绿化种植搭配能够带给人们丰富的体验，人们由心理变化驱使自发行为能够对空间环境进行更多能动的选择。

领域性是个人或者群体所具有的一种行为态度模式，是对可限定的空间或者物体，通过心理或者实际的行动进行控制，强调关于领地的占有、保卫、依恋和组织。人类的领域性在很大程度上具有独特的社会性以及情感维系的心理效应。空间领域类型主要分为主要领域、次要领域和公共性领域，个人及他人对于领域的拥有程度从高到低逐渐减弱。公共空间从含义上属于公共性领域，个人和群体对公共活动空间没有任何的管辖占

---

① [美] 凯文·林奇. 城市意象 [M]. 项秉仁，译. 北京：中国建筑工业出版社，1990：29.

有权，仅是在相应时空环境中保持短暂使用。当人们长期在熟悉的空间场所中进行活动时，内心会对一定活动范围区域产生安全保护心理，当有外来人进入时会产生一定的防范意识，同时也说明领域感是对空间环境的心理认同。

（十）外部空间设计理论

芦原义信的外部空间设计理论是当前众多设计师参照学习的理论指导，也是当前众多建筑院校所推崇的城市公共空间设计方面的研究成果。其外部空间理论体系中，对基本概念、要素、设计手法以及空间秩序的建立进行了详细说明，提出了积极与消极空间、尺度与质感、层次与序列等具有启发性的概念。①

在芦原义信的外部空间理论体系中，向内建立向心秩序的空间被视为积极空间，反之则为消极空间（如图3-18）。通过围合和高差可以限定公共空间的大小和空间感受，结合人的视线范围和底界面宽度与高度之比给出舒适的尺度控制；通过距离与材料的选择来体现公共空间的质感；通过外部模数理论，确定广场空间设计宜采用20~25米的模数。同时结合其他具体的工程案例，芦原义信还详细阐述了外部空间设计中空间关系、空间尺度、空间的封闭与开放、空间层次与序列等设计要素的评判标准，对后续笔者进行的城市公共空间设计研究具有极大的启发和借鉴的价值。

消极空间　　　　积极空间　　　　　　围合限定空间　　　　高差限定空间

图3-18　公共空间设计手法示意图

芦原义信对外部空间的研究的大量成果基于知觉心理学，强调设计过程中设计方法论和空间形象的具体表达。笔者认为，不同环境下的外部公共空间设计，还应根据实际情况和想要表达的设计意图来确定具体的空间尺度、边界、开放性等设计要素，尤其是人与空间之间的相互关系能影响空间的品质。

第四章　城市公共空间共享模式分析

在我国城市化进程中,功能区划理念机械、物质建设模式单一、行政管理格局僵化和数字管理指标静止,使城市公共空间的连续性和有机性在一定程度上遭到破坏,并在空间形态上呈现出城市各功能要素之间及其与公共生活之间的分离倾向,使城市空间逐渐演变为一个个关联性较弱的片段。本书正是针对这一问题,试图利用各功能要素之间的内在组织机制来探索解决方法。基于此,本章提出城市公共空间的共享模式及其运作机制,深入研究空间要素,确定空间要素的共享层次,为后续城市公共空间共享策略的梳理提供理论支持。

一、城市公共空间共享模式的运作机制

(一)城市空间的分离倾向

在我国改革开放后的几十年里,中国的现代化城市建设已经取得了举世瞩目的成就,但相应地,其所面临的挑战也是前所未有的。中国当代城市规划理念是以功能分区、等级化道路布局和人车分流为基本形态的,城市管理格局以交管、电力、交通、路政、路改、规划、园林、城管、工商等多个管理和服务部门为基础进行行政条块式的分割管理,城市管理技术指标则以容积率、建筑密度、绿化覆盖率、用地红线、贴现率、日照间距、建筑间距等静态的数字进行审定规范。在功能至上的城市规划理念、单一的物质建设模式、行政条块分割的管理格局和静态的城市数字管理指标的多重作用下,城市公共空间衍生出了一系列问题。

1. 单一的空间形式

无序且功能匮乏的空间形态无法满足人们多层次的需求。一方面,城市功能组织及有效性低下,在各产权红线界面间存在大量无序空间,使得城市空间界面大多处于一种无法清晰界定且没有空间序列的离散状态。另一方面,单一的物质建设模式和机械的功能区划,忽视了居住和生活才是城市的首要功能,将生产和交通功能作为城市建设的目的已无法满足人们对公共空间多样性和动态性的使用需求。

2. 僵硬的红线界面

僵硬的红线界面带来毫无活力的灰色空间。空间之间僵硬的分割(墙体、围栏、大

门、绿化带、停车带、空地等），导致空间界面过长且封闭，内外空间渗透性不足，界面活跃性功能较少，最终产生公私界限模糊的区域和消极无趣的灰色空间。像这类缺乏层次感和序列感的界面，往往会生硬地割裂空间、驱退人群，甚至造成污染和滋生犯罪。①

3. 破碎的城市肌理

机动车道和封闭性地块割裂了城市肌理。城市自身的肌理和结构受到严重破坏，进而导致其运行效率低下。②城市过分依赖穿梭于各功能要素之间的交通，使本来仅作为辅助工具的机动车在城市中占据主导地位，慢行系统中不同地块之间的联系被割裂，城市活动只能被迫在机动交通挤压下的剩余空间中进行，这种事态的发展进一步造成交通拥堵和巨大的经济损失，对公共空间的连续性产生消极影响。

4. 重复的城市图景

忽视人文和历史的城市建设导致了千篇一律的城市图景。机械化的机制渗透到项目的设计和施工的整个流程，千篇一律的设计模板使城市失去了想象的空间。"化妆"的城市替代了功能城市，城市公共空间逐渐丧失了场所精神，缺少归属感和认同感，城市空间的有机组织及其丰富的文化生活内涵正在被破坏。

5. 僵化的分割管理

多个行政部门的分割管理导致城市管理混乱和低效。指标化的城市技术管理导致城市设计简化和僵化，造就了下位设计被动满足的局面。随着城市新建设的大面积铺开，城市空间的多样性丧失殆尽，城市越来越刻板、缺少活力。③

在城市空间这个复杂的系统下想要解决上述问题已不能局限于单一空间要素的建设，需要不断优化和调整城市设计体系，以整合和渗透的方式重新塑造城市空间界面，促使城市空间要素之间的合理组织相互渗透和有机整合，从而提高城市空间的品质，满足当下中国特有的高度集中的城市公共空间发展需求。

（二）共享模式的运作机制

城市是一个多层次、多功能的复杂系统，对于其相关问题的探讨已经很难局限于某个单一局部，或集中表现在某个单一层面上，需要在城市空间功能要素（其具体内涵是指以城市功能空间为单元进行空间分类，是对实体空间的归纳和整理）本身的系统作用机制中找出答案，并充分利用各功能要素之间的内在组织机制来解决相关问题。④基于此，本章从空间功能要素角度出发提出城市公共空间共享运作机制的三个环节：深入研究空间要素、确定空间要素共享层次、寻求空间要素共享方式，在后续研究中将以此机制作为逻辑框架展开相关研究。

---

① 袁野. 住区边界——城市空间与文化研究 [M]. 北京：中国建筑工业出版社，2020：73.

② 俞孔坚，李迪华，刘海龙. "反规划"途径 [M]. 北京：中国建筑工业出版社，2005：13.

③ 戴志康，陈伯冲. 高山流水——探索明日之城 [M]. 上海：同济大学出版社，2013：45-46.

④ 李超. 城市功能与组织 [M]. 大连：大连理工大学出版社，2012：24-25.

1. 深入研究空间要素

分类是研究客观物质的重要手段，通过分类研究可以更深入地解析城市各空间的特征和规律，以达到解决复杂问题的目标。[①] 共享模式运作机制的第一步就是通过分类研究来考虑各类空间要素的共享形式，促使要素间形成相互联系又相互协调的统一体，进而保障城市职能的有效发挥。

本章通过以功能划分城市空间类型的方式来探讨共享机制。城市功能是指"具有特定结构的城市系统在内部和外部的物质、信息、能量相互作用的关系或联系中，所变现出来的属性、能力和效用"[②]。1933年《雅典宪章》把城市空间分为居住、工作、游憩、交通四大功能，但随着社会的进步和生产力的提升，城市功能逐渐增多，功能类型也越来越多元化。在近年的城市规划实践中，一般认为对城市发展作用比较大的有居住、商服、公共、行政、工业等功能要素。而在城市功能分析的研究论述中多从用地类型视角考虑，基本上以居住用地、工业用地、商服用地和交通用地四种类型为主。

基于此，笔者结合城市功能空间的主要内涵，细化提取了三个城市主体功能作为研究对象，即以商业空间、住区空间、交通空间三个集聚性较强的城市空间类型为范式，探讨在当下这样一个以功能分区为主的城市规划框架下，如何以共享对抗片段化，打破界限，缝合空间。

商业空间是促进社会交往的重要实体物质环境，是彰显城市活力的核心区域；住区空间是与公众关系最为密切的物质场所，是城市功能存在的基本形态；交通空间是各功能要素流动与交换的载体，是城市功能地域的骨架。三者都是在城市空间设计实践中必然会面对的重要空间要素，将它们作为与公共空间共享的重要节点，能实现公共空间和商业空间、住区空间、交通空间的互利共赢，为城市空间界面带来源源不断的活力。

2. 确定空间要素共享层次

空间要素共享层次的确立主要是参考凯文·林奇（Kevin Lynch）的五个空间感知要素：道路、边界、节点、区域、标志物[③] 和阿里·迈达尼普尔（Ali Madanipour）的社会空间关联三要素：奇点、并联、排列，并以城市空间分离倾向所呈现出的三个主要空间形式（单一的空间形式、僵硬的红线界面、破碎的城市肌理）为依据，从中提炼和整合出空间要素的主要层次架构——结构、界面、区域。其中，结构是空间要素存在的基本框架，界面是空间要素外在映射的基本层面，而区域则是空间要素存在于城市肌理中的基本轮廓。

（1）结构

空间结构是物质空间存在的基本逻辑，它创造了一个物质空间共存共知的基本模式，

---

① 李超. 城市功能与组织 [M]. 大连：大连理工大学出版社，2012：11.

② 同上。

③ [美] 凯文·林奇. 城市意向（2版）[M]. 方益萍，何晓军，译. 北京：华夏出版社，2017：35.

并且它具有清晰的社会目的和建构体验，展示着空间的基本法则和属性。有的空间结构是等级化的，只对少数群体开放，常会衍生出消极的城市界面；而那些具有很强的公共性的空间结构通常展现的是积极友好的城市界面。针对空间结构层次的共享，也是空间共享的基本框架，那些空间对社会效应的基本响应正是通过空间结构内外的相互作用和相互补充来实现的。

（2）界面

笔者根据凯文·林奇的边界观和朱小地[①]教授的城市空间界面理论总结了空间界面的内涵：空间界面是空间要素外在映射的基本层面，它是由空间与界面复合而成的，是两个不同权属空间的接触面，起到分割不同权属空间，划定不同空间范围的作用。在城市空间中界面可能是栅栏，也可能是接缝、停车带、绿化带等。如果空间界面允许视线或者运动的渗透，那么它就不仅仅是一个屏障，还是一个连接处，一个将两侧区域连接在一起的中心区域，而且空间界面具备对城市空间外在环境快速响应的特征，所以针对空间界面的共享是本书空间共享研究中的核心。

（3）区域

区域是空间存在于城市肌理中的基本轮廓，是二维平面在一定城市范畴内的完整映射，而且区域具备能够被识别、确认和参照的共同特征，这些特征通常可以让使用者从心理上就能界定它的属性和范围。[②]譬如有些区域是内向的、孤立的，几乎不与外部空间产生任何关联性；还有一些区域是外向的，与周围空间要素保持着很强的连接性。区域共融是空间要素与城市肌理复合的重要手段，是空间共融的重要步骤。

3. 寻求空间要素共享方式

结合城市现状问题从结构、界面、区域三个层次出发提出空间要素的共享方向：空间结构的优化、空间界面的渗透、城市肌理的复合（如图4-1），然后通过这三个方向重新建立起城市各空间要素与公共生活的联系，探讨如何在城市空间中平衡商业、住区、交通和社会公共需求的关系。

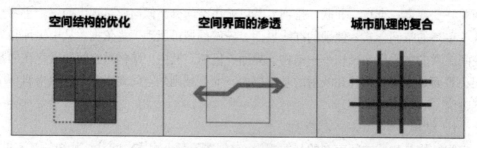

| 空间结构的优化 | 空间界面的渗透 | 城市肌理的复合 |

图4-1　共享策略图

空间结构的优化是指空间自身结构的转变，平衡空间配置，构建不同层次的公共空

① 朱小地. 中国城市空间的公与私 [M]. 北京：中国建筑工业出版社，2019：27.

② [美]凯文·林奇. 城市意向（2版）[M]. 方益萍，何晓军，译. 北京：华夏出版社，2017：51.

间。其结合不同的空间属性可以进行不同的空间结构优化，如在私有空间中需要关注空间结构的部分开放，在封闭空间中需要关注空间结构不同的开放程度，而在公共空间中则需要关注空间的分配结构。

空间界面的渗透是指通过加强空间内外的渗透性和连续性，使各空间相互渗透、补充、溶解，形成相互交织的界面形态，缝合被割裂的空间界面。其结合不同的界面属性可以进行不同的渗透，如在可达性需求较高的两侧界面空间中应该尽量保持行动上的连续，而在可达性需求低的地方也应该尽量保持视线上的连续渗透。

城市肌理的复合是指空间要素与城市功能和肌理的复合连接，在空间形态上主要表现为两者之间的交叉叠合和紧密联系。结合不同的空间轮廓可以运用不同的复合方式，如在大尺度空间中可以通过增加路网的方式来增加与城市空间的联系，而在大体量单体空间中则可以通过材质和空间轮廓的改造来弱化空间体量。

（三）共享模式的必要性

将原本独立分散的空间要素通过与公共空间的共享有机联系起来，不仅可以大幅度提高空间的使用效率，还能促进城市结构的有机生长，激发城市空间的活力。

1. 提高空间利用率

在我国城市建设存量规划发展的现阶段，针对公众日益多样化的空间需求，提高既存空间的使用效率是十分重要的一环。因此，笔者试图通过空间共享在城市空间要素与周边环境之间形成有机的互补关系，将其原本缺失的功能织补进复合空间中，形成各种用途多样化的功能复合性空间，进而促使城市空间要素之间高效运行，达到一加一大于二的整体效果。

2. 促进空间有机化

现代主义机械的功能区划使城市效率低下，城市各地块被分割，各要素被孤立，城市有机性缺失。而本书中的共享空间可以促使各空间要素之间相互接纳和紧密联系，促使空间逐步从单体化、零碎化、无组织化的发展向脉络化、网络化、体系化方向过渡。随着这种脉络化空间结构的发展，城市可以成为一个有机的、富有生长弹性的、健康的机体，可以形成一系列持续稳定且友好的公共生活界面。

3. 激发空间活力

目前，自上而下的功能主义规划形式大幅度地减少了现代城市建筑空间的多样化和层次性，空间也变得更加单调且枯燥乏味，无法满足公众多样化和动态化的使用需求。通过共享能够在要素之间营造出更多的公共空间层次，为不同人群提供不同的公共空间体验，使公共空间更具吸引力，使城市界面更富有活力，进而通过倍增效应和出行经济提升空间的社会价值和经济价值。[①]

---

① [英] 比尔·希利尔. 空间是机器——建筑组构理论 [M]. 杨涛，张佶，王晓京，译. 北京：中国建筑工业出版社，2008：136.

二、城市共享空间要素分析

（一）共享空间要素分析

1. 商业空间要素分析

商业空间是城市功能框架的重要组成部分，是承载城市文化和容纳公众生活的容器。笔者对商业空间的分析倾向于在城市中占据一定体量和规模的实体空间，具体是指由开发商或组织统一规划设计、建设和管理的大型零售商业建筑空间，包括品牌旗舰店、百货商场、购物中心、商业综合体等，它们是城市人群活动的集中区域，具有一定的公共属性，在城市公共生活中占有重要地位。

（1）商业空间特质

随着我国经济的迅速发展和消费社会的更新升级，商业空间的发展势头十分迅猛，其体量和规模都得到大幅度提升。但由于部分开发商一味地追求经济效益，在开发过程中忽视商业空间和城市发展之间的关联性，缺乏对城市空间界面的人性化考量，使部分商业空间对城市建设和发展产生了消极的影响。

①空间的私有化。空间的私有化是指特定群体对公共空间的侵占，直接或间接地造成了对其他群体的排斥，人为地改变了空间的包容度，削弱了空间中活动群体和活动种类的多元化。[①]消费时代下，开发商在商业空间中的投入正在强有力地推动着城市经济的发展，与之相对应的资本对整个城市空间的介入也变得强力且广泛，这样的发展趋势会导致空间逻辑完全服从于资本利益逻辑的现象产生。张东等在《参与性景观》中把这一现象称之为"改革开放后私对公的报复性反扑——现在的境遇是遇着可以私有化的机会，绝不愿留给公共"[②]。开发商在商业空间的快速化建设中为了谋取利益的最大化，常会将空间公共性的考虑置后，忽略商业空间应承担的社会交往职责。甚至某些商业项目中的开放场所在管理和使用过程中变成名义上的公共空间，实质上不具备公共属性，且排斥非消费行为人群的进入，这类假借公共利益之名行私人空间之权的行为正逐步发展为我国城市化进程中的突出矛盾。[③]

②空间的商业化。空间的商业化特征是指空间的公共性被商业性挤压，直至公共空间及其附属产品被赋予交换价值。主要表现在公共空间被商业性行为被动侵占和主动侵占两种方式，被动侵占是指私人需求缺乏空间载体，转而投向公共空间的结果；主动侵占是指在私人权力的膨胀和政府管理缺位的共同作用下，[④]使原本属于城市的公共空间被私人以一定的契约方式临时占用或永久性侵占，变成公共的消费场所。这类商业化行

---

① ［日］三浦展. 第四消费时代 [M]. 马奈，译. 北京：东方出版社，2015：8.

② 张东，唐子颖. 参与性景观 [M]. 上海：同济大学出版社，2018：16.

③ 朱小地. 中国城市空间的公与私 [M]. 北京：中国建筑工业出版社，2019：27.

④ 朱小地. 中国城市空间的公与私 [M]. 北京：中国建筑工业出版社，2019：168.

为虽然提高了空间的开放度和活跃度，但却在一定程度上造成空间公共性的损失，使空间变成有偿使用的资源，同时消费的贵族化、阶级化现象也越来越明显，公众享有权利进一步不平等。[①]

③空间的单一性。空间的单一性是指空间要素内承载的活动和功能都相对单一，与公众动态的需求变化无法适配。消费时代下公众对消费的需求层次正在不断升级，具体表现在对物质的需求越来越弱，而对人际关系相对充实感的需求越来越强烈。[②]但当下许多商业空间在实践中仍保持传统的空间设计模式，在功能上仍以商业零售为主，这类空间目前只能满足公众的必要性消费需求，而无法满足其选择性和社交性消费需求，更无法适应公众情绪、情感和体验等动态化和多维度的需求变化层次。

（2）商业空间与公共空间的关系

在研究商业与公共空间的关系时，所涉及的公共空间是指商业公共空间——一种兼具消费和公共休闲功能的双重空间。它既是商业空间和城市空间的过渡区域，又是连接商业空间和公共活动的重要纽带。商业空间与公共空间是相互交织、相互影响和相互作用的，商业空间中众多复杂、相互关联的要素可以深刻地改变公共空间的结构和形式，而公共空间也可反作用于商业空间，催化各种消费行为和经济活动的产生。商业空间是城市中私人利益和公共利益的重要交互平台，也是私人利益和公共利益的重点博弈对象，其与公共空间的统筹发展可以为城市构建更多私有权属的公共空间，实现利益双赢。商业空间与公共空间这种格外强烈的互动关系，将会成为解析商业空间和公共空间共融模式的一条重要路径和线索。商业空间与公共空间的共融还能够实现双方的优势互补，并提供更加健全的城市公共服务。

①公共空间驱动商业空间发展。首先，优质的公共空间能够持续吸引一定的人流聚集到场所中，这样积极且成一定规模的人车运动可以直接促进"出行经济"的产生，进而通过空间之间的相互渗透和相互促进作用触发"倍增效应"，促使相互关联的地区受益于出行人流过程中所附带的效益。[③]换言之，公共空间可以作为催化剂来提高商业空间的活力，刺激消费行为的产生，进一步驱动商业空间持续稳定地良好运行。

其次，在城市服务经济转向体验经济的过程中，空间本身正在从对于消费行为和消费活动被动地适应逐渐转向主动性地建构，而且在空间的组织统筹过程中，公共空间对消费行为的再塑造能力也不断增强，使得商业空间能够逐步适应社会和公众多层次的需求变化，从而驱动消费行为向多元化发展和多层次升级，将单一的消费目的导向逻辑转换为体验式、社交式的空间消费逻辑。

---

① 郑婷婷，徐磊青. 空间正义理论视角下城市公共空间公共性的重构 [J]. 建筑学报，2020（05）：96-100.

② [日] 三浦展. 第四消费时代 [M]. 马奈，译. 北京：东方出版社，2015.

③ [英] 比尔·希利尔. 空间是机器——建筑组构理论 [M]. 杨涛，张佶，王晓京，译. 北京：中国建筑工业出版社，2008：99.

②商业空间促进公共空间转型。首先，商业空间统一协调的管理模式和自给自足的运营模式，能为其所属公共空间的构建提供稳定的前期资金支持和持续的后期运营维护成本，实现空间效益最大化，有效地保障了城市公共空间的水平和质量。同时也可依托这类支持，为我国公共空间相关理论研究提供实践样本。像张唐景观设计事务所在多个精品商业项目中采取的实践探索，不仅对不同材料和构造技术进行了创新性的研究拓展，也为公共空间问题的解决提供了一系列前瞻性的理论指导，[①] 对我国存量规划阶段的公共空间转型发展具有很强的现实借鉴意义。

其次，商业空间作为城市生活的重要触媒点，可以通过营运来培育多元化的社群活动，重塑公共空间活力，连接人与人之间的关系，[②] 建立人与空间之间的联系，催生空间新价值的产生。在美国，由业主和经营者组成的非营利组织 BIDs（Business Improvement Districts）很好地实践了这种关联性的架构，其以精细化的管理手段和空间经营的服务理念，快速地响应公众在空间中的需求，积极维护周边公共空间。通过高质量和丰富的活动内容吸引公众使用空间，通过商业互动把商业空间和公共活动结合起来，进而促使商业空间经营者成为空间的黏合剂，使商业空间在城市的活力塑造和区域可持续发展中起到协同促进作用。

③商业空间的发展趋势。西方发达国家在 20 世纪 60 年代后的城市复兴和后现代文化语境下，提出了一系列可应用于商业空间实践中的理论概念（流动空间理论、中介空间理论、共享中庭理论、灰空间理论、第三空间理论、捷得定律等），极大地推动了商业空间的转型发展，也为我国商业空间相关实践探索奠定了理论基础。

近年来，随着我国休闲消费需求总量和水平的提升，公众的需求层次也不断更新升级。为了适应公共休闲与购物消费等行为趋于合一的需求，政府、个人、公众三方通过一系列的博弈建立共识，使得商业空间的总量与质量都有所提升。其主要发展趋势是商业空间的功能从单一走向复合化，即商业空间活动构成由单一的消费活动转向对多种功能活动的聚集和容纳。[③] 从单纯的商品交易到第三空间的发展，再到购物公园这样的第四代商业空间形式的崛起，商业与公共空间正在城市中相互交融、共同发展，消费活动将与社交活动更加紧密地联系在一起，商业空间逐渐扮演起公共空间的角色，成为社会交往的新容器。城市生活将逐渐渗透进商业空间中，城市界面将变得更加活跃、更具人性化。

---

① 上海张唐景观设计事务所. 静谧与欢悦——张唐景观 Z+T STUDIO：2009—2018[M]. 上海：同济大学出版社，2018：312–313.

② [日] 山崎亮. 社区设计：比设计空间更重要的，是连接人与人的关系 [M]. 胡珊，译. 北京：北京科学技术出版社，2019：215.

③ 韩晶. 城市消费空间：消费活动·空间·城市设计 [M]. 南京：东南大学出版社，2014：96.

2. 住区空间要素分析

住区空间作为城市中用地规模最大的功能要素，是与城市居民联系最为紧密的空间，是城市居民生活生存的基本组织架构。周俭在《城市住宅区规划原理》[①]一书中将其定义为：城市中在空间上相对独立的各种类型和各种规模的生活居住用地的统称；国家技术监督局（现为国家市场监督管理总局）在《城市居住区规划设计规范》中将其定义为：被城市道路或自然分界线所围合，并且配建能满足该区居民基本的物质与文化生活所需的公共服务设施的聚居地。[②]本书对住区空间的研究主要倾向于我国现阶段住区形态上占据主导地位的封闭住区，它的空间结构和与公共空间的关系直接且强有力地影响着城市界面的品质，所以接下来它的发展方向将是提升城市空间品质的关键所在。

（1）住区的空间特质

以封闭住区为主的城市居住形态，是在我国特有的制度环境和社会背景下多个主体共同作用的产物。首先，不可否认的是，这类强调内部系统的自我完善、以硬性边界将空间内外隔离的空间形式，确实为公众提供了相对私密和安全的生活空间，并在一定时期内对社会的稳定起到了支撑作用。但随着时代的发展与变迁，封闭住区的弊端也逐渐凸显出来，其物理空间上的封闭性直接导致了城市碎片化问题，其社会空间上的隔离性带来了空间异质化问题，空间层次、空间功能以及规划方式上的单一性则造成城市活力低下的问题。这些特质都给了城市景观风貌的营建和社会管理工作带来负面效应，极大地抑制了城市的可持续发展。

①空间的封闭性。空间的封闭性是指空间形态孤立且自成一体，与其他空间要素毫无关联性。空间的封闭性具有三个层面：首先是形式上的封闭性，指空间以封闭的姿态面向城市；其次是结构上的封闭性，指内部空间结构自成一体，缺乏与外部空间结构的衔接；最后是管理上的封闭性，指进出空间时的行为管制和心理障碍。

运行良好的城市空间应具有包容且多元的特质，而住区的封闭性特质却阻碍了这种包容性的发展，简化了空间界面的形态，进而导致一系列城市问题的出现。首先，这种封闭性特质会导致城市公共界面失活，在建设时由于只考虑用地红线范围内的规划，追求内部秩序的完整性，忽视外部城市空间秩序的重要性，抛弃城市公共空间的连续性，从而衍生出了大量消极的城市空间界面。其次，这种住区的封闭性特质还会带来资源浪费的问题，一方面，道路红线与建筑控制线之间的地带往往被忽视，成为残余空间或消极空间；另一方面，住区内的公共设施不对外开放，只供本住区居民使用，抑或是各住区内部设施的重复配置，都会造成公共资源的浪费。住区的封闭性特质还会降低城市交通的可达性，尤其是那些超大尺度的封闭住区，会阻断原有的城市道路网，不仅限制了城市完整慢行系统的形成，而且还迫使机动车占有量增加，导致城市路网的低密度及低

---

① 周俭. 城市住宅区规划原理 [M]. 上海：同济大学出版社，1999：5.

② 国家技术监督局. 城市居住区规划设计规范 [M]. 北京：中国建筑工业出版社，2002：10.

能效，进一步加大城市交通压力。除此之外，这种封闭性特质还会带来社会空间分异和社会隔离的问题，一方面，封闭住区的管理模式在住房消费中逐渐形成贵族化、等级化现象，直接加深了贫富住区的社会界限，进而导致城市在空间组织上的分异；另一方面，封闭住区会产生社会隔离，相应的社会交往被局限于住区空间内部中，割裂了住区内外的联系，降低了社会阶层流动和交往的可能性，进一步加剧社会无缘化现象。[①]

②空间的单一性。空间的单一性指空间要素内承载的空间层次、功能活动和规划方式都相对单一，与公众动态的需求变化无法适配。首先，住区以围墙等实体要素将内外空间分隔开的单一过渡形式会直接割裂城市肌理，使住区和城市空间之间缺乏层次，无法形成从公共到私密的空间序列组织，进而导致空间界面失去活力。其次，受现代主义功能分区与用途单一化的影响，我国出现了大批仅以居住功能为主的"卧城"，导致住区生活逐渐丧失多元化和场所化。最后，在城市单一的规划建设模式下，住区空间呈现出匀质性的表象——缺乏对比、层级和组织因素，逐渐衍生出大量千篇一律的空间形态，使住区空间缺乏邻里感、方向感和场所感，与以人为本的住区生活严重相悖。

（2）住区空间与公共空间的关系

在研究住区与公共空间的关系时，所涉及的公共空间是指住区公共空间，即住区与城市空间相连接的内部或外部公共空间，它既是住区内外空间的过渡区域，又是串联内外公共生活的重要纽带，主要包括两种类型：第一类是住区内部的共享公共空间，像入口广场、中央景观带等具有共享性和包容性特点的空间；第二类是外向于城市的空间，像街道、建筑外侧等具有外向性和开放性特点的空间。而住区空间与公共空间的关系是紧密联系和相互促进的，优质的公共空间可以推动住区空间的良好运行，而通过对住区空间的统筹运营也可以进一步完善公共空间的布局。对于二者关系的正向研究可以打破空间界限，进一步使住区空间作为城市的细胞向周边渗透，重新建立起空间要素之间的联系，促进住区与城市空间的互动，实现城市系统的良好运行。

①公共空间能够推动住区空间发展。公共空间的完善可以为住区带来一定的经济效益和社会效益，进而促进空间的良性运转。首先，其经济效益在于优质的公共空间能为住区带来更多的人流量，而根据比尔·希利尔（Bill Hillier）的"出行经济"理论，在人车流产生的同时也会为空间带来一定的经济效益，[②]甚至可以提升住区和周边区域的商业价值。其次，其社会效益在于优质的公共空间能吸引人群并促进交往活动的产生，并且根据简·雅各布斯的"街道注视眼"理论，在人群驻足停留的同时也可以通过街道注视眼的监视机制来维护空间的安全，进而加强住区空间的自我防御能力，[③]构筑持续稳定的住区空间发展模

---

① 李君甫，戚伊琳．"无缘社会"的来临及其应对 [J]．信访与社会矛盾问题研究，2018（05）：2-14．

② [英]比尔·希利尔．空间是机器——建筑组构理论 [M]．杨涛，张佶，王晓京，译．北京：中国建筑工业出版社，2008：136．

③ [加]简·雅各布斯．美国大城市的死与生（纪念版）[M]．金衡山，译．南京：译林出版社，2006：29．

式。2017 年沃顿商学院的科尔曼·汉弗莱（Colman Humphrey）博士的研究数据也进一步证明了这一理论——在活力较低的住区空间中犯罪率更高，在活力较高的住区空间中犯罪活动较少发生。[①]

②住区空间能够完善公共空间布局。住区空间的统筹发展既可以增加公共空间在城市中的占有量，又可以作为公共生活的触媒重塑空间活力。首先，通过对住区空间的资源统筹可以完善空间资源配置，有效提高空间的使用效率。由于部分住区内部的基础设施较为完善，所以在规划中，如果充分利用内部现有公共资源，然后根据区域实际情况补充和完善相应服务设施，可以为公众提供布局合理、设施完善的公共空间，形成住区空间与城市生活共存共融的空间运作机制。其次，住区空间作为城市生活的重要聚集地，可以通过社群培育的方式来连接在地关系，重塑公共领域。在 2014 年台北市政府发起的"打开绿生活"计划中就很好地实践了这种关联性的架构，该计划以公开征集的方式鼓励住区中有意改善生活环境的个人或群体提出空间改造的方案，然后通过在地社群共同营造的方式来激活公共空间，[②] 截至 2018 年整个计划共孵化出了 61 处充满生命力的住区公共空间。[③] 这种关联性的架构一方面可以增加空间的场所感和归属感，另一方面失落的空间得以修补，为城市创造了更多充满活力的场所。

（3）住区空间的发展趋势

20 世纪伊始，国外学者通过对现代主义城市规划问题的反思，提出了一系列住区发展的理论模型，并且在美、日等发达国家中针对开放社区、开放街区、街居制住区等规划理论展开了大量研究和实践探索。反观我国的住区规划，仍是以管理封闭、功能单一的模式为主，并在城市发展中暴露出交通拥堵、空间分异、空间失活、资源低效等一系列问题。这类模式已不再符合我国现阶段的城市建设和发展的目标，对其的改造研究将成为我国下一阶段城市发展的必然趋势。

2014 年中国建筑协会在《CECS 377：2014 绿色住区标准》中提出了我国住区开放的概念，即将住区空间与城市资源共享和城市功能相融合；2016 年国务院在《关于进一步加强城市规划建设管理工作的若干意见》（以下简称《意见》）中指出：原则上不再新建封闭住区，而已建成的封闭住区要逐步向城市打开。该意见的颁布标志着从国家层面开始关注居民生活方式的改善，并从人性化设计的角度关注开放社区的建设。在《意见》的指导下，大量学者对"街区制住区模式""开放性社区""社区营造"等概念在我国的应用展开了深入且广泛的研究论述。2018 年中国建筑工程协会在住区标准旧版的基础上进行了重新修订，该版标准聚焦住区建设中的主要矛盾，强调公共空间的建设

① Humphrey C, Jensen S T,Small D S,et al.Analysis of urban vibrancy and safety in Philadelphia[R].Working thesis. Available at 2017.

② 李素馨，刘柏宏. 打开绿生活，社群共创都市社区景观 [J]. 景观设计，2019（02）：12-17.

③ 侯志仁. 反造再起：城市共生 ING[M]. 新北市：左岸文化出版社，2019：117.

和提高空间的利用效率。同年出台的《城市居住区规划设计标准》（GB50180-2018）将以人为本和共享街区作为住区建设的核心思想，强调公共空间作为城市生活核心空间的载体地位。

综上，住区面向城市形成一个开放且完整的公共空间体系是我国未来住区发展的重要方向，但这里所述的"开放"并不是直接取消围墙的简单概念，而是将其不同开放程度对应至住区空间和公共空间共融模式中，即从空间的角度将住区与公共空间结构有机整合，从功能的角度将住区空间中的活动和城市中的公共活动交叠渗透，进而使住区空间从树状结构向与城市融合的网络化格局发展，从单一功能向功能多元化、复合化发展。[①]在具体实践中可将公众的城市生活品质放在首位，然后通过对城市空间结构、空间界面和城市肌理的综合考虑，逐渐打破孤岛式的封闭住区模式，实现住区与城市一体化发展，私密生活和公共生活和谐共享的城市环境。

3. 交通空间要素分析

交通空间是城市中最常见、使用频率最高的区域，是城市公共系统的基本组织架构。从空间形态上看，它是一种具有很强的流动性的线型空间，这种流动性的合理利用可以构成丰富多彩、生机勃勃的城市图景。从城市肌理上看，它在城市空间中起到纽带作用，扮演着串联和联系其他空间要素的重要角色。而本书对交通空间的研究倾向于多种空间、交通类型混杂的、人车流高频复合的、位于城市中心的机动车空间和非机动车空间（慢行空间），[②]它们渗透于城市的各个角落中，对城市生活品质的塑造起着关键性作用。

（1）交通空间的特质

近年来，中国的城市交通规划取得了伟大的成就，不仅解决了过去制约经济发展的基础设施问题，还满足了公众基本的通行需求。但以实现机动车快速通行为导向的交通空间规划，忽视了慢行空间和慢型生活在城市中的重要作用，同时也为城市空间带来了极大的负面影响：路权的分配不均使交通空间逐渐背离人性化的发展方向，空间的碎片化阻碍了城市中的慢行体验，空间的单一性造成了资源使用效率低下。交通空间中的安全、环境等问题日益凸显，人车矛盾不断激化，相关城市空间正面临着巨大挑战。

①空间分配不均。空间分配不均是指交通空间在质量和数量上的分配都倾向于社会地位和财富上更具优势的群体，而弱势群体难以享有城市公共空间所带来的各种价值和便利。[③]其在交通空间中表现为：路权分配不均，机动车空间占据主导地位，慢行活动成为空间中的弱势方。[④]由于现代城市交通体系在建设时优先考虑交通的畅通性，以致

① 陈晶莹. 开放街区理念下居住区多元化公共空间网络布局初探 [J]. 住宅科技，2020（05）：7-10.

② 徐媛，李家华. 基于口袋公园理论的城市慢行空间研究——以呼和浩特为例 [A]// 世界人居（北京）环境科学研究院. 2020 世界人居环境科学发展论坛论文集 [C]. 世界人居（北京）环境科学研究院：国景苑（北京）建筑景观设计研究院，2020：4.

③ 郑婷婷，徐磊青. 空间正义理论视角下城市公共空间公共性的重构 [J]. 建筑学报，2020（05）：96-100.

④ 沈雷洪，蒋应红. "城市修补"语境下的街道设计要素探讨 [J]. 城市问题，2020（06）：37-46，72.

在面对交通拥堵时，只是一味地通过增补基础设施和修建更多的道路来解决相关问题，最终导致高速公路、立交桥、高架快速路、宽马路、停车场在城市空间所占据的比例越来越高。相对地慢行活动空间被置于次要地位，占比也在不断下降。学者刘岱宗将这一现象总结为"交通空间的傲慢性"——空间只迎合在现阶段代表财富和地位的小汽车阶层。[①] 这种"傲慢性"使机动车在侵占公共空间的同时也产生了大量失落空间，"令人不愉快、需要重新设计的反传统的城市空间，对环境和使用者毫无益处；它们没有可以界定的边界，未以连贯的方式去连接各个景观要素"[②]。一个由汽车主导的缺乏人性化的城市，只是盲目地进行机动车扩张，将使城市远超其载荷，对城市多元包容内核的伤害成倍增加，[③] 更无从谈起高品质的公共生活。

②空间的碎片化。空间的碎片化是指城市空间肌理被红线、条块切割，造成空间在形态上的割裂和阻断。在交通空间中表现为：城市交通基础设施介入城市空间后产生的慢行系统不连续和城市肌理破碎化现象。[④] 首先，碎片化的特质会改变和剥夺公众使用空间的形式。例如，在交通繁忙地段为了解决过街人流与行驶车流所产生的冲突，通常会在规划建设中剥夺行人的地面通行权，以增加行人通行距离的立体过街方式来隔绝人车流，保证车行的畅通无阻。其次，这种碎片化特质还会产生一系列被交通基础设施包围的孤岛般的空间，它们缺乏公共性和可达性，与周边环境毫无互动和联系。例如，在巴塞罗那奥运会期间进行的荣耀广场改建项目中，规划师安德烈·阿里奥拉（Andrea Arriola）重新在空间中架构了一个巨大的环形高架路，然后将环路中央的区域整合为开放的广场空间。该广场空间在规划时被赋予了多层意义，既要起到联系周边空间的纽带作用，又要起到中心作用驱动周边区域的发展。[⑤] 但由于环形高架立交桥下消极的车库界面，直接割裂了该地块的空间肌理，破坏了慢行系统的连续性，使中央广场成为与周边空间相异质的存在，最终导致该广场空间使用效率较低，缺乏相应的公共价值。综上，空间碎片化特质导致街区分割、城市孤岛等问题的出现，公众基本的慢行需求在交通空间中无法得到满足，其出行方式将越来越依赖机动车，继而会发展为新的恶性闭环，致使城市交通压力日益增加，城市公共空间更加紧张。

③空间的单一性。空间的单一性是指空间要素内承载的活动和功能都相对单一，进

① 刘岱宗. 优化道路安全设计 保护行人就是保护我们自己 [J]. 汽车与安全，2017：78-79.

② [美]罗杰·特兰西克. 寻找失落空间——城市设计的理论 [M]. 朱子瑜，等，译. 北京：中国建筑工业出版社，2008：3.

③ [美]珍妮特·萨迪-汗，塞斯·所罗门诺. 抢街：大城市的重生之路 [M]. 宋平，徐可，译. 北京：电子工业出版社，2018：3.

④ 杨柳，张路峰. 从冲突到共生——伦敦博罗市场与城市交通基础设施的整合设计 [J]. 世界建筑，2020（04）：100-103，127.

⑤ 华晓宁，吴琅. 交通基础设施作为城市节点的形态演进——以巴塞罗那加泰罗尼亚荣耀广场为例 [J]. 新建筑，2020（04）：18-24.

而导致空间复合使用率低，空间资源浪费的现象。受现代主义城市功能分区的影响，我国当前大多数交通空间都以单一的通行功能为主，忽视交通空间作为重要的公共场所应承载的停留、交往以及休闲等多重社会功能。如道路红线和用地红线之间，以及其他地块的退界空间，现大多只具备通行、停车、绿化或者闲置功能；还有交通边缘附属空间、公共交通站点空间、停车空间、高架下的灰色空间以及废弃交通基础设施等交通节点空间也都未被有效利用而变得低效浪费，无法满足公众的多样化需求。

（2）交通空间与公共空间的关系

在研究交通空间与公共空间的关系时，所涉及的公共空间是指城市公共空间范畴中的慢行公共空间，是一处依附于道路而存在的开敞线性空间，是串联城市公共生活的重要线索。其主要包括两种类型：第一类交通性慢行公共空间是以线性路径为要素满足公众必要性需求的场所，强调空间的可达性和连续性。第二类非交通性慢行空间则是以网络路径为要素满足公众对于社交、休闲、健身、教育、娱乐等多元化需求的场所，强调空间的社交性和包容性。①交通空间与公共空间的关系是相互渗透、相互连通和相互激发的，公共空间品质的提升会提高整个交通空间的经济和社会价值，反之，交通技术的变革也会推动公共空间的转型升级。在城市建设中，通过两者的共融设计，能够解决城市目前慢行体系弱化及公共开放空间发展不足的问题，对于构建可持续健康发展的城市图景具有重要意义。

①公共空间能够提升交通空间的价值。运行良好的慢行公共空间可以弥补当前交通空间发展粗放化、重效率轻品质的弊端，提升空间整体的经济效益和社会效益。英国建筑和建设环境委员会在《城市设计的价值》中用详细的数据量化了这种效益提升的过程，证明公共空间与经济发展存在密切的关联性。②同时，纽约市交通局在《测量街道》的报告中所公开的纽约市2007—2013年部分交通节点改造后的经济数据，也进一步证实了局部慢行公共空间的有效建设能够为整体空间带来一定的经济效益，报告中的部分数据如下：纽约市交通局在曼哈顿大桥下对部分停车场进行改造后，周边地区零售销量同比增长172%，在曼哈顿第九大道设置自行车道隔离带后，周边销售额增长49%，在布朗克斯福特汉姆路沿线设置公交车专用道后，销售额提升了71%。③除此之外，著名的纽约时代广场改造项目也可以证明这种空间公共效益提升的良性循环过程，根据其官方发布的"时代广场20年间变化数据"显示，在时代广场混乱的交叉路口转变为慢行友

---

① 徐媛，李家华. 基于口袋公园理论的城市慢行空间研究——以呼和浩特为例 [A]// 世界人居（北京）环境科学研究院. 2020 世界人居环境科学发展论坛论文集 [C]. 世界人居（北京）环境科学研究院：国景苑（北京）建筑景观设计研究院，2020：4.

② New York City Department of Transportation.Street design manual[R].New York :New York City Department of Transportation,2009.

③ [美] 珍妮特·萨迪-汗，塞斯·所罗门诺. 抢街：大城市的重生之路 [M]. 宋平，徐可，译. 北京：电子工业出版社，2018.

好空间的过程中，空间内的犯罪概率大幅降低，最高零售租金报价、评估房地产价值以及百老汇上座率等数据都有大幅度的提升，公共空间的重塑为该区域带来了极强的公共价值。

②交通空间促进公共空间转型。第一，对于交通空间的统筹规划，既可以增加公共空间在城市中的占有量，又可以起到补充社会功能、重塑空间活力的作用。首先，交通基础设施的重构可以为慢行公共空间的形成提供基本物质条件，并增加慢行公共空间在城市中的占有率，正如珍妮特·萨迪-汗在《抢街：大城市的重生之路》中阐述的："正因已拥有庞大的公共空间，所以我们拥有数目惊人的原材料。利用摩西留下的大量基地，辅之以雅各布斯多样化的以人为本的道路网，我们手中握着进行城市变革的良机。今天的道路有五个车道分流，并不意味着明天的道路不能被改作他用。"[①]其次，对交通空间的重构，还可以起到补充社会功能的积极作用。慢行交通体系的引入，可将碎片化的空间要素连接起来，促进城市公共空间体系向一体化、网络化方向发展。

第二，在城市发展过程中空间的形态与交通技术的变革紧密相关，交通技术的变革可以直接推动公共空间的转型升级。未来随着自动驾驶系统和增强现实技术的发展，公众出行的方式将被改变，而相对应的公共空间的使用方式也将被重塑，街道生活将重新成为城市的基本层面。2017年普里斯设计集团在悉尼环形码头的阿尔弗莱德街的实践项目"未来街道"，正是一个应用各种前沿技术所进行的公共空间变革性实验，该项目很好地向公众展示了如何通过技术的变革来重塑公共空间的形态，使公众能更好地在城市中享受生活。[②]

（3）交通空间的发展趋势

20世纪60年代受新城市主义思潮影响，国外发达国家对城市交通空间的研究也越来越深入，相继出现了生态街道、绿色街道、完整街道、共享街道等概念体系，极大地推动了城市慢行友好空间的实践与发展。而近年来在国内，城市慢行友好空间的建设也日益受到重视，2016年中共中央、国务院印发的《关于进一步加强城市规划建设管理工作的若干意见》中指出："推动发展开放便捷、尺度适宜、配套完善、邻里和谐的生活街区，树立'窄马路、密路网'的城市道路布局理念"[③]。同年发布的《上海市街道设计导则》中明确提到以机动车通行为导向的街道设计已经很难满足公众多元化的需求，下一阶段城市建设中需重点关注交通空间的人性化转变。2019年上海市颁布了《街道

---

① [美]珍妮特·萨迪-汗，塞斯·所罗门诺. 抢街：大城市的重生之路[M]. 宋平，徐可，译. 北京：电子工业出版社，2018：17.

② 沈雷洪，蒋应红. 本土化的完整街道设计体系初探——上海市完整街道设计导则编制有感[A]// 中国城市科学研究会，江苏省住房和城乡建设厅，苏州市人民政府. 2018城市发展与规划论文集[C]. 中国城市科学研究会，江苏省住房和城乡建设厅，苏州市人民政府：北京邦蒂会务有限公司，2018：9.

③ 中共中央 国务院关于进一步加强城市规划建设管理工作的若干意见_2016年第7号国务院公报_中国政府网[EB/OL]. （2016-02-06）[2021-10-15]. http://gov.cn/gongbao/content/2016/content_5051277.htm.

设计标准》，该标准是国内第一部具有法定意义的街道设计地方规范，其基于人性化的考量提出了街道设计在各个层面上的具体实施准则。综上，促进交通空间人性化，形成环境友好的慢行空间体系，已逐步发展为打造宜居城市空间的必然途径。

结合当代国内外城市交通空间的相关理论研究和实践活动，笔者总结出其三个发展态势：首先是从车本位向人本位的设计理念转变，[①] 其重点在于交通空间设计中需强调慢行的优先性，统筹交通空间与城市活力、城市安全的关系；其次是从空间割裂向主动缝合转变，其重点在于避免街道空间的割裂与错位，促进交通空间与公共空间的渗透，打造一体化完整的城市慢行公共空间系统；最后是从单一功能向复合化、多元化功能发展，将交通空间中单一的通行功能转变为多元的城市生活功能，使交通空间与各职能的空间相互融合、相互渗透。交通空间与公共空间的共融，可以促进交往活动的产生，生发空间活力，重塑友好的城市公共界面。这类交通空间将不再仅仅是通行空间，而会转变为城市公共活动的重要场所和体现一座城市风貌与人文精神的重要窗口。

（二）共享模式案例分析

1. 商业空间与公共空间共享

（1）空间的开放性

空间的开放性塑造是营建良好城市结构的首要原则，也是共融空间设计的首要原则。开放性指的是将空间附属或直接相关联的一部分空间对外开放，并作为城市公共空间使用。[②] 就空间结构本身而言，它是一种开敞和通透的形式，且能与外部城市环境相互渗透和联结，具有很强的公共性和可达性。

空间的开放性和私有性是相对的，许多商业空间中的开放场所在管理和使用过程中变成名义上的公共空间，实质上却具有很强的商业性，强调空间的领域感，排斥非消费群体的进入。这种私有化的商业空间与城市环境严重脱节，无法融入城市公共网络中，所以将城市生活引入商业空间中，加强空间的开放性已迫在眉睫。

而关于商业空间开放性的实践，在空间管理的维度上可以通过补偿机制的完善来整合权属关系，统筹更多优质的私有权属公共空间，改善空间分配不均的问题，促进空间资源效益最大化。而在空间结构的优化上，可以通过加强不同空间节点开放性的方式（譬如底层、地下、中庭以及屋顶平台等节点），在商业空间与城市空间之间形成过渡，增加空间层次，模糊空间界限，使商业空间与城市之间的联系更为紧密。这种开放性的构建在驱动商业空间持续稳定地良好运行的同时，也能增强城市公共空间的整体性和连续性。

空间的开放性原则在商业空间中的主要表现为：第一，公平的空间使用权；第二，高度的空间可达性；第三，多元的功能属性。

---

① 莫洲瑾，曲劼，翁智伟. "第四代商业综合体"的概念与空间特征解析 [J]. 建筑与文化，2018（02）：72-74.

② 陈梦烂，王明非. 共享视角下建筑外部开放空间特性及价值探讨 [J]. 建筑与文化，2020（10）：186-188.

①底层架空。底层架空是指以去掉建筑空间底部围合要素的方式，为城市腾出一定面积的开放空间。它是私有空间和公共空间之间新的过渡层次，是商业空间与城市空间相互交流的重要平台。扬·盖尔在《交往与空间》一书中强调了这种过渡层次对于提升空间活力的重要性，并把这一关系称为"活动生长于向心的边界"①。在曼谷的"公地"购物中心充分体现了这种手法的应用效果，建筑事务所通过一、二层架空的方式，与外部环境形成最大程度的退让关系，塑造了良好的城市空间界面的同时，也为公众活动提供了多样化的空间选择。

②地下开放。地下空间主要是指独立于建筑而存在的下沉式广场和存在于建筑内的地下空间。而地下开放是指将城市公共生活引入地下空间中，使其与城市空间之间形成直接的关联性，使其除了具备基本功能以外，还能承担公众活动、交流、集散等社会功能。例如，为迎接东京奥运会索尼公司拆除位于银座的索尼大厦，转而新建一个面积为707平方米的银座索尼公园。它的改建继承并实践了盛田昭夫和芦原义信在原索尼大厦前所设计的33平方米绿地的初衷，即一个向公众开放的空间。该项目在一期改造中保留了原大楼地下四层及以上部分的结构，并将其重塑为一个由中央楼梯井连接的垂直开放空间，为繁忙的银座提供了一片不可多得的公共开放空间、一个全新的空间体验，也为第四代商业空间的发展提供了重要的实践模板。

③屋顶开放。屋顶空间主要指商业建筑的屋顶、天台及露台等空间，它的开放是将城市公共生活引入屋顶空间的过程。一方面，屋顶开放为公众在商业空间内部提供了更多的公共空间，提升了商业空间中的体验品质。另一方面，屋顶开放也能打破商业建筑外部立面的竖向隔阂，在空间中引入看与被看的关系，激发公众的视觉和信息交互，进而增加行为交互产生的可能，促进空间整体活力的提升。②李瑟建筑事务所在泰国曼谷设计的翡翠城商场是屋顶开放的经典案例，在空间架构上首先利用错落的建筑造型形成多层次露台开放空间，然后利用6~7层的空中花园，打破连续的商业空间节奏。通过这样连续的开放形式，为公众提供了良好的场所体验，极大地提升了空间的社会效益和经济效益。

④室内开放。室内开放策略在商业空间中主要是指中庭的开放，是空间内部打破楼层限制的开放空间，它不仅承载着交通枢纽的功能，也承载着城市公共生活的功能，具有一定的流通性和开放性。通过对室内中庭的开放，可以提高空间内外的渗透性，营造具有活力和吸引力的商业空间。

美国捷得国际建筑师事务所多年来致力于零售和多功能建筑的设计实践，以"场所塑造"和"体验建筑"为创作理念，取得了一系列前瞻性的实践成果。其在中国香港旺角的朗豪坊项目设计中，以开放首层中庭空间，构建多首层平台的设计手法，不仅缓解

① ［丹麦］扬·盖尔. 交往与空间（4版）[M]. 何人可，译. 北京：中国建筑工业出版社，2002：63.
② 陈甦阳. 促进信息交互的室内竖向空间设计研究 [D]. 徐州：中国矿业大学，2020：25-32.

了连续叠加商业空间的纵向压力，还以街头体验空间的方式增强了旺角的吸引力，很好地体现了中庭空间对场所活力的塑造作用。

⑤室外开放。室外开放策略在商业空间中主要是指在建设用地范围内对商业建筑外部空间的统筹开放，主要包括商业建筑入口或侧广场空间的开放。外部空间的开放一方面可以使其成为商业空间的外部过渡空间，为消费者提供驻足休闲和社交的场所，提升消费体验品质；另一方面可以使其成为外部城市公共空间在商业空间中的延伸，承担城市功能，举办各种社会性的公共活动，为城市塑造充满活力的城市空间界面。例如，张唐景观设计事务所在北京五道口优盛大厦东侧广场的设计实践中，探索了通过室外空间的统筹开放来"增加私有的开放空间的可能"①。其通过统筹区域周边空间和置入场所互动事件的手法，打造了一个开放性和互动性极强的商场侧广场，在提升了商业空间人气的同时也为公众提供了一个优质的城市客厅。

（2）界面的连续性

界面的连续性是商业空间与公共空间共融设计中的核心原则，其具体内涵是指将原本相互独立的空间在行为上进行连通。商业空间作为城市重要的节点性空间，它的连续性将直接影响城市的良好运行。

界面的连续性和空间的私有内化是相对的，许多商业空间内部都拥有一套完善的基础设施系统，使其可独立于周边环境而存在，但这样过于内化的空间和城市环境严重脱节，会进一步导致消极的城市空间界面的产生。威廉·怀特（Willam H. Wyett）在《小城市空间的社会生活》一书中不仅揭示了这种空间形态对城市造成的伤害，同时还表达了当空间不与城市环境分离时它们将"更令人愉快"的观点。②而本章关于界面连续性的研究正是对这一问题的回应，试图通过商业空间界面的连续性塑造来加强空间与城市之间的流动性和渗透性，使商业空间与城市空间相互穿插交织，使城市公共生活渗透到商业空间中，从而建设有序的城市公共空间网络架构。

界面的连续性原则在空间中的主要表现为：其一，连续的空间路径组织；其二，叙事性的空间序列；其三，富有节奏感的空间体验。

芦原义信在《外部空间设计》一书中介绍了银座索尼大厦、蒙特利尔博览日本馆以及香川县立图书馆项目中如何运用"花瓣状""斜道式""错半层"的空间流线组织方式，将外部秩序渗透到建筑内部以形成连续的城市空间界面的过程；③而美国著名建筑师乔恩·亚当斯·捷得（Jon Adms Jerde）在商业空间中频繁使用的"armature"概念，其本质上也是一种立体漫游系统的构建思路，漫游是体验城市公共空间最好的方式，其与一般交通性流线组织不同的是，更加强调空间的体验性和叙事性。基于以上两位学者

---

① 张东，唐子颖. 参与性景观：张唐景观实践手记 [M]. 上海：同济大学出版社，2018：102.

② ［美］威廉·H. 怀特. 小城市空间的社会生活 [M]. 叶齐茂，倪晓辉，译. 上海：上海译文出版社，2016.

③ ［日］芦原义信. 外部空间设计 [M]. 尹培桐，译. 南京：江苏凤凰文艺出版社，2017：88.

的研究，笔者提出界面连续性的具体实践策略为慢行连通，其本质上是空间的跨层组织与整合，通过建立一种空间的承接关系，将节点性空间组成连续、动态的公共空间网络。具体手法旨在将建筑空间、屋顶空间、连廊空间、广场空间和城市空间串联起来形成一条漫游体验路径。

慢行连通的构建会将商业空间纳入城市公共空间系统之中，为公众提供一个与城市开放空间相互交融的立体漫游路径，这种漫游路径不仅仅是单一的线型空间，而是需要将不同功能属性的空间并列排放于线型空间之中，然后通过空间路径叙事化的组织，增强界面的趣味性和空间的探索性。例如，建筑事务所在曼谷市中心设计的商业综合体就运用了慢行连通的方式，呈现出水平方向上多节点并联的公共空间序列。其在设计实践中将地面、地下、门厅、中庭、连廊以及一侧的百货大楼等内容组织到了一个如同莫比乌斯环的漫游空间体系之中，形成一系列极富体验感的、张弛有度的空间序列变化。

除上述水平方向的空间序列组织外，慢行连通在空间剖面上的反映，还可表现为不同空间节点的垂直叠加，即在垂直维度上可以形成不同的空间组合机制和多元化的空间体验。像台北科技娱乐设计中心以及优衣库横滨港湾旗舰店，都在慢行空间序列中呈现出垂直方向上的多节点递进型趋势。BIG建筑事务所在台北TEK大厦的设计方案中，通过在建筑内部植入一条螺旋上升的通道来塑造空间界面内外的连通关系，使地面空间、界面空间和屋顶空间连接为一个完整的漫游体系；建筑事物所在曼谷市中心设计的商业综合体，则是通过一个叠状型的递进界面，使漫游路径从街道层一路向上延伸，串联起多个功能空间；还有2020年藤本壮介为优衣库设计的横滨港湾新旗舰店，通过阶梯状的组织形式，用楼梯、滑梯、爬坡、步道、休息平台、儿童娱乐设施等构件将地面与屋顶连接起来，使整个空间界面成为一个大型互动主体公园。

以上案例通过不同的空间穿插和交错方式形成了丰富的空间层次感，为城市空间界面建构了多层次、连续性的空间体验，同时也为慢行连通的实践提供了前瞻性的样本。

（3）肌理的复合性

肌理的复合性是商业空间和周边环境之间能够长久共存的一个重要前提，其在商业空间与公共空间共融设计中起着统领性作用。其本质是对商业建筑外部空间和周边事物的再塑造和表达，其具体内涵是指通过剖分联结的方式，将片段化的空间形态"缝合""织补"进城市肌理中，使商业空间在近人尺度下以一种友好的界面形式融入城市环境中。

肌理的复合性和空间的片段化是相对的，由于商业空间往往以内化的姿态出现在城市中，以至于其对区域内的空间肌理具有很强的干预作用，再加上现代化进程大体量商业空间的出现，更加剧了空间肌理的破碎化，使空间要素之间的关系逐渐演变为一个个关联性较弱的片段组合，进一步破坏了城市肌理的连续性和完整性。而肌理的复合性正是重塑这种联结关系的有效手段，特别是针对那些大体量的商业空间，在设计中更需要在尊重场地肌理的基础上延续城市的空间形态，逐渐使破碎的空间肌理被修补缝合起来。

而关于复合性的具体实践手段本章提出空间复合、空间退台和空间消隐三种，即在水平方向上通过分散式空间统筹方式来复合城市肌理，而在垂直方向上可以通过空间轮廓的重塑来改善片段的肌理形态。这种延续城市原有肌理的构建方式，不仅可以强化外部公共空间的整体氛围，还能降低商业空间对城市肌理的负面影响，增加空间对城市肌理的积极作用。

肌理的复合性原则在空间中的主要表现为三点：其一，连续的城市公共空间网络；其二，友好的近人界面形态；其三，动态变化的空间适应能力。

①空间复合。空间复合是指在一体化的商业综合体空间中通过水平方向上的分散式空间布局模式将建筑体量化整为零，即将商业空间重新以街道和广场的形式进行划分联结，使商业空间在体量上被打散，并与周边空间呈现出相互交错和渗透的空间形态。这种分散式的空间布局模式具备很强的多样性、混合性和渗透性，它不仅能够很好地延续完整的城市肌理，还能促使商业空间以更友好的界面形态融合进城市空间中。如欧华尔公司在北京三里屯太古里的空间设计中，运用"开放城市"理念，在空间肌理上延续城市的脉络，构建了渗透性极强的低密度商业街区。该方案所形成的小尺度的空间、细腻的肌理，在水平方向上与周边城市环境保持了视觉和步行的高度渗透性，达到了空间策略和环境品质紧密结合的效果。

②空间退台。空间退台指的是在垂直方向上商业空间通过阶梯状处理方式和城市肌理进行复合。这类退台式的空间形式对城市竖向空间肌理的塑造有很大的促进作用，合理的设计能够缓解大体量商业空间纵向叠加所带来的压力，改变近人尺度下空间的围合效果和城市的轮廓线，形成友好的城市空间界面。例如，美国捷得建筑事务所在大阪设计的难波公园就是通过空间退台的手法，打造了一个连续九层的退台式花园，打破了机械的垂直空间界面，与周边片段化的建筑空间界面形成强烈对比。

③空间消隐。空间消隐指的是运用透明或半封闭的界面形式为空间做减法处理，实现内外空间多向度不规则流动。空间消隐手段的合理利用，一方面可以打破大体量空间给周边街道带来的压抑感，另一方面也可以达到将商业空间缝合织补进城市肌理的目的。其具体实践形式主要有以下两种。

第一，通过对城市天际线的维护来实现。福斯特合伙人工作室在苹果米兰旗舰店的项目设计中，充分展示了通过空间消隐的方式如何使商业空间与城市肌理更好地融合和延续。该旗舰店位于米兰市中心地段，工作室在设计中为了兼顾原有的城市肌理和周边的建筑环境，保护街道立面轮廓和天际线的完整性，便将商业空间置于地下，而其上方布置为供人们交往、休息和集会的公共广场。在该项目中，由于商业空间和广场空间在三维尺度上的交叠渗透，使得商业空间以一种最低的物理姿态融于整个城市肌理中，塑造出形象生动的城市空间界面。

第二，通过立面材质的延续来实现。Foster + Partners 工作室在芝加哥密歇根大道的苹果旗舰店项目中，通过立面材质的延续将商业空间融于区域肌理中。该旗舰店坐落于芝加哥河畔，Foster +Partners 工作室为了使河岸景色最大限度地回归城市，在空间界面上运用了巨大的透明玻璃立面将内外空间无缝衔接，这种通透的空间界面最大限度地减小了建筑体量对城市肌理的影响，苹果公司首席设计官乔纳森（Jonathan Ive）还表示，该项目恢复了重要的城市连接，在历史悠久的城市广场和城市河流之间创造了新的动态空间联结。

2. 住区空间与公共空间共享

（1）空间的开放性

空间开放性原则在住区空间中是指通过建立住区单元、道路、景观、公共服务设施与城市空间的联系，来实现住区形态结构上与城市的有机融合，协调城市多元开放与住区孤立封闭之间的矛盾。空间的开放性和封闭性是相对的，当下我国住区建设模式仍以封闭性为主导，强调内部功能的自我完善，抛弃住区界面的开放性，丧失了营造城市良好空间界面的机会。黑川纪章在《城市设计的思想和手法》一书中也对这种封闭性进行了探讨，它以闭合系统和开放系统两个模型（图 4-2）展示了如何通过开放系统的架构来打破孤立的组合模式。① 而本章的研究正是在此基础上进一步关注在物质结构和社会结构的双重影响下住区空间不同程度的开放形式。

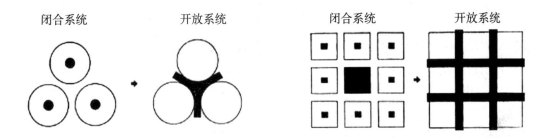

图4-2 闭合系统与开放系统示意图

而关于住区空间开放性的具体实践在下文中笔者将通过关注空间的开放程度，整合两种不同空间语境下的开放性塑造手法——适度开放和完全开放策略（图 4-3），通过这两种空间开放性策略的架构，在加强住区空间的可达性和共享性的同时，也能很好地促进城市局部与整体的共融。

---

① [日]黑川纪章. 黑川纪章城市设计的思想与手法 [M]. 覃力，等，译. 北京：中国建筑工业出版社，2004：34.

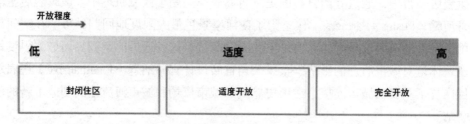

图4-3 不同程度的开放策略示意图

空间的开放性原则在住区空间中的主要表现为：其一，互动共享的空间模式；其二，有效的空间网络连接；其三，多元的功能属性。

①适度开放。扬·盖尔在《交往与空间》一书中提到住区领域感、安全感和从属感的塑造需要通过"建立起一种社会结构以及相应的、有不同层次空间的物质结构，形成从小组团和小空间到较大组团与空间，从较私密的空间到逐渐具有更强公共性的空间的过渡"①。而布莱恩·劳森也在《空间的语言》一书中介绍了在大西洋群岛一个住宅空间的体验层次，"通过前院的半公共空间和大门后的半私密空间，过渡到锁着的门后面的完全私密空间……流畅而雄辩地诉说着空间语言"②。以上两位学者都在阐述空间的层次性在空间塑造中的重要作用，其不仅可以明确行为变化的信号，还能建立从公共到开放的序列，保证城市公共生活的连续性。而本章适度开放策略的营造正是对住区空间体系下空间层次感和秩序性的营造，通过封闭性在住区系统下的逐级递减，建立起一种不同要素结构从私密空间到半私密空间再到半公共和公共性空间的过渡。

在项目实践中可以通过减小封闭尺度、加大住区路网密度等方式来构建开放性市政道路加封闭住宅组团的结构形式（图4-4），形成一个从公共向私密过渡的空间序列，即在宏观层面上住区对城市开放，并通过将城市市政道路引入城市住区的方式来缓解大型封闭住区所造成的交通拥堵和城市隔离的问题，而在中观的街区住宅组团层面上则实行封闭式的管理。在这种结构下道路将形成主干道、次干道、支路和住区道路等不同的开放层次，进而促进住区道路网络向城市道路体系中渗透；景观将通过区域级、住区级和邻里级三个不同层级的开放形式形成从公共景观向私密景观庭院的过渡层次，进而提高区域间的空间活力；而住区内的服务设施也将通过区域级、住区级、邻里级三个层次向不同半径内的人群开放，进而促进城市公共服务设施覆盖率和便捷度的提高。这种不同层级的适度开放模式不仅可以提高住区公共资源的利用率，为公共生活提供更多样化的空间载体，同时邻里级的封闭模式也能为住户提供一定的安全感和私密性，在观念上更容易被公众所接纳。

---

① [丹麦]扬·盖尔. 交往与空间[M]. 何人可，译. （4版）北京：中国建筑工业出版社，2002：154.

② [英]布莱恩·劳森. 空间的语言[M]. 杨青娟，等，译. 北京：中国建筑工业出版社，2003：13-15.

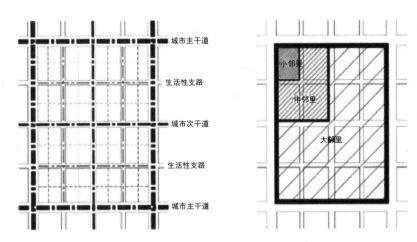

图4-4 街道与邻里分级组织图示

　　加拿大H+M建筑设计公司在北京沿海赛洛城的住区规划策略中很好地体现了这种不同层级的适度开放方式，首先通过地块分割的方式，将规模较小的居住组团作为空间的基本架构单元，然后通过构建道路、景观和公共设施的不同层级开放程度，形成了一系列从公共到私密的空间序列（图4-5），创造了多样化、多层次的空间界面，营造出住区内城市化、公共化的空间形态。

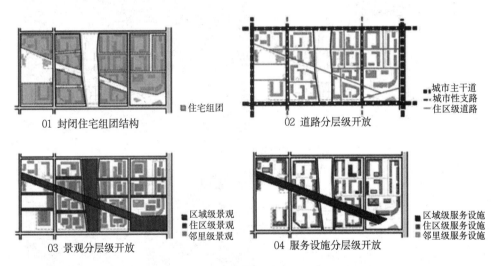

图4-5 沿海赛洛城适度开放示意图

　　②完全开放。法国建筑师克里斯蒂安·德·包赞巴克（Christian de Portzamparc）在20世纪70年代所提出的开放街区理念是对住区结构开放性的一个重要探讨。他认为传统封闭住区的肌理形态已不再适应现代社会的发展需要，所以希望通过开放街区的实践来改变传统刻板的住区规划模式，重新塑造空间的场所感。其具体的实践手法是在保证街道整体性的前提下摒弃封闭的空间结构，将大块的封闭式住区肌理转变为小块的棋盘

状街区肌理，最终使住区界面完全打开并与外部环境更好地融合起来。

基于包赞巴克的开放街区研究和实践，本章提出空间开放性的第二个具体实践策略为完全开放，其本质上是指将住区界面打开，使其直接对城市开放。它的优势在于完全开放的城市空间界面和共享的服务设施不仅可以提高住区活力，还能激发城市活性，最终使住区与城市能更好地融合在一起。而相较于适度开放性策略，它具有更高的开放程度，能更及时地响应周边空间的需求和变化，较适合应用于高密度、高效率的城市中心区域。像日本建筑师山本理显在北京 CBD 的建外 SOHO 项目中，就很好地实践了开放街区理念。他在设计中完全打破封闭住区形式，构建以各自单元楼为主体的安保单位，而在单元之外的地面层到处都是与城市直接相通的街道和广场，形成了无阻碍的网络状城市共享空间（图4-6）。还有美国建筑师斯蒂文·霍尔在北京设计的当代 MOMA 也实践了这一理念，将整个住区内部空间完全向城市敞开。但相较于建外 SOHO 项目，当代 MOMA 的开放是更进一步的立体化开放，其不仅开放了地面空间，而且在垂直方向上也用玻璃连廊将所有 18 层空间串联起来向公众开放，使地面、空中不同空间要素有机组合在一起，为公众带来了别具一格的城市生活体验（图4-7）。[①]

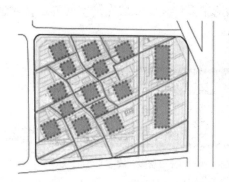

图4-6　建外SOHO完全开放示意图

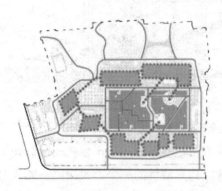

图4-7　当代MOMA完全开放示意图

（2）界面的渗透性

---

① 韩秀琦，赵爽. 开放式住区规划理念与案例分析 [J]. 城市住宅，2017（06）：6–16.

　　界面的渗透性在住区空间中主要是指住区界面两侧空间在视线上和行为上的渗透和连续。住区界面作为联系城市公共和私密领域的中介结构，对整个城市空间界面的塑造起着至关重要的作用。

　　界面的渗透性和封闭隔离性是相对的，在粗放式住区界面规划下，其两侧空间的界面渗透性严重不足，尤其在空间对外一侧界面中，多表现为隔离性较强的消极空间要素，严重抑制空间活力的产生。而本章所提出的界面渗透性原则旨在打破这种隔离性，使住区空间与城市空间在中介处呈现交叠式渗透，使界面从一个隔离空间的屏障转变成一个有机的脉络结构，使消极的住区空间界面转变为积极的城市公共空间界面，继而进一步促进住区空间不同程度的开放和共享。而关于界面渗透性的具体实践手段将在下文中以封闭住区和开放住区中不同界面的渗透程度为线索（图4-8），梳理出界面通透、界面互动和界面虚拟三个策略方向来寻求界面空间如何在视线上和行为上形成交流互动，如何承载城市生活的多元功能，如何构筑融入公共生活的住区边界空间网络。

　　界面的渗透性原则在空间中的主要表现为连续性的行为组织、多义性的功能组织、自适应的空间脉络。

图4-8　不同程度的渗透策略示意图

　　①界面通透。界面通透策略是指实践只改变界面的形态特征，不改变界面的围蔽功能。其渗透程度相对弱于界面互动和界面虚拟策略，适合应用于必须设立封闭界面的住区空间中。[①] 具体实践方法是利用植物和镂空的形式软化生硬的围墙界面，创造两侧视觉上的交流，消除彼此间的隔阂感，使围墙界面从硬性的边界转为柔性的边界。例如，朱小地在北京王府井街道改造项目中，提取砖缝元素进行界面镂空构造，其所形成的半通透界面形式，为两侧视觉交流创造了基本条件；除此之外，他还通过墙面立体花池的塑造丰富了空间的层次感，实现界面内外柔和地过渡，增强了体验性（图4-9）。

---

① 朱小地. 中国城市空间的公与私 [M]. 北京：中国建筑工业出版社，2019：168.

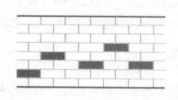

图4-9　王府井口袋公园界面通透示意图

②界面互动。界面互动是指通过改变界面的形态和功能，将硬性的围蔽界面转化为具有弹性的互动空间。住区界面本身存在一定的厚度可容纳多元的功能，它的良性运行可增强空间的逗留性，提升空间活力，扬·盖尔在《交往与空间》中将这一关系概述为"活动生长于向心的边界"[①]，黑川纪章在爱知县菱野新城的设计中进一步以"化边界为中心"的方式，使带状的界面空间成为区域的活力之源，证明了界面的渗透能力和凝聚周边区域的能力。[②]

基于以上内容本章所提出的界面互动的具体实践方式是充分利用建筑红线、用地红线和道路红线之间的空间，包括围墙内外空间、入口空间、转角空间、绿化带以及住宅山墙之间的残余空间，赋予其功能和文化，增加界面的摩擦力，激发更多互动行为的产生，促进界面两侧空间要素的交流和渗透。例如，本构建筑事务所在上海设计的愚园路墙馆运用界面互动的手法，激活了僵化的空间界面。他们首先在围墙上置入了一个带有展示功能的互动装置，然后通过在装置的人视尺度上设置3厘米的发光细缝来吸引人们驻足停留，最后以向细缝"窥视"的方式和界面产生互动，获得短暂的沉浸式展览体验。

③界面虚拟。比尔·希利尔在《空间是机器》一书中将虚拟住区定义为"由空间设计而创造的以及通过人的运动而实现的自然而然的共存和共知系统"[③]。基于此，本章所提出的界面虚拟策略也是在住区空间中寻找一种"共存共知"的基本方式。其具体内涵是指通过虚拟界面的方式创造出住区的领域感和归属感，即去除实体边界，建立心理边界。其渗透程度相对强于界面通透和界面互动策略，适合应用于完全开放的住区空间中。

在具体实践中可以通过绿篱的设置、地形的高差、铺装的变化、景观的营造、入口的装点等方式将其特色化区别于其他空间，例如，北京百万庄住宅区统一的2~3层的红砖房子和建外SOHO统一30°的建筑倾斜角度（图4-10），在一定程度上形成心理暗示，界定空间序列和空间行为的变化。

---

① ［丹麦］扬·盖尔. 交往与空间（4版）[M]. 何人可，译. 北京：中国建筑工业出版社，2002：154.

② ［日］黑川纪章. 黑川纪章城市设计的思想与手法 [M]. 覃力，等，译. 北京：中国建筑工业出版社，2004：37.

③ ［英］比尔·希利尔. 空间是机器——建筑组构理论 [M]. 杨涛，张佶，王晓京，译. 北京：中国建筑工业出版社，2008：136.

图4-10 界面虚拟示意图

（3）肌理的延展性

肌理的延展性原则是指将积极的空间要素通过设计引导，延伸至有消极趋势的空间中，即向封闭住区内部注入具有活力的城市活动和功能。积极的空间要素的引入是对城市肌理的修复、拼贴和并置，一方面，它可以将住区内的公共服务设施纳入城市公共网络中，在一定程度上缓解区域内公共资源不足的问题；另一方面，也能有效地增加住区与城市的接触面，修补区域内破碎的肌理构筑形式，使住区在更大程度上保持与城市空间的互动关联性。

肌理的延展性原则在空间中的主要表现为连续的公共空间网络、动态关联的空间组构、多样性的空间用途。

①景观串联。景观串联是指将住区内组团外的公共空间与住区外的公共活动连接起来，修补隔阂，促进交流。景观串联策略在不同开放程度的住区空间中主要有如图4-11所示的四种表现形式。

图4-11 不同程度的渗透策略示意图（一）

②商业衔接。商业衔接是指在住区空间规划中将商业元素引入功能单一的住区空间中，在一定程度上可以起到修补肌理缝隙，实现空间用途的混合，生发多样性活力的作用。[①] 商业衔接策略在不同开放程度的住区空间中主要有如图 4-12 所示的四种表现。

---

① ［加］简·雅各布斯. 美国大城市的死与生（纪念版）[M]. 金衡山，译. 南京：译林出版社，2006：135.

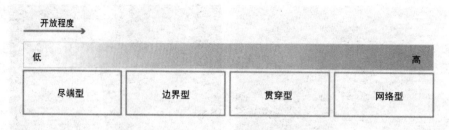

图4-12 不同程度的渗透策略示意图（二）

3. 交通空间与公共空间共享

（1）空间的公平性

空间的公平性原则是交通空间与公共空间共融的根本原则，其具体内涵是指通过交通组织结构的优化和路权的重新分配，修补车本位的城市规划结构，构建公平、安全的慢行公共网络。空间的公平性和空间分配不均是相对的，在车本位的城市规划结构下，机动车不断侵蚀着公共空间，而与之相对应的慢行空间容量则被大幅度压缩，导致人车矛盾不断被激化，为城市带来一系列负面影响。这也是20世纪中期曼哈顿快道建设项目中"雅各布斯和摩西之争"的核心矛盾点。[①] 在这场纽约交通发展史上重要的博弈中，简·雅各布斯所代表的人性化一方，从机动车城市中夺回了慢行活动的主导权，是空间公平性原则的重要实践之一。除此之外，还有著名的巴塞罗那"超级街区"计划在交通空间的实践中也体现了这种公平性原则的构建，该计划在重新思考交通空间和公共空间关系的基础上，通过合并街区单元、缩减车道、限制车速、限制车流方向以及功能活化等方式进行空间组织调整和空间用途的调整，为城市重新塑造了一个慢行友好的空间网络体系。

空间的公平性原则在交通空间中的主要表现为公平的空间分配、慢行优先的空间组织、混合用途的空间领域。

①慢行扩展。慢行扩展是指在道路横断面设计中，通过缩减车道、扩展慢行的手法重新分配路权，减少机动车对公共空间的占有率，增加慢行活动在空间中的占比，甚至在重点路段可扩展为全步行区，使城市逐步形成以慢行为主导的空间组织格局。

②道路共享。1963年埃门大学的城市规划系教授波尔（Niek de Boer）首次提出了共享街道相关概念"woonerf"，旨在探索如何克服空间中机动车行驶和慢行活动之间的矛盾，找到两种行为共存的可能性。他在具体的实践中通过一系列交通稳静化处理手段（道路收缩、减速弯道以及减速凸起等）来迫使机动车减速，为慢行活动提供基本的安全保障，以达成交通混行的空间组织目标。[②] 这种共享街道的方式打破了传统交通空间

---

① [美]珍妮特·萨迪-汗，塞斯·所罗门诺. 抢街：大城市的重生之路 [M]. 宋平，徐可，译. 北京：电子工业出版社，2018：307.

② [日]芦原义信. 街道的美学 [M]. 尹培桐，译. 南京：江苏凤凰文艺出版社，2017：90.

中人车分离的模式，为城市交通问题的解决提供了新思路。

③动态分配。动态分配是指通过动态感知、网络互联以及智能应变等智慧交通系统的布局来监测空间路权需求变化并及时做出响应和调整，实现交通空间合理、公平、高效地分配。例如，谷歌公司在多伦多路网实验中就充分地展现了这种动态分配的策略布局，他们首先通过数据监测来感应一天当中空间的不同需求变化，然后利用嵌入式LED灯地砖的颜色变化来响应这种需求，改变路权的分配方式和街道的划分方式。

（2）界面的连续性

界面的连续性与碎片化是相对的，现代化城市中错综复杂的路网和川流不息的车流，正无情地割裂着慢行系统，打断了空间界面的连续性，行人只有等待交通空白时才能通过空间，这样的态势导致公共空间逐渐演变为一个个破碎的片段；再加上为了保证车行的畅通，慢行的需求也常常被滞后，空间逐渐丧失人性化，沦为纯粹的快速通道。

本章提出界面连续性的具体实践策略为慢行连通，其基本内涵是指从地面、地下、地上三个空间维度上建立一种交通空间与公共空间的承接关系，使片段化的空间转变为连续的慢行网络。慢行是城市体验与交流的最重要方式之一，完整的慢行网络的构建可以在很大程度上加强空间的可达性、连续性、公共性和社会性，解决机动车道割裂公共空间体系的问题，进而提升公共空间对于人们的吸引力，触发更多的社会交往性活动的产生。其在具体实践过程中主要有平面式和立体式两种慢行连通的表现手段。

平面式的慢行连通旨在通过优化或改变快速交通基础设施界面形态的方式，在空间中构建一种平面式的慢行网络体验，即最大限度地保证人在地面维度上慢行体验的安全性和连续性。

与平面式的慢行连通不同的是，立体式的慢行连通是在不改变快速交通界面形态的基础上，通过地下通道或架空步道的立体漫游方式来提高空间要素之间的连接度，即保证人在立体维度上慢行体验的安全性和连续性。

（3）肌理的复合性

肌理的复合性在交通空间中的具体内涵是指依托交通基础设施的功能复合，来重塑交通基础设施与周边城市环境之间的关系，凝聚被汽车割裂的城市片段，构建一个与城市相融合且能承载多元功能的公共空间网络。肌理的复合和片段化是相对的，交通基础设施往往以割裂的姿态和单一的功能形式出现在城市中，其不仅与周边空间要素毫无关联性，甚至失去了最基本的公共属性。

①渐进织补。20世纪80年代巴塞罗那政府为解决现代主义城市规划下空间活力丧失的问题，推行了一系列提升公共空间品质的措施，其中一项重要的先行措施小型公共空间再生计划即"城市针灸疗法"，旨在以微介入的方式整合和统筹周边分散的城市空间，"构建一个具有多元功能的公共空间网络，使空间以一种更加亲切而富有活力的姿

态融入城市肌理中"①。这种缓慢渐进的空间修补的方式为肌理复合性的具体实践研究指明了方向，基于此，笔者提出渐进织补策略，其具体内涵是指以微更新的方式重新整合和利用城市交通空隙空间，使交通空间与各种职能的城市公共空间相互交叉渗透，使交通空间逐渐演变为城市空间日常化和再利用的触媒。其具体设计表达方式是将交通空间中那些没有被充分利用和多余的空间进行功能活化，譬如，在交通边缘附属空间、公共交通站点、停车空间、高架下的灰色空间以及废弃交通基础设施等空间中都可以融合交通和城市体验的需求，置入商业模块、生活服务模块和娱乐休闲模块，使空间从单一的交通效能转化成复合效能，使公共生活有机渗透到城市中的各个角落中。

国内外不乏有许多优秀的关于这类渐进织补的交通空间组织实践，而且这些被重新激活的交通基础设施空间都已经成为区域内重要的公共节点，发挥着连接城市各空间要素的功能。譬如，索菲亚 6TRAM BOXPARK 是一个针对交通边缘附属空间的多功能模块化改造方案，其通过将集装箱预制为展览、临时摊位、公共汽车站、社区花园等空间来满足公众的多样化需求，继而成为城市公共活动的发酵点；德国欧罗巴广场凉亭式车站是一个针对公共交通站点空间改造的项目，其在融合公共交通和城市体验的需求下，将公共站点与餐饮空间整合在一起，为人们提供了一个交流场所和聚会空间。

---

① 李倞，徐析. 巴塞罗那交通基础设施的公共空间再生计划，1980—2014[J]. 风景园林，2015（09）：77-82.

第五章　共享理念视域下的城市公共空间设计模式及其应用机制

克里斯托弗·亚历山大（Christopher Alexander）曾说："没有任何一个模式是孤立存在的。每一个模式在世界上之所以能够存在，只因为在某种程度上为其他模式所支持"。① "模式"是一种解决问题的思维方式，它通常是内在的、基因性的。生物体的基因在生物体的生命周期内，通过控制新陈代谢的过程来调整自身的性状以适应环境，建筑的自适应设计模式也需要在一个具体的设计过程中，通过整合有效的设计资源形成具体的建筑表征，以达到适应和反哺城市环境的目标。在本章中，我们将结合大量的实证研究来还原和演绎共享理念视域下不同自适应模式的应用机制。

一、共享理念视域下的城市公共空间设计模式

（一）功能维度

功能是建筑与生活之间的一种可能关系，人们对功能的诉求决定了空间和界面的存在，而空间和界面反过来又会影响功能的构成、组织关系与使用品质。人们在功能维度上对城市公共空间常见的三种诉求分别是多元性——承载多元的城市生活、渗透性——能带来变化的体验和良好的视线交通联系、交互性——界面两侧有视觉的交互，且界面本身具有一定的审美价值。

1. 功能构成——二元并置

所谓二元并置，就是指在具有一定规模的建筑单体中，预先分离出两类彼此间具有一定张力的功能和空间形态，再通过有机的方式将其融合为一个整体。"二元"本身不仅有"差异""矛盾""张力"的内涵，也有"互补""协同"的意味。这样的做法，目的在于使建筑内部彼此矛盾的部分可以独立优化，不必互相掣肘，同时也使建筑单体可以化约为更小的模块，用更灵活的方式与城市协同发展。

---

① ［美］C. 亚历山大. 建筑模式语言——城镇·建筑·构造 [M]. 王听度，周序鸣，译. 北京：知识产权出版社，2002：15.

（1）二元并置的自足性

从单体"自足"的角度来看，大型城市单体建筑功能构成的本身有多向复合发展的需要，商业综合体将酒店办公和商场并置以保证运营上的自足，住区将居住和服务设施并置以保证生活上的自足，校园建筑将标准化课室和音体美等个性化的艺术教室并置以保证教学活动的自足。尽管我们要致力于通过规划统筹手段，实现不同地块资源的整合，但在以"划地而治"为主要管理制度的社会情境下，如何尽可能在项目建设用地范围内，实现项目功能运营的自给自足，不过多依赖外部环境的支持，也成为单体建筑建构良好城市环境的重要命题。尽管混合用途也许会通过市场作用自发形成，但在设计构思之初就预设二元并置的功能与空间形态，将有助于建筑获得对不同功能分类独立优化的能力，继而适应多元且不断变化的城市生活。

当代的住区充分考虑开放底层和保障居民活动空间的重要性，在新城市中轴线一带占据大地块的组团式住宅，多数会采用"下商上住"的功能体系和内外有别的围合式布局，不过入户流线多独栋设置，即经由小区道路到达各栋大堂再到各家各户，如果没有采用门禁式管理，依然会产生公共流线和居住流线的交叉。

例如，1979年建成的广州东湖新村，则是通过上下并置的空间体系实现私密与公共并行的成功案例（图5-1）。小区位于东山湖公园一侧，地块近似矩形，南北短，东西长，被城市道路所围合，用地面积3.1公顷，总建筑面积约为7 8000平方米，包含25栋8层工字形住宅，2栋16层塔楼，容积率约为2.5，建筑密度约为30.2%，小区采用当时国内首创的"住区双地面布置"，即首层做商铺或其他用途。住宅首层实际从二楼开始，所有楼宇都通过设在第二层的连廊平台相连，平台宽3米，在每个方向上均有1至4个楼梯或坡道与周边城市道路相连，是一个完整且独立的步行系统。而下面内院更像是一个小公园，供住区及外面居民共享。由于后来的管理者在首层入口处增设门禁，首层的小区庭园如

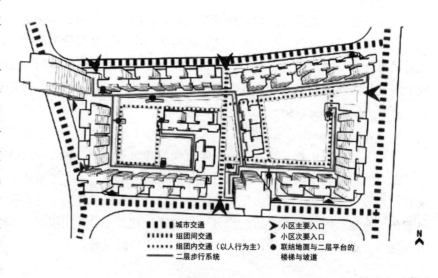

图5-1　东湖新村的交通组织示意图

今也变成只对内部开放的庭园，设计初期让住区与城市共享公共空间的做法没有实现，但在现场勘察时，我们仍然可以感受到"双地面体系"带来的外部空间的秩序：二楼平台实现了人车分流，创造了便捷、安静的入户环境，并以其合适的尺度成为内室生活的延伸。

（2）二元并置的关联性

从城市要素彼此关联的角度来看，城市公共空间界面作为公共空间与私有空间双向挤压形成的结果，本身就有二元并置的基因，由这一基因衍生出来的"二元"具有丰富的可能，单从功能角度来看，就可以衍生出"公共与私有""开放与内向""标准与个性""可变与不可变"等二元属性。就"公共与私密"这一二元属性而言，私密用途如后勤、居住等通常需要很多的遮蔽，这些遮蔽如果频繁出现在公共空间中就会影响后者的使用。在卡莫纳（Matthew Carmona）看来，如果所有的开发都同时预设朝向公共空间的"正面"和私有空间的"背面"，就可以减少私有用途朝向公共空间的尴尬情形[①]，而这种正背面的分离，需要整体层面的功能配置。

例如，广州歌剧院面向城市生活进行了多层级的二元并置处理（图5-2），歌剧院位于新城市中轴线和珠江北岸交汇的西侧、花城广场的西南角，项目总建筑面积为7.07万平方米，总占地面积为4.3万平方米，其"二元性"首先体现在交通流线的分离上——东面和南面面向花城广场和滨江地带，因而作为公众活动区域以及剧场和多功能厅的主入口，相对安静的北面和西面则分别用以组织演员、后勤和贵宾流线。其次是主要功能的分离——建筑的主要功能空间被安置在东西并置的两块大小"石头"之中，位于西侧的"大石头"包含1 800座剧场及其配套设备用房、剧务用房、演出用房、行政用房、录音棚及排练厅；位于东侧的"小石头"包含400座的多功能厅及西餐厅，两者之间形成可穿越的通廊。再次是主要功能和辅助功能的分离，为了保证建筑外观的完整性，空调冷却塔被放在地下室，隐藏于地面的绿化带中。最后，使得场馆获得公共性的功能操作的关键则是"门槛空间"和"开放空间"的上下分离，歌剧院与多功能厅的主入口都被提升至5米标高层的入口平台上，被释放出来的架空层与隐藏在南面"草坡"内的咖啡厅、售票中心和表演艺术交流部形成既完整又相对独立的公共空间，在非演出期间也可以向公众开放。

---

① [英]卡莫纳，等. 城市设计的维度：公共场所——城市空间[M]. 冯江，等，译. 南京：江苏科学技术出版社，2005：172.

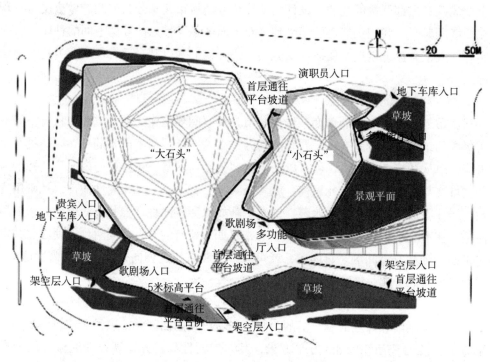

图5-2 广州歌剧院总平面示意图

2. 功能组织——流动空间

所谓流动空间，是基于城市公共空间的使用者对空间开放性的诉求，通过建筑内外交通系统的整合以及界面的通透和可变，提升空间使用的效率和趣味，并实现视线可及和行为可达，以及对空间多义解读的可能。在这个过程中，空间和形态的完整性和稳定性并没有受到本质影响。

（1）流动空间的自足性

流动空间首先是对现代主义以来更新了的空间观念的回应。19世纪末20世纪初，立体派画派的出现使人们意识到，人们不仅可以根据眼睛所见去描绘和体验环境，还可以根据自己的意愿去思考和诠释眼睛所看到的事物。这种从感性体验升级到理性思考的观念转变反映在对建筑空间的体验上，就表现为人们不再被固定的视点固定，而是可以穿越一层层的界面向前迈进，参与并制造空间中的事件。这一特点被柯林·罗等学者归纳为"透明性"（或称为"通透性"），即空间在体量或界面转换处产生被多义解读的可能，意味着空间在视觉上互相渗透却不存在彼此破坏的情形，同时还意味着人们可以对一系列不同的空间位置进行感知。[①]对于建筑来说，透明性可体现在物理层面和现象层面，前者主要依赖立面材质的透明实现，后者则是依赖空间的组织来实现，并使观察

---

① [美]柯林·罗，弗瑞德·科特. 拼贴城市[M]. 童明，译. 北京：中国建筑工业出版社，2003.

者能感受到更加丰富的层状结构。①"流动性""通透性""透明性"不仅带来了更多元的空间体验，还将建筑的形式和空间本身从固化的框架中释放出来，更好地按照现实的经济条件、审美需求和功能需要进行设计，与单体项目对稳定感、标志性的追求并不冲突。

（2）流动空间的关联性

从关联性的角度来看，流动空间可以满足城市公共空间使用者对运动的诉求。穿过公共空间的步行运动是城市体验的核心，也是产生生活与活动的重要因素，成功的公共空间一般都整合在运动系统当中。英国伦敦大学的比尔·希勒（Bill Hiller）与其同事一同探究了步行运动与城市空间构形之间的关系，提出空间句法理论②以及与之对应的数学模型③，其理论和数学模型本身有机械论之嫌，不过由于其预测结果还是与直接观察到的许多运动模式高度吻合的，这使得它依然能看作一个分析场所的有效工具。该理论和工具传递出的关键信息是：联系良好的场所更可能鼓励步行运动并支持一系列有活力与生存能力的用途。联系能够带来生活能量的转换，而建筑作为场所中最大规模、最综合的人造物，有义务和责任为场所的联系做出贡献。

3. 功能品质——双层立面

所谓的双层立面，就是将"一张皮"的立面变成具有内外两层的复合体系。内层是拥有围护功能及可开启窗扇的普通立面，而附加的外层则根据功能需求有不同的发展方向，它可以是附着在内层上的遮阳、遮雨构件，可以是有一定空间跨度的体量，譬如柱廊，亦可以是介于上述两种尺度之间的复合表皮。这一做法的价值，一是体现在调节室内环境质量、提升建筑生态节能表现的方面；二是体现在为内层围护体系分担了满足外部视觉审美诉求的压力，是一种不需增加过多投入即可取得显著效果的权宜策略。

（1）双层立面的自足性

从自足的角度来看，在保证室内空间照度的情况下，双层立面大多能有效地调节室内的舒适性。如在广州地区，建筑外墙因采光和通风需要开窗数量多且开窗面积大，由此引起通过窗口进入室内的辐射热很多，而建筑的平板屋顶吸收天空辐射热的面积大、时间长，转化为向室内辐射的长波辐射热也很多。过去，广州市内房屋从四五月开始就通过搭凉棚、遮盖屋顶平台以达到隔热效果，这些凉棚次年又要翻新或重搭，耗资大、容易引发火灾，还妨碍市容。建筑师夏昌世留意到这一现象，就于20世纪50年代系统

---

① [英]柯林·罗，罗伯特·斯拉茨基. 透明性[M]. 金秋野，王又佳，译. 北京：中国建筑工业出版社，2008.

② 空间句法理论强调"运动"的决定性作用，并假设任意两点之间的运动和其他任意两点之间的运动是一样可能的，目的地的重要性被潜在地低估了，空间氛围对路径选择的影响也被忽略了。

③ 以"轴线模型"为例，"凸空间"（可视的空间）由直线型的"轴线"（穿过该凸空间的最短路径）联系起来，每个轴线的"整合度"（其相应于系统整体的地位）可以被计算出来，一条路线的"整合度"越高，沿线的运动越多，反之路线就被很少使用。

地研究了岭南新建筑防热的各种问题，针对窗口和屋面这两个防热的薄弱环节，在开窗面积满足采光通风要求的基础上，引入了不同形式的窗口遮阳和连续拱构成的平屋顶遮阳。[①] 遮阳板在发挥显著遮阳隔热作用的同时，也使部分直射光发生反射形成漫射光再进入室内，使室内照度更加均匀。

（2）双层立面的关联性

城市公共空间界面地带的内外交互通常要求建筑有较大的透明立面，而后者往往会带来过多的辐射热，对建筑内部的舒适性和节能表现产生影响，也难以满足内部使用者对私密性的要求。附加的立面创造了一种遮而不隔的视觉效果，既保证了内部空间的私密性，也使外部空间的使用者可以隐约地感知到内部空间的存在。在一些情况下，双层立面还可以形成介于室内与室外、城市与建筑之间的"灰空间"，发挥过渡、连接、融合共济的作用，骑楼、外廊都具有这种属性。以广州发展中心大厦为例，大厦的1至3层平面四围向内凹入2米左右，形成三层通高的骑楼式柱廊，为穿行场地的人群提供了遮风避雨的步行空间，也为采用玻璃幕墙的通高大堂提供了必要遮蔽。

（二）形体维度

人们在形体维度对城市公共空间界面常见的三种诉求，分别是整体性——不同形体要素之间具有内在的连贯性；层次性——能支持不同尺度的社会交往活动和视觉感知需求；连续性——能形成可利用的"积极空间"和易辨识的"视觉图形"。

1. 形体要素——对位基准线

所谓基准线，就是控制城市形态与建筑形体生成的结构线。它可以是真实存在的，例如，道路边线、河流边线、相邻建筑的轮廓线；也可以是意象性或法规性的，例如，城市轴线、建设"红线"。

（1）对位基准线的自足性

在形态设计之初就确立基准线，可以使建筑的形体结构被"清楚和毫不妥协地陈述出来，以便尽可能强烈地进入正题"[②]。对于缺乏清晰界定的场地或形体要素复杂的项目来说，基准点和基准线起到的作用就类似思维的"桩子"，可以将建筑及其群落"拴住"。以罗马市政广场为例，广场位于罗马发祥地之一卡比托利欧山的山顶台地上，一直以来都是这座城市的地理中心。然而在14世纪米开朗琪罗介入广场的改造之前，场地上的要素各自为政，虽然有许多的雕塑和议会宫、礼拜堂等重要建筑，但总体上充斥着拼凑的杂乱感。面对混乱的场地，米开朗琪罗创造性地从别处迁入马库斯·奥雷柳斯（Marcus Aurelius）骑马雕像，并将其安置在专门为之设计的基座上，使之成为场所精神的统领和场地形式的控制点。根据雕像确立的法线，米开朗琪罗重整雕像后侧的议会宫，通过补齐房间、调整钟塔位置、建立大台阶，使之成为广场强有力的主立面，之后

---

① 夏昌世. 亚热带建筑的降温问题——遮阳·隔热·通风 [J]. 建筑学报，1958（10）：36-39.

② [德] 托马斯·史密特. 建筑形式的逻辑概念 [M]. 肖毅强，译. 北京：中国建筑工业出版社，2003：42.

又依据法线将场地右侧的建筑复制到场地左侧，至此形成一个聚拢的倒梯形平面，平面造成的反透视效果使议会宫正立面显得更加宏伟。在此基础上，椭圆形的铺地图案进一步增强了广场的收束感，图案内部由折线段构成的弧形网格将各向建筑拉结到一起。可以说，由雕像和议会宫对称轴建立的基准线，对广场秩序的重整起到了决定性的作用。

（2）对位基准线的关联性

从关联的角度来看，基准线作为城市形态内在规律的重要组成部分，对整体和各部分的形态起到支配性的作用，以城市轴线为例，城市轴线是"一种在城市空间布局中起空间驾驭作用的线性空间要素，是人们认知体验城市环境和空间形态的一种基本途径"[①]。建筑服从于原有的基准线，可以使原有的城市结构得到整合和发展。对一些重要地段的建筑项目来说，建筑基准线的支配作用不只针对场地本身，在地理位置、项目影响力等多种因素的影响下，一个项目的基准线有可能向外扩展、延展，成为区域乃至城市整体都要服膺的内在秩序。

2. 形体尺度——小尺度集合叙事

小尺度集合叙事就是指将建筑体量参照人体尺度、房间体量、基地构成、周边建筑等参照系分离开来，并依据一定的叙事诉求——功能组团、空间序列、形体变化等，再次集结成"群""簇""整体"，最终的目标，一是形成人性化的外部空间尺度和丰富的外部空间序列，二是形成具有丰富层级、能适应不同视距的界面形态。

（1）小尺度集合叙事的自足性

小尺度集合叙事的概念其实源于中国传统建筑群的生成过程。在中国传统建筑中，建筑单体的规模与体量都相对稳定，建筑规模与总体形态的生成是依靠若干个建筑单体，按照一定的秩序集合而成的。化整为零的方式有利于创造出丰富的室内外空间序列，同时也有利于局部的变化与演绎——分散的体量可以结合特定的地形和功能创造不同高度、体量、格调的建筑，在设计时有更多的灵活性，不似一幢建筑那样牵一发而动全身，在结果上也更容易形成层次丰富的群体形态。

（2）小尺度集合叙事的关联性

从关联的角度来看，化整为零的方式也能够使建筑更好地嵌入到自然环境中，特别是风景优美的滨水地带和高低起伏的山林地。

例如，1965 年建成的山庄旅舍位于广州市白云山摩星岭一所山祠遗迹的基址上，项目地处山谷谷口，三面环山，背山临崖，前景旷远，建筑用地高差起伏大，总建筑面积为 1 930 平方米。[②]山庄旅舍的总体布局因应地势起伏，分段筑庭，从入口到腹地结合公共—半公共—私密的空间层次形成前坪—前院—中庭—内庭—后院的庭院空间序列，庭院的空间尺度随序列演进逐渐收敛，建筑用房围绕上述庭院分散布局，并在局部

①　王建国. 城市传统空间轴线研究 [J]. 建筑学报，2003（05）：24-27.

②　莫伯治，吴威亮，林兆璋，等. 山庄旅舍庭园构图 [J]. 南方建筑，1981（01）：16-32.

（如客房处）通过单元的错动、廊道的留白等进一步细化院落的尺度层级，使其可以有利于支持更加细腻的居住形态。

3. 形体表征——缝合纹理

所谓纹理缝合，就是对那些存在纹理"断裂""碎片化"现象的区域进行连接、更新，使之形成连续而有机的整体，不仅在区域重新获得一致的秩序，还能与区域外部有良好的关联，以便更好地服务于城市生活。

（1）缝合纹理的自足性

从自足的角度来看，设计总是在既定的、通常是复杂和微妙的纹理中工作，特色鲜明的纹理通常需要更谦恭的设计回应，而纹理较粗糙的区域则提供了创造新环境特质的机会，无论如何，每个场地的纹理都是设计最宝贵的灵感来源。例如，广州艺术博物院的用房围绕庭院展开内向式布局，避免外围环境不利因素的干扰，建筑西南面设计得比较封闭，以屏蔽来自南面高架桥的城市交通噪声与西面较为杂乱的居民楼景观，北面与西面采用环形柱廊与局部架空的手法，与北侧的公园景致相互渗透。

（2）缝合纹理的关联性

从关联的角度来看，城市是不同要素的聚合，而"纹理"概念的提出，则是用图示化的语言对这种聚合关系进行诠释。卡米洛·西特（Comillo Sitte）在《遵循艺术原则的城市设计》[①]这一重要著作中，将中世纪城市当作理想的城市形态，并归纳出若干个创造城市形态的艺术原则，例如，公共广场是围合的实体，建筑应该彼此相连而不是彼此独立等。不少学者认为，根据现代城市建设方式和城市生活的情况，实现传统中世纪的城市形态是有限的，而西特提出的设计原则则体现了一个健康的城市环境应遵循的内在秩序。在美国建筑师约翰·波特曼（Johnportman）看来，建筑是城市各元素交织形成的大网的一部分，他因此提出"城市编织"理念，并以地产开发商和建筑师的双重角色促成了一系列大型城市建筑综合体的设计，重塑了城市的纹理[②]；罗杰·特兰西克 (Roger Trancik)用"失落空间"描述建筑与建筑之间的荒凉空间,在他看来,这些空间是反传统的,对环境和使用者毫无益处，但他同时也指出这些空间蕴藏着许多未被挖掘的资源，具有再开发的巨大潜力。特兰西克还在综合图底理论、连接理论、场所理论的基础上，提出五种有利于整合失落空间的城市设计原理，其中包括边界的水平围合和边缘的连续。[③]

（三）表意维度

"空间"变成"场所"通常有赖于"意义"的赋予和表达。在表达意义的过程中，

---

① [奥地利]卡米洛·西特. 遵循艺术原则的城市设计 [M]. 王骞，译. 武汉：华中科技大学出版社，2020.

② 李志明. 从"协调单元"到"城市编织"——约翰·波特曼城市设计理念的评析与启示[J]. 新建筑，2004（05）：82–85.

③ [美]罗杰·特兰西克. 寻找失落空间——城市设计的理论 [M]. 朱子瑜，张播，鹿勤，等，译. 北京：中国建筑工业出版社，2008.

界面凭借其作为实体要素的特质发挥了"符号"（能指）的作用，凭借其彼此连接的方式建立了场所外显的结构，凭借其作为"具体的物"的集结体表达了场所的特性。城市公共空间的使用者在表意维度对城市公共空间的三种常见诉求，分别是：纪念性——表达具有公共性的时代精神和历史文化价值；渐变性——能够平稳地变化为居民提供安全感和归属感；地方性——能表征当地特有的社会文化生活形态，引发地方认同。在当代城市建设语境下，"纪念性"的建构一是要面临纪念性主题的"能指"和"所指"空前繁荣的挑战，二是要面对那些与真实生活无关的"像标"建筑的冲击。"渐变性"的获得则是要面对快速城市化进程的挑战。"地方性"的延续则是要面对经济技术"全球化"流动带来的影响。

1. 场所主题——援引原型

所谓援引原型，不仅涉及形式、空间、符号等设计要素的援引，还涉及建造理念与场所精神的继承，其实质是基于对社会传统、历史经验的认同，选择了某种创作的范式，并用具有时代精神的建筑语言加以演绎。

（1）援引原型的自足性

"原型"通常指那些在一定时期内，因成功适应某类诉求或限定，而被当成经验传承下来的系统性的解决方法。在建筑师魏春雨看来，"充分的类型研究是建立风格的可靠基础"[①]。实际上，以援引原型为基础的设计思维也一直是建筑教育和建筑实践的主题。以巴黎美术学院为源流的"布扎"体系倡导学生用习得的形式经典设计法则和样式来进行建筑创作，这也是现代主义时期之前西方建筑设计的基本方式。进入现代主义时期，虽然建筑师声称面对的是全新的建筑使命，但建筑师们并没有停止从历史原型中汲取养分——根据骆可的研究，柯布西耶（Le Corbusier）在创作拉图雷特修道院时至少受到三个修道院先例的深刻影响。[②]

（2）援引原型的关联性

"原型""类型"议题的复兴肇始于 20 世纪 60 年代罗西（Aldo Rossi）等人的研究，罗西在《城市建筑学》中通过"城市人造物"等概念，揭示了建筑的形式及其类型因为具有独立于功能、技术、材料等因素的自主性，而使得城市的物质结构与历史文化获得某种意义上的稳定性与延续性。[③]克里斯·亚伯则指出，模型（原型）提供了那些具有稳定性的基本元素，而模型（原型）的变化则意味着传承与创新。他指出，地方性的品质可以通过两种途径来实现：一是对具体的地方建筑形态的创新运用，二是从传统中抽

①　魏春雨. 类型与界面——魏春雨营造工作室的设计思考与实践 [J]. 世界建筑，2009（03）.

②　骆可. 拉图雷特修道院与影响其设计过程的三个先例 [J]. 建筑师，2007（06）：61-68.

③　[意] 阿尔多·罗西. 城市建筑学 [M]. 黄士钧，译. 北京：中国建筑工业出版社，2006.

离出普遍的原则进行设计，两种途径其实都涉及对原型的援引和处理。①

对受众来说，"原型"往往意味着丰富的历史信息和约定俗成的意义表达方式，借助对"原型"理性的"援引"和"变体"，新建筑在与相对永恒的建筑命题和地方历史文化发生关联的同时，也获得面向特定时代的新品质，因而是一种表达"纪念性"的稳健方式。

2. 场所结构——与证物共生

"与证物共生"的设计模式，就是借由空间、形体、材质、符号等建筑要素的组织，在满足新时期的空间和形态诉求时，也使隐含在证物中的"意义"得以重生、延续、更新、丰满。新的建造不再是对原有历史的涂销，而是谦逊地参与了场地的生长。

（1）与证物共生的自足性

对历史环境中的新建筑来说，原有"证物"通常会成为设计者跳脱纷杂设计线索、营造场所精神的突破点。以药洲遗址 2015 年的改造为例，改造者通过对重要证物的审慎对待，找到组织公共空间序列、整饬公共空间界面形态的思路，证物的原真性、完整性与追求现代格调不但没有冲突，反而使后者得以呈现内在统一性与丰富层次的重要因素。药洲遗址位于广州越秀区北京路历史文化街区内，是五代时期南汉宫苑园林遗址，也是岭南古典园林高峰时期南汉宫苑唯一的园林地面遗存，其发展历程浓缩了岭南古典园林的发展历史。1949 年，药洲遗址的总体面积大幅缩减至 2 000 多平方米，且被隐藏在南方剧院后院之内；1989 年，药洲遗址内增建赏月台、石曲桥，1993—1994 年，遗址内增设了山门和碑廊。②2015 年，药洲遗址展开新一轮的整治工作，设计者在充分调研后提出改造的两个核心思想：一是将园内现存的九曜石以及历代石碑石刻作为药洲遗址的保护主体，二是扩大药洲遗址的园林气息。改造首先清除了后期增设的有损遗址本体展示的临时性建筑和杂乱苗木，重新梳理了园内的步行系统。其次明确了药洲遗址以五代南汉宫殿时期风格为营造方向，根据历史文献中"以金为仰阳，银为地面"的园林意向和 2010 年五代建筑的出土文物重新考虑遗址边围的界面形式，包括作为园林边界的南方剧院的北立面。③在改造过程中，设计者也尊重药洲遗址历史发展过程的完整性，即尊重 20 世纪 90 年代吴庆洲教授主持整治设计时因考古成果有限而采用的中原唐代风格和岭南地方特色，只是在色彩选择与建筑细部构件的形制上对其加以整饬。④

（2）与证物共生的关联性

"与证物共生"的模式不仅可以推动新建设的谋篇布局，还可实现场所精神在当代

---

① [澳]克里斯·亚伯. 建筑与个性——对文化和技术变化的回应 [M]. 张磊，等，译. 北京：中国建筑工业出版社，2003.

② 吴庆洲. 南汉遗迹药洲园重建设计（续）[J]. 华中建筑，1995（03）：70-73.

③ 该立面原有的灰色砖墙、杂树与遗址园林古朴的气息并不相衬，改造将立面改为白色，辅以黄色屋面，明亮的色彩为九曜石及历代碑刻营造出简约素净的布景。

④ 郭谦，李晓雪. 广州南汉宫苑药洲遗址保护与更新研究 [J]. 风景园林，2016（10）：105-112.

城市生活中的稳定延续。位于龙津桥头、建于明末清初的文塔是荔枝湾涌的地标。在历代的城市建设中，文塔周边地面逐渐升高至高出初始地坪 1 米左右，这使得塔身比例变得十分不协调，在迎亚运改造中，设计者对文塔塔基进行重新挖掘，将一定范围内的地面标高降至原有基座底部，使塔身比例恢复正常，并顺势营造出以文塔为中心、向外逐渐升高的广场，下沉带来的向心力使该广场成为这一片区最受欢迎的空间节点。

3. 场所特质——呈现情境

所谓呈现情境，就是在场所主题和场所结构提供的框架之下，设立一个个具有清晰情感和意境指向的场景片段，为场所赋予充实的内容和情感。

（1）呈现情境的自足性

呈现情境是中国传统园林基本的造园手法。夏昌世、莫伯治在《中国古代造园与组景》一文中写道："中国造园结构，是由许多大小不同的'景'组织起来的，而这些景又是由各种景物所组成的景物空间，每一景物空间都围绕着一个主题，因就地形环境特点，结合四季节序、朝霞夜月、风雨明晦、禽鸣鹤舞以至钟声琴韵等，都可以作为景物。这些景物，围绕着主题组织一起，准确地将主题衬托出来，将这些不同主题内容的'景'安排在一个园内，像小说中的情节一样……景物空间渗透着人的'感情移入'，赋予景物空间以生命的呼吸，景物空间不再是仅具轮廓的物象，而是通过人们的感情，具有诗情画意的境界。"[①]

根据夏昌世和莫伯治先生的描述，我们不难发现，以"景"为代表的"情境"是空间序列的核心组成要素，具有丰满的所指，是形成空间活力的重要基础，更创造了一种情感共鸣的可能性，它使人们越过物质（"仅具轮廓的物象"），引发对特定生活场景和情感的联想，因而使建筑可以具有不同寻常的感染力，而不必过多受到物本身的制约。

（2）呈现情境的关联性

一种富有日常生活情致和地方趣味的情境设置，也有利于增强地方认同。

以莫伯治的地域实践为例，在莫伯治看来，"一个在岭南地区站得住的建筑作品，应该具有岭南特色。岭南的生活习惯、审美习惯、气候环境、建筑材料等方面，都对建筑师提出了这种要求，也提供了这种可能性。有人认为，由于现代科技发达，交流频繁，生活普遍提高，地域淡化，建筑中的岭南特色正在消失。但我们认为，只要我们在实践中保持这种自觉性，那么，不论是在城市、乡村，还是山野间，这种特色就不会消失，而且还将由于我们的努力探求，会有新的内容，新的手法，并向前推进"[②]。20 世纪 50年代中期至 60 年代初，莫伯治参与夏昌世主持的岭南庭园调查研究，并与后者合写专著《岭南庭园》，从早期的园林酒家、山庄旅舍，到中期与旅游设计组的同事们一同完

---

① 夏昌世，莫伯治. 中国古代造园与组景 [M]// 莫伯治. 莫伯治文集. 北京：中国建筑工业出版社，2012：17.

② 莫伯治，莫京. 岭南建筑创作随笔 [J]. 建筑学报，2002（11）：5.

成的宾馆建筑，再到后期的文化建筑创作，虽然项目的功能、规模、风格在不断发生变化，但"庭园的传承与新用"一直是贯穿其中不变的主题。无论是在哪个时期的"庭园"创作中，"再现自然"都是莫伯治等人造景的核心手法。在他看来，突出自然环境特征是中国造园的特点，当人们在园中接触到山溪乱石、湖泊洲渚等景象时，就会产生返璞归真的联想，使人在建筑内部也可以感受到大自然气氛的愉快。而对于现代城市人来说，能在密集的城市环境中重拾与自然心心相印的传统，则是不可多得的快乐。广州艺术博物院内庭园的面积较大，可以容纳较多活动内容，莫伯治也融入更多的场景：内庭中心利用原有地形高差，形成一个下凹的假山瀑布庭园，内庭一侧的 12 根红砂岩石柱上镶嵌着十二花神雕像，代表一年中十二番风信。这些雕像在水池中的倒影与水池边上的风姨雕像组成了百花庭园的主景。

二、共享理念视域下城市公共空间设计模式的应用机制

（一）功能维度的自适应建筑设计模式的应用机制

1. 二元并置的应用机制

所谓二元并置，就是基于城市生活的多元性与复杂性，在具有一定规模的建筑单体中，预先分离出两类彼此间具有一定张力的功能和空间形态，基调的建立再通过有机的方式将其融合为一个整体。这一做法，一是可以使相互抵牾的功能获得分类独立优化的机会，使建筑的功能、空间和形体有足够的强度向不同的方向发展；二是可以保证城市公共空间界面功能的多样性，并且有利于建筑整体细分为更小的模块，灵活地嵌入城市时空环境之中。事实上，多元性与复杂性的冲突不仅体现在住区项目中，还体现在其他类型的城市建筑中，其表征不见得是简单的功能属性之间的冲突。我们可以根据哪些简明的依据来确立"二元"的主题，在获得"二元"之后，又有哪些对策来疏导"二元"带来的矛盾和张力，使建筑单体及其关联的城市公共空间仍然可以作为一个有机的整体被管理和运营。

（1）基调的建立。"二元"主题的确立，一是可以从提升建筑的自足性切入，强化建筑功能系统本身蕴含的二元性，譬如，前述的东湖新村在功能上有自然的"居住－服务"的功能分野；二是可以从提升建筑的关联性切入，在单体项目设计的可控范围内强化建筑与城市并置的二元性，如在单一职能项目中植入更具开放性的城市职能。

①从自身功能出发强化二元性。一些具有综合体性质的项目，本身就具有功能上的"二元"属性，譬如，以东湖新村为代表的有一定规模的住区，不但要提供居住空间，还要有相当面积的配套服务设施。

②从城市生活出发赋予二元性。当项目的规模达到一定程度，多自然蕴含着向城市开放的潜力。在李虎与斯蒂文·霍尔联合设计的北京当代 MOMA 综合体中，超尺度项

目激发建筑师在设计之初就关注项目对城市和社会的影响，希望通过建设一个同时解决居住、工作和娱乐，不依赖机动车通勤的"城中城"来应对燃烧石化材料的城市运输带来的城市问题，并在有限的区域内营造出向周边城市开放的城市公共空间，因此在项目策划阶段，设计师竭力说服业主将酒店、电影院、教育、公园等功能组织到住宅设计中。

此外，面对垃圾站、变电站等通常不太受到城市公共空间使用者欢迎的功能，通过并置更具开放性的职能，或可达到减缓"邻避"效应的效果。2009年，北京市政府计划在菜市口兴建一座220千伏输变电站来满足周边片区的供电需求，该项目虽被列为市"煤改电"重点工程，却一度因为难以协调多方诉求而无法推进。居民面对传闻中会带来许多不良影响、建成后又以围墙界面示人的地上变电站难以接受，而建设单位由于建设地下220千伏输变电站的投资将数倍于地上变电站，而对建设地下变电站兴致缺失。庄惟敏建筑师的设计团队在介入项目后提出几点建议，其中包括将土地性质调整为市政商业混合用地，建设单位可以在地上兴建具有商业价值的附属设施来平衡地下变电站的投资，并对历史文物进行必要的退让，留出视觉通廊，建成对普通市民开放可达的街心小游园。这些调整最终推动了项目的继续进行，最后建成的项目包括220千伏变电站主厂房和电力科技馆两部分内容，前者位于地下3~5层，后者位于地面，包括展厅、科研办公、监测中心等功能（图5-3）。[①]

（2）格局的发展

确立好"二元"的类型后，设计者需要考虑如何将其有机地整合在一起，同时借助二元分离预设的强度，分类独立优化空间及其界面的特性。

①体系的并置。

A. 水平并置：

在用地较为充裕、二元空间的比例相协调的情况下，多数案例可采用水平并置的布局手法，为分向独立优化争取最大的自由度。例如，广州市儿童活动中心的登月楼与体验综合体采用东西并置的布局方式，通过室外空间和地下部分相连；广州市第二少年宫的"艺术"和"学习"体量南北并置，通过中部隐喻"科技"的圆锥状玻璃体大厅相连。

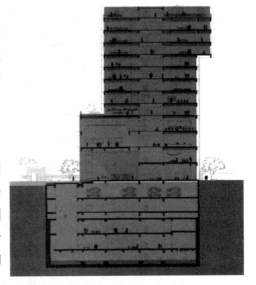

图5-3　北京菜市口输变电站综合体剖面示意图：地上——办公、展厅；地下——设备、停车、变电站

---

① 庄惟敏，张维. 市政设施综合体更新探讨——北京菜市口输变电站综合体（电力科技馆）设计 [J]. 建筑学报，2017（05）：70-71.

B. 垂直、环绕、混合并置

当用地较为紧张、二元空间的比例较为悬殊时，就可以适当考虑其他的体系融合方式，如上下并置或环绕式并置。例如，深圳坪山演艺中心的所有功能紧凑地集中在一个80立方米的方体中以提升剧院使用和运营的效率，后加的"非正式"的功能环绕"正式"的剧场展开，两者之间通过一个围绕剧场展开的公共步道系统串联，市民从东向与南向的两个广场进入，就可以沿着该步道系统穿过两类空间，并通过步道两侧的开口，与城市和自然展开有趣的对话。

②特性的发展。

体系的并置探讨的是二元空间如何在有限的用地范围内和谐共存的问题，而特性的发展则关注如何借助预设的强度，使不同特性的空间和形态得到更加从容和细致的发展。

A. 空间特性的深化：

北京四中房山校区的标准单元与个性化单元虽然受制于同一个垂直结构体系，但在空间形态上仍然呈现出明显的分野：位于上部的教室单元为提升空间组合效率，采用矩形平面，依循网格化的框架结构紧凑地并排布置；位于下部的个性化功能用房，则以不规则的形态分散在南北通廊的两侧，以创造流动性的空间体验（图5-4）。

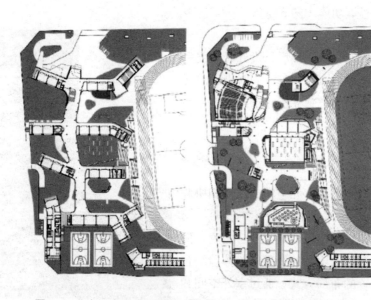

图5-4　北京四中房山校区的二层平面（左）与首层夹层平面图

B. 界面特性的深化：

设计者还可利用二元的空间结构体系，发展出不同的界面形态，使建筑自身形成丰富的形体对话层次。例如，广州市儿童活动中心的登月楼依照内部的功能和结构进行开窗，体验综合体的上部则采用更加具象的"圆蘑菇"体量层层相叠，以突出青少年建筑的性格（图5-5）。

图5-5　广州儿童活动中心登月楼（左）和体验综合体（右）不同的立面处理手法

北京四中房山校区内位于上侧的教室集群的立面根据内部的结构和功能呈现出清晰的规律性——朝南立面根据结构开矩形窗，并镶嵌遮阳窗套，朝北立面的带形窗洞则结合内部走廊陈列柜的摆设而呈现高低的变化。位于下方的个性化单元，则利用体量大小不同的特点，处理成不同的形状，向上或向侧面拱出绵延起伏的"肚皮"，在空间使用和视觉体验上都赋予建筑城市般的复杂性（如图5-6）。

图5-6　北京四中房山校区

（3）对话的强化

在二元秩序和强度基本建立的情况下，设计者可以通过共享空间的设置和界面形式语言的互引，使包含二元属性的建筑形体在空间和界面上更具整体性。

A. 共享空间的设置：

广州市儿童活动中心体验综合体内部的露天广场靠近登月楼布置，且靠近登月楼一侧的界面设置了许多室外楼梯，促进两个部分之间的交通联系。北京四中房山校区在入口门厅集结了不同的交通流线，师生可以经由门厅去往位于地下或半地下的个性化教室，或是去往位于上部的教学单元。在肇庆学院理工实验楼的设计中，设计者在两个学院之间植入公共门厅，创造共享入口空间，同时在两个学院的中间地带插入共享的科技展廊，使得两个学院可以共享科技展示空间，提供两个学院互相交流与观摩学习的机会，同时通过空中的联系廊桥为将两个学院的功能用房在特定时期进行统一调配提供可能性。

B. 界面形式的互引：

广州儿童活动中心的登月楼靠近体验综合体的立面在按功能开窗、以白色为主色调的前提下，将壁柱漆成不同的色彩，与体验综合体的立面相呼应。广州肇庆学院的理工实验楼以稳重的灰色与白色作为基调，只是在局部利用不同的色彩、楼梯间、院落景观设计标识出两个学院的特征，两个学院的外部及室内局部使用橙色和绿色，使两个学院在建筑形式统一的前提下具有各自鲜明的特点，美化了校园环境。

2. 流动空间的应用机制

受人欢迎的公共空间通常在视线和行为上是可及的，同时也能提供多义的空间体验。所谓流动空间，是基于城市公共使用者对开放性的诉求，通过交通系统的整合、界面的通透和可变，实现视线和行为上的可及，提升空间使用的效率和趣味。流动空间首先是对现代主义产生以来更新了的空间体验模式的回应——人们不仅仅是站在外面看建筑，还希望走入建筑，在运动中参与空间中的事件。流动空间更是基于当代城市能量流动的需要，联系良好又具有多元体验方式的场所，向不同的社群表现出欢迎和吸纳的姿态，并可以不断制造与提供以人为主体的事件。前文提到的广州歌剧院，就是利用体量错动、玻璃幕墙、"掀起"地面、向四面八方延伸交通"触角"等手法，实现空间流动和能量转换，进而以建筑为导向，形成花城广场地带最具活力的公共活动场所。

建筑物和建成环境本身是固定的，所谓的"流动"最终体现在人在运动过程中的视觉和心理感受，如何通过有效的组织手段，使人的视觉体验和心理体验最大化，则是建立和发展建筑内外公共空间流动性要解决的核心问题。

（1）基调的建立

现代主义以来，人们不仅是站在外面看建筑，还希望走入建筑，在运动中参与空间中的事件。柯林·罗等人将这种更新了的空间观念称为"通透性"。托马斯·史密特（Tomas Schmitt）在《建筑形式的逻辑概念》中解释了通透性："通透性总是产生在那些可以归入不同空间系统的地方，而这归属的选择留给观察者""它不是处方，而是一种和设计相关的思维方式和哲学"[1]。他还借用密斯（Ludwig Mies Vander Rohe）设计的德国馆说明，"尽管通透性通常可在任何地方使用，但也只是在建筑体量的交接处或交通流线上"，设计师可通过形体的加减、转换、对话来实现。[2] 通透性得以产生，很大程度上还得益于框架结构体系的发展，围护结构从承重结构中解放出来，空间可以在上下、前后、左右六个方向进行流动。在不同的技术条件下，"流动空间"发展的方向会有所不同，下面列举两种常见的方式。

---

[1] [德] 托马斯·史密特. 建筑形式的逻辑概念 [M]. 肖毅强，译. 北京：中国建筑工业出版社，2003：23-24.

[2] 同上。

①依托体量错动。首先是依托形体的加减、转换、对话形成流动空间。在一些单体建筑项目中，在保证核心功能用房紧凑布局的情况下，将公共用房的体量进行灵活化处理，容易实现交通和视线的流动。

建于 1994 年、位于天河体育中心一带的购书中心在体量的处理上结合了上述两者的手法，由于建筑密度较大，又要满足政府对标志性形象的追求，建筑整体上显得不那么通透，但设计者仍然通过退台、架空的设计，使建筑内外的界面和空间显得流动和富于变化（图 5-7）：建筑外部，面向道路转角的东南立面设置了大量退台以减少对道路的压迫感，面向南侧的主入口还采用二层高的穹状门廊作为中庭与室外空间的过渡；西南侧架空三层为读者提供休憩空间，北侧设置骑楼与商业步行空间呼应（可惜目前被临时商铺封堵）。建筑内部，建筑面向中庭层层后引，形成上下流动的空间。

图 5-7　广州购书中心的东南转角、西南转角、北面、中庭

②依托界面变化。在用地较为紧张的情况下，建筑或许要尽可能集中布置，而没有太多分散体量的余地，这时候，界面的重叠、变化，就成为创造流动性的首选方法。

（2）格局的发展

上述案例规模较小，进深有限，空间的流动性与通透性更多地体现为环绕单一核心展开的自由界面与自由体量的组织。当建筑的功能、用地、规模进一步发展，设计师就要考虑如何在一个多层级的序列中延续不间断的流动性，而这种流动性也会为建筑内部的公共空间赋予一种城市般的复杂体验。

①向纵深向度发展。在北京四中房山校区的设计中（图 5-8 至图 5-10），传统按轴线与等级排布的公共用房被一视同仁地沿南北通廊排开，不规则的形体在空间上形成交错的几何交点，为穿行在其中的师生提供了城市般

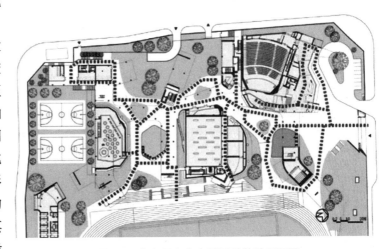

图 5-8　北京四中房山校区的首层平面图

的复杂体验。在上部的教室层，沿纵深方向展开的通廊除了发挥串联教学楼的交通功能外，还通过沿纵深方向转折、沿途设置开放性展览和"岛屿"空间强化师生的视觉体验和心理体验。

图5-9　通往行政楼的架空层一隅和多路径的门厅

图5-10　教学层10米宽的通廊

②向垂直向度发展。随着用地日益紧张、城市空间与交通向立体方向发展，城市建筑逐渐在垂直维度上发展出"次级地面"（second ground），使寓居在不同高度的人群都能获得类似地面的室外或半室外活动空间，而建筑本身也可以在不同高度形成与城市良好的互动体验。可以像首层地面那样与自然环境和城市环境交流，组织城市车流与人流的出入，承载更开放的社会活动。

在清华大学海洋技术研究中心的设计中，公共空间穿插布置在不同高度的建筑体量之间，形成层次更加丰富的"灰空间"系统。该研究中心位于深圳西丽大学城清华研究生院的东端，由多个研究中心构成，服务性设施和竖向交通被集中布置在楼梯两端，中间形成可根据需要调整分隔形态的自由平面。在此基础上，设计者在每两个中心之间插入一个包括会议室、交流中心、咖啡厅等公共职能的共享空间，并将每个中心的实验室部分和办公室部分水平拉开，形成垂直贯通的缝隙，穿梭其间的室外楼梯将这些共享空间联系起来。

（3）对话的强化

空间的流动性可以分别从更微观的人体尺度或更宏观的城市尺度得到强化，前者多涉及交通空间的细化，后者多涉及场所的步行系统与城市公共交通体系的整合。

①细化交通空间。人们在穿行过程中首先感受到的是交通空间，因此，交通空间的处理将在很大程度上影响人们的视觉和心理体验。在上述案例中，我们发现创作者都有意通过梯段、坡道、扶梯界面的特殊处理、相邻场地的配合，将交通空间处理得有趣、活跃。在一些大型综合体项目中，交通体可以在纵深和垂直方向上拓展，体量的错动与并置也会创造流动交互、不断变化的视觉和心理体验。如在北京四中房山校区中，交通体不仅承载穿行的活动，也鼓励孩子们的驻留行为。北京四中房山校区主体建筑设有28部楼梯，其中15部是为了满足疏散规范的要求，其余则是为了更顺畅地连接不同的空间单元。教学单元靠近操场一侧的楼梯通过灵活组织梯段、采用实墙栏板而形成雕塑化的效果，这些楼梯除了可以发挥疏散功能，还可以成为学生们眺望操场的"剧场包厢"。

②整合公共交通。在盘整好场所自身步行系统的基础上，亦可考虑与城市公共交通的积极整合，为更大范围的空间流动和更舒适的步行环境提供支持。广州天河体育中心一带的维多利广场、天环广场与太古汇广场都十分注重与城市公共交通的连接，在为自己聚集更多人气的同时，也优化了城市的步行环境。维多利广场在基地东南角设置下沉式广场，而没有采用原规划中设置地面广场的做法，其目的是为了更好地吸纳从地下过街隧道而来的商业人流，以及将地面人流引入项目地下一层的商业空间中，这一做法也增加了临街地带公共空间的层次。天环广场将80%的零售商业空间布置在地下，以保留地面环境来创造城市公园，中部的广场采用阶梯式下沉的设计，该下沉广场不仅为地下商业空间带来光亮，还与项目北侧的地铁系统和地下过街天桥、项目西南角地下一层的新建地铁站无缝衔接。太古汇广场在地下二层设置了地铁与快速公交专线的接驳口，换乘及过街人流从地下连接通道进入建筑，或是经由此地进入场地周边的其他建筑中，而不用穿越拥挤的天河路，建筑在此发挥了室内城市街道的作用。

3. 双层立面的应用机制

所谓的双层立面，就是将原本一层的立面分为两层，内层是拥有围护功能及可开启窗扇的普通立面，而附加的外层立面则根据功能需求有不同的发展方向，它可以是附着在内层上的遮阳遮雨构件，可以是有一定空间跨度的体量，譬如柱廊，亦可以是介于上述两种尺度之间的复合表皮。双层立面的核心价值一是体现在调节室内环境质量、提升建筑生态节能表现上，二是体现在创造了一种隔而不绝的视觉和行为体验，促进了城市公共空间界面两侧的交互，同时外立面为内层围护体系分担了满足外部视觉审美诉求的压力。无论是从气候适应性、空间交互性还是从审美表现力的角度来看，双层立面都可算是一种不需增加过多投入即可取得显著效果的"交互型"界面。在新的城市建筑的建设中，双层立面的优势依然保有鲜活的活力，只是其驱动力也变得多元，其形式在技术的支持下变得更加丰富。

（1）基调的建立

双层立面的气候适应性常是其被运用于建筑立面的原因，在设计双层立面时，人们既可以从实体构件，如外表皮、遮阳板、遮雨板等入手，也可以从双重立面之间的空间切入，发展具有气候缓冲效应的过渡空间。

①发展实体构件。20世纪50年代，建筑师夏昌世针对窗口和屋面这两个防热的薄弱环节，在开窗面积满足采光通风要求的基础上，引入了不同形式的窗口遮阳和连续拱构成的平屋顶遮阳，遮阳板在发挥显著遮阳隔热作用的同时，也使部分直射光发生反射形成漫射光再进入室内，使室内照度更加均匀。附加的窗构件不仅具有遮阳功能，也具有防雨功能。

②发展过渡空间。如果说遮阳、遮雨构件的设置是从实体构件出发建立双层立面，那么外廊、骑楼等元素则是从虚空的体量出发形成复合的立面体系。外廊是指建筑物外墙前附加的自由空间，在保证室内深处照度的前提下，能有效遮挡太阳辐射及控制室内温度。

廊式双层立面的另一个优势就是创造了室内外交互的灰空间。在广州地区，外廊成为室内日常生活的延伸，传统的骑楼型街屋，通过在底层退让出上有遮蔽的人行道，为殷勤的商家创造了一个遮风挡雨的商业环境，也为市民创造了悠闲自得的漫步场所。作为外立面的联排柱廊增加了街道界面的层次感和韵律感，也增加了城市公共空间的连续性——它在某种程度上也杜绝了商家占道经营的弊端。

（2）格局的发展

①使用灵活性的提升。预算的提升与技术的发展，为更灵活且更利于维护的分离式双层立面的形成创造了条件。广州发展中心大厦结合突出的横梁和立柱，设置了两层高的活动式遮阳百叶，这些百叶可以在电脑或人工控制下变换角度，以契合当时当地的气候调节诉求。

②建构合理性的深化。随着城市物理环境越来越复杂，遮阳式的立面除了控制遮阳构件的密度，还需要考虑遮阳板的尺寸与形式；不仅需要考虑气候的独特性，如防热、防爆裂、抗风、防水等具体问题，还需要兼顾导光、自然通风、视线、隔热、能量利用等诉求。

（3）对话的强化

遮阳板、柱廊等双层立面，不仅为室内环境质量和建筑生态节能做出了贡献，也具有创造视觉审美的价值。广州发展中心大厦就利用遮阳板的角度变化，获得不断变化的立面表情。在信息技术的支持下，位于外侧的立面还可通过结合数字显示技术，对外部城市环境传递更直观的建筑信息。

①审美价值的提升。清华大学海洋技术研究中心在利用遮阳板遮阳隔热的同时，也

更主动地挖掘遮阳板折射建筑的功能与主题的能力。立面的遮阳板总体上分成横向布置与竖向布置两种，前者对应办公室，后者对应实验室，形式的区隔在强化内部功能可读性的同时，也界定了两类向外看的行为模式——设计者希望人从办公室看出去视线尽可能少些遮挡，在实验室的时候能够专心做实验，少受干扰。

②传递信息能力的提升。立面原本就是信息交流的媒介，设计者一是可以通过组合形成具体的形象来传递建筑主题，二是可以借助现代电子信息技术，创造实时变化的立面效果。广州市城市规划展览中心展览区的外墙采用由双层金属穿孔板和玻璃幕墙结合的复合表皮的形式，通过控制双层穿孔板孔径大小的变化将几何化的广州的城市街道图反映出来，以此反映城市规划展览中心的主题。① 位于巴塞罗那的圣卡特纳市场（Santa Caterina Market）用夸张的拱顶以及镶嵌其上的马赛克寓意"城市万花筒"的设计构思；位于鹿特丹的市集住宅是一个宽120米、高40米的拱形体量，拱形住宅包裹着位于下方的生鲜市场，建筑内拱面印着艺术家创作的巨型彩色装饰画"丰饶之角"，位于装饰画中央的一块儿被故意留白，播放介绍时令生鲜的视频。

（二）形体维度的自适应建筑设计模式的应用机制

1. 对位基准线的应用机制

（1）基调的建立

使用基准线组织形体结构的第一步，就是要找到适切的基准线。如前文所述，基准线的来源多种多样，单是从建筑自身诉求出发就可以找到很多，然而，如果只是以自身为参照物建立基准线，就很可能出现罗马市政广场改造之前的状态——单体建设或许不错，但整体肌理却十分破碎；如果只是以某个时刻的场地和区域条件作为参照，或许就无法像中山纪念堂那样，将隐藏在历史中的城市秩序，带入后续的城市建设中。因此，我们在建立建筑基准线的时候，宜首先从整体尺度和历史维度出发，来确保单体项目在空间和时间维度都能与城市相契合。

①从整体尺度建立基准线。在罗马市政广场的改造中，米开朗琪罗不是从哪一个局部切入去整顿广场的秩序，而是首先借助雕塑的植入建立统领全局的法线。在20世纪30年代的中山纪念堂的设计中，建筑师吕彦直向纪念堂筹备委员会提出纪念堂"中线移至偏西二十丈"的建议，旨在将中山纪念堂、中山纪念碑、中央公园连成一片，由此获得将场地秩序向更大范围拓展的可能。对于那些具有城市地标价值的公共建筑来说，从整体出发确立基准线显得尤为重要。我们还可以参见广州新城市中轴线北段的节点建筑设计。这些建筑于不同时期开发建成，由不同设计者执笔，但在布局上都表现出服膺轴线秩序的特征。

②从历史维度梳理基准线。城市环境既是空间的，也是时间的，我们既要注重可见

---

① 刘宇波，何正强，陈晓红. 体量组合 空间营造 肌理建构——广州市城市规划展览中心设计 [J]. 建筑学报，2009（07）：83-86.

的、可把握的总体基准线，也不能忽视隐藏在时间范畴中的历史基准线。从历史维度涌现出来的基准线通常错综复杂，这通常意味着具有高度选择性的操作，但无论如何选择，历史基准线都值得积极回应——它常常包含着丰富的历史文化信息，也会为新的建设提供有力的支持。

（2）格局的发展

①基准线与基准线的协同。对于密集城市环境中的建筑来说，要协调的基准线通常是十分多元的，通过协同不同的基准线，建筑及其空间可以获得紧凑平衡的内在结构。在华盛顿国家美术馆东馆的设计中，贝聿铭用一个由等腰三角形和直角三角形构成的梯形平面，同时回应了老馆的轴线和基地的边廓，在此基础上，他又通过削减体量使新建筑与相邻建筑的檐口对齐。

②基准线与个性诉求的协同。建筑要兼顾自身的功能诉求，如流线组织、通风采光、景观诉求，对用地提供的基准线进行适应性的回应。一些沿路布置的大体量建筑，自身占地面积较大，周边的建筑纹理又相对不规则，设计者就通过自身轮廓的凹凸变化，在"短兵相接"的沿路地带为自己争取到一个过渡性的、有气势的入口空间，这样既有利于复杂的流线组织，也有利于建筑自身形象的展示。

（3）对话的强化

①基准线的锚固。在基准线的方位和形态基本确立之后，设计者还可通过对建筑、景观、雕塑等一系列构成要素的强化，让内在的基准线变得清晰有力。在罗马市政广场的设计中，米开朗琪罗从别处迁来的黎塞琉斯骑马雕像，不仅点明了市政广场的立意，更建立了场地的法线，议会宫立面的对称化处理与左右两栋建筑的镜像，使法线的意图变得更加清晰。在此基础上，广场的地面用以雕塑为形心的椭圆形图案，将边围的三栋建筑收束在一起，并在雕塑底部增设星形图案，进一步增加了场所的中心性。中山纪念堂则是用对称的总图、与纪念堂轴线对齐的雕像、门楼来强化基准线的力度。

②对细致体验的回应。此外，建筑还需要对更细致的基准线进行回应，如日照效果、视觉体验等。太古汇的两个办公楼在面向道路的角部都做了一个上下变截面的弧形切角，使建筑与道路的关系更加和谐；位于广州东站广场东侧的威斯汀酒店面对南北长向的用地，用中部留空的方法为自身争取更多的南北向房间，分离的两个塔楼在顶部又通过矩形体块连接在一起，形成标识性强的拱门形象。

2. 小尺度集合叙事的应用机制

小尺度集合叙事，就是指将建筑体量按照一定规律分离开来，并依据一定的"叙事"诉求，再次集结成"群""簇""整体"，其最终目的一是形成人性化的外部空间尺度和丰富的外部空间序列，二是形成具有丰富层级、能适应不同视距的界面形态。虽然现代的赋形技术可以一次生成丰富动感的建筑形态，但小尺度集合叙事的设计模式，仍是面对复杂场地纹理、多元空间类型与丰富形态要求的设计任务时应掌握的常备工具。以往的建设因技术、融资等多种原因，更倾向于以小地块、小规模、小体量的模式进行，然而当代大规模大地块的开发模式，使自下而上的"集聚"变成自上而下的"统筹"，而同质化的"大空间"与"标准层"在设计与建造上的便利也使营建者趋之若鹜。要想使小尺度集合叙事面对这些惯性做法更有说服力，不仅要有"分离尺度"的根据，还要有发展的方法和深化的方法。尺度的分解通常源于特定场所提供的参照，如场地纹理、功能尺度、人体活动尺度与结构尺寸，尺度的整合则更为复杂，它受到功能、空间、结构等多种因素的影响。

（1）基调的建立

尺度意为限度、准则、衡量长度的定制，在建筑学中，"尺度"指的是将建筑与参照物对比时产生的对建筑整体或者部分的大小感受。确立尺度层级首先要找参照系，常见的参照系一是来源于人体体验、建造尺度等内部要素，二是来自场地地形、周边建筑等外部要素。

① 根据内部要素分离建筑体量。我们可以根据功能单元来分离建筑体量，在很多时候，建筑并不见得有非常具有参照意义的功能构成，譬如，阅读空间、博览空间、办公空间等尺度相对自由、功能相对统一的建筑类型。这时候我们除了考虑满足功能要求外，还可以从"人体尺度""建造尺度"出发来分离建筑体量，事实上，这两者也是传统中国建筑的常用尺度工具：在大空间中内置一套契合人体尺度的家具，根据模件的规格、建筑所象征的社会等级来决定建筑的尺寸。通过人的身体和活动尺度来控制建筑的基本单元构成，其实质是将建筑看作一个不断和人发生互动的场所；通过建造尺度来控制形变单元，实际上是首先设计出一个回应所有建造问题的"基因"单元，为高效和适应性的群体组合创造基础。对于当代城市建筑特别是公共建筑而言，人体尺度与建造尺度的实质实际上都发生了一定的变化，譬如"人"所指的不再是"个体"，而是一定数量的"群体"，"建造"尺度的变化更是不言而喻，并且不同的项目有不同的诉求。

类型一：人体尺度。

在苏州博物馆的设计中，贝聿铭从苏州博物馆的展品尺寸出发，参照了书斋欣赏的尺度，展厅被分散成许多几十平方米大小的小房间，展厅与其他功能都围绕若干个不同尺度与主题的庭院展开（图5-11）。在深圳南山区万象天地购物中心的设计中，

图5-11 苏州博物馆的平面肌理

为了更加契合人们的步行体验，由福斯特事务所主导的设计团队提出"街区 +mall"的概念，即除了一个传统的中庭式购物空间外，将其余商业空间切割成若干个大小各异的"盒子"，并利用不同层级的街道系统组织起来，"盒子"的体量、高度以及步行街道的宽度都以人的感官体验为参照。

类型二：建造尺度。

相比于从整体形态入手的定制化设计，从房间单元开始的小尺度集合叙事更容易实现设计—施工—体化的建造模式。以广州南站的万科售楼部为例，售楼部的基本建筑单元是一个大约 40 平方米的六边形模块，倒伞状的屋顶钢结构由位于中央的圆柱结构支撑，空心的圆柱兼作雨水管。三种不同的单元——透明的、围合的和室外的，分别适应不同的功能要求。① 该售楼部是 OPEN 建筑事务所研发的 HEY-SYS 六边形体系的第一个建成原型。该体系旨在将结构、机电、外围护和室内装修等全部建造体系整合到可以灵活拼接的六边形的基本单元中，在几何规则的控制下，不同的组合方式可以适用于不同的场地和功能，而灵活可拆装的体系，也延长了建筑的生命周期。这一案例带来的另一个启示是，小尺度单元作为建筑整体发育的"细胞"，通常要包含相对整体的建造考量。金贝尔美术馆采用 6 个拱形单元组成的总体序列来组织建筑空间，拱形单元的灵感来源于对自然采光的需求，每对拱顶交接的地方使用两排柱子，从而使其彼此脱开，形成 2 米宽的间隙，作为布置设备与辅助房间的服务带，并且虚化入口拱顶单元、穿插采光中庭的做法打破了体系化带来的匀质感。

②根据外部要素分离建筑体量

参照一：场地条件。

影响建筑设计活动的场地条件主要体现在地形特征与土地容量两个方面。首先是地形特征。20 世纪 70 年代在泮溪酒家的扩建设计中，触发设计者分离建筑体量的初衷并不是宴席的尺寸，而是为了嵌入荔湾湖的风景读本；广州白云山庄旅舍采用小尺度集合叙事的动因，则是广狭不一、起伏较大的溪谷型"山林地"。其次是土地容量。W 酒店位于珠江新城（图 5-12），基地西临洗村路，北临金穗路，南临兴盛路步行街，东接住宅小区，为了向小区内部引入光线和城市景观，酒店面向洗村路的主立面在近地处分开。而由于基地面积有限，设计者将常规水平展开的公共空间分成大小不一的体块，沿垂直方向插入平整的建筑体量中，并用有别于客房单元的立面材质予以强调，既化解了高层建筑的大尺度，也使建筑从匀质的环境中凸显出来。这些插入式体块还进一步成为建筑回应不同方向视觉体验的要素：包含半开放泳池和空中花园的体块被放置在建筑顶部，并向车流量较大的西北方向凸出，酒店的标识被放置在体量的角部，使城市干道上的"汽车眼"可以清晰感知；而面向人流量较大的西南侧，建筑则重点表现建筑底部的体量组合。除此之外，建筑师还利用垂直的遮阳片，暗示出立面背后房间的尺度。

---

① 李虎，黄文菁. 六边体系 [J]. 筑学报，2016（06）：10-15.

图5-12　W 酒店西北角和西面的视觉效果

参照二：周边建筑。

城市建筑要协助城市公共空间获得良好的空间尺度层级，不仅要考虑与场地的地形环境相协调，还要考虑与周边建筑相协调。相比于大尺度建造的新城来说，城市历史街区的街区尺度与建筑尺度通常都相对细致，以周边街道与建筑的尺度为参照来化解自身的体量，通常是使新建筑嵌入细致纹理的有效办法。

（2）格局的发展

分散的小尺度单元通常需要通过聚集在一定的核心空间周围，形成簇集，才能进一步向整体层级进行发展，在这种情况下，核心空间的方位、尺度、序列就成为格局发展的关键。此外，由于建筑单体寓于城市环境中，需要与自身以外的环境要素相协调，因此从外部形态切入也是发展叙事格局的常见手法。

①根据内部空间序列发展格局。在莫伯治看来，岭南庭园的精神，就是以"庭"作为建筑的核心组成单元。"庭"的方位、体量、主题对整体空间结构、形态、氛围将产生决定性影响。北园酒家（图5-13）在根据功能使用特点分离建筑体量的基础上，由基地容量确立了"一主一副"的庭园结构，另外附加一个为厨房提供通风采光的天井，所有的用房均围绕上述几个外部空间展开。1962 年泮溪酒家的重建设计同样是围绕主庭院和别院布置主要厅堂，并在相对宽裕的用地条件下，发展出比北园酒家更丰富的空间层次：庭园的别院由楼厅、船厅、半厅组成，结合曲廊创造出宁静的空间感受（图5-14）；主庭院开池架山，形成高低起伏的空间效果，凌跨于水面之上的桥与步道进一步丰富了庭院的层次。

图5-13　北园酒家的小尺度集合叙事

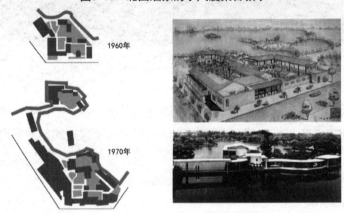

图5-14　泮溪酒家的1960年与1970年的图底关系

在两个酒家的设计中，由于周边区域的人工形态彼时尚未高度发展，建筑功能构成也相对单纯，因此，建筑师在确定"庭"的方位和尺度时更多从场地形状、空间序列的收放效果等角度考虑。

②根据外部城市形态发展格局。北园酒家和泮溪酒家都是在水平方向上展开建筑布局，对一些高度较高、体量较大、实体面积较大、空间较集约的城市建筑来说，发展"叙事"格局或许就不宜像上述案例那样从"虚空"的核心空间入手。W酒店在选择了垂直分布公共功能单元的基础上，综合考虑了不同用房的景观诉求和城市的视觉环境，将足以形成标志性体量的半开放泳池置于顶部以丰富建筑的天际线。宜兰社会福利馆则在参照周边民居尺度消解建筑体量感的基础上，特别在建筑入口处或转角处强化了凸出的单元，以回应到访者对视觉导引的诉求。

（3）对话的强化

①空间尺度的丰富。小尺度集合叙事的手法有助于获得尺度、形态更加丰富的内部化的外部空间，在基本格局确立的情况下，设计者可以通过界面形态的处理，进一步增强这些外部空间的特性。白云山庄靠基地后侧的客房部分，在围合形成内向庭院的基础

上，通过客房单元的错动、廊道的围合，又创造出适用于单位房间起居的天井式空间，极大地提升了房间的私密性、舒适性和空间意境（图5-15）。

图5-15　白云山庄客房会议区庭院、天井（改绘）与空间形态

②视觉尺度的丰富。采用小尺度单元的另一重要目标是，使建筑与环境尺度和人体视觉感知规律更好地对话，单元与格局的确立在结构层面上解决了尺度关联的问题，在此基础上，设计者可以通过增强或宏观或微观的尺度层级来强化这种对话关系。以广州科学馆中标方案为例（图5-16），建筑师对不同模块单元的屋顶采光口的位置和形态进行变化处理，最终形成统一多样的天际线，由于变化是在水平、垂直、进深三个向度上进行的，因此，能有效适应不同方向的视觉感知。

图5-16　广州科学馆5号方案模型

3. 缝合纹理的应用机制

城市纹理（urban grain）是不同城市元素在空间上的结合方式，它既包含构成城市纹理元素自身的颗粒大小，也意味着元素颗粒或由元素构成的不同簇之间的连接关系，后者常常会体现为不同向度上的图底关系。每个场地的纹理是设计最宝贵的资源，借由对纹理的回应，建筑可以在内外形成丰富的风景"读本"。莫伯治在庭园实践中就通过"俗景"和"佳景"的区分对待，创造了许多稳定且富有意趣的场所，而借由对"纹理"

的缝合，城市中的碎片和剩余空间可以被重新集结起来，形成可利用的积极空间与可意象的视觉图形。构成纹理的要素不只有形式、空间，还有人和各种活动。因此，对纹理的"缝合"不仅是基准线层面提到的形式对位的问题，也不只是简单的形体和形体之间的连接，它还意味着要形成真正的公共空间来支持穿行、驻留等具体的活动，也意味着形成连贯的图形来契合人们的视觉感知规律。最终要实现的活动和体验是运用该模式的出发点。

所谓缝合纹理，就是通过建筑的操作，使得城市公共空间的界面得以形成连续的组合形态，进而增强场所的特性。对纹理的缝合通常以界定和烘托广场、街道等公共空间为导向，而要想使这种缝合更长效，设计者通常不应止于对看得见的形体进行操作，还要考虑功能和交通的全面盘整。贝聿铭对卢浮宫地下空间、庭院和通道的改造，斯诺兹对蒙特加罗小镇中心区的操作就是这种"全面盘整"的典型案例。与此同时，由于城市环境是三维向度的，因此纹理缝合不仅体现在平面肌理上，还体现在立面形态上；不仅体现为与人工环境的互动，还体现为对自然风景的对话。在纹理基本缝合的基础上，城市建筑可以通过界面的处理进一步加深和风景"读本"的对话，一是用精心设置的洞口"裁剪"风景，二是用界面的形式和材料"折射"风景。

缝合不仅需要发起者的主动，还需要"跟随者"的配合与更大范围的支持。在"西堤屋桥—宜兰社福大楼—光大巷—杨士芳纪念林园"这一"维管束"片段的形成过程中，工务局的支持、大楼管理者的慷慨、光大巷居民和台电公司的协作，都是缝合得以顺利实现的重要因素。

（1）基调的建立

纹理缝合的首要目的是形成可支持活动的"积极空间"，人们在公共空间中有两种活动类型：一是驻留，二是穿行，前者对应的空间形态通常是具有聚拢性的广场，而后者对应的空间形态则多为穿越性的路径。

（2）格局的发展

纹理不仅体现在水平向度，还体现在垂直向度；不仅体现在几何层面，还体现在色彩、材质等"物"的层面。此外，纹理的缝合从表面上看是广场、街道外部空间的缝合，但实质上却得益于交通体系和边围建筑功能体系的有效整合，这样才使得广场和路径的缝合有长效发展的基础。因此，要对更加复杂的场地纹理进行缝合时，还要考虑立面形态的连续，以及内在功能和交通系统的整合。

（3）对话的强化

在我们关注纹理的延续时，也要关注缝合的辩证面，就是对风景的烘托和呈现。面对公共空间中的风景，建筑既可以通过精心设置的界面洞口对其进行"裁剪"，也可以通过特殊的形态和材质对其进行"折射"和强化。

（三）表意维度的自适应建筑设计模式的应用机制

1. 援引原型的应用机制

"原型"是一种具有类型意义的模型，具有某种恒常性，围绕它可以产生许多的变体。"原型"通常意味着某种成功适应了综合力环境的建造经验，借由对"原型"的引用，人们可以不用解决一些相似的诉求。建筑师林克明在广州地区的公共建筑设计实践就是这一认识的印证。无论风格如何变化，建筑师总能运用自己习得的古典建筑构形原理，创造出端庄稳重且不失实用的建筑形象，进而引发所在区域城市形态和建筑风格的理性嬗变。对受众来说，"原型"往往意味着丰富的历史信息和约定俗成的表意方式，借助对"原型"的"援引"和"变体"，新建筑在与相对永恒的建筑命题和地方历史文化发生关联的同时，也获得面向特定时代所需要的新品质，是一种表达纪念性的稳健方式。

援引原型这一模式的实质，是基于对社会传统、历史经验的认同，选择了某种创作范式加以传承，因此，援引的过程不仅涉及形式、空间、符号等设计要素的引用，也涉及建造理念与场所精神的演绎与发展。选择了某种范式就是选择了某个立场，但之后要如何把这种范式用适宜的形式语言和建造手段呈现出来，使其不仅能获得"原型"蕴含的纪念性价值，还能实现建筑在设计根基上的"自足"以及与特定场所的"关联"，则是我们在应用这一模式时需要重点解决的问题。

（1）基调的建立

援引原型的第一步是确立要援引的"原型"以及"变化"的方向。既有的建筑先例和聚落形态是"原型"的首要来源，而随着赋形技术的飞跃发展、社会文化的快速扩容、非专业人士对设计过程的深度参与，单单依赖建筑学科本体领域提供的"原型"似乎已不足以应对当代的表意诉求和创作模式，在这里我们将"原型"的摄取范围加以扩展，即"原型"不仅可以来自既有的建筑和聚落，也可以来自跨尺度的意象与物件。下面将分别就这两种取材方式展开说明。

①从建筑与聚落中获得原型。

类型一：建筑原型。

新建筑与历史建筑原型未必存在一一对应的关系，但借助形态、材质、色彩上的趋同，亦能引发人们的联想和共鸣。在2010年上海世博会中国馆（图5-17）的设计中，何镜堂院士及其设计团队将表达喜悦、振奋的时代心情作为中国

图5-17 世博会中国馆

馆的设计目标，并希望通过使用源于传统的形式语言，在多国展馆共存的园区内标识出国家特征 ①：设计团队选择以一个层层出挑、架空升起的简洁形体为主体形式，以此表达建筑的力量感和"中国器"的意象，形体的出挑方式借鉴了斗拱的形式特点，形成构件纵横交错的立体造型，下小上大的造型也具有气候上的适应性。

类型二：聚落形态。

不少项目，如城市博物馆、城市规划展览馆等，本身就有展示城市聚落特色的表意诉求，而许多建筑师也乐意借助有一定规模的建筑项目，将渐渐弥散在现代化建设浪潮中的传统城市特性"集结"起来。前文提到的广州科学馆的中标方案就以岭南传统村落的梳式布局为参照原型，营造了一个由经纬纵横的冷巷空间界定的聚落式建筑，不仅有效消解了大体量对周边环境带来的压迫，还创造了一个良好的微环境。

②从意象与事件中获得原型

类型一：具体意象。

广州农民运动讲习所陈列馆于 1969 年建成，陈列馆原名为星火燎原馆，是中华人民共和国成立 20 年的献礼建筑（图 5-18）。建筑平面构成"忠"字形，体现忠于共产党领导、忠于毛泽东思想、忠于毛主席的无产阶级革命路线，场地与建筑的尺寸处处充满与政治事件相关的数字隐喻。陈列馆最突出的装饰主题是大楼中央最高点寓意星火燎原的四个小火炬和一个大火炬。赋予建筑象征性的是今日看来有些过于直白的图像符号，不过退回到功能、形体等基本维度上看，建筑仍然遵循着经济、实用、美的原则，有良好的通风采光效果，经济的体量和材料选择、丰富尺度层级的立面形式，这种在局部调整边廓、增加雕塑性要素的手法，实则是在特定政治环境下不得不采用的适应性策略。

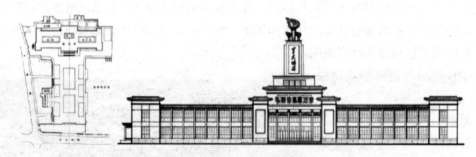

图5-18 广州农民运动讲习所陈列馆总平面与正立面

类型二：文化事件。

在一些与历史事件、人物纪念相关的设计项目中，建设者常常期望建筑的形象可以引发人们对事件和人物的联想，形象立意的选择就有可能来自对文化事件中物件意象的援引。2012 年建成的钱学森图书馆（图 5-19）和 2015 年建成的李政道图书馆分别位于

---

① 章明，张姿. 事件建筑——关于 2010 年上海世博会永久性建筑"一轴四馆"的思考与对话 [J]. 建筑学报，2010（05）：36-65.

上海交通大学的徐汇校区和闵行校区内，虽然是校园建筑，但因为临近城市道路、大学校园对外开放，实际上也是城市公共空间及其界面的组成部分。[①] 两个项目都是为了纪念科学家做出的卓越贡献而建，在方案推进的过程中，钱学森先生的家属和李政道先生本人亲自参与了方案的筛选，并最终都选择了由特定历史事件为原型的设计方案。

图5-19　钱学森图书馆中标方案与建成方案对比

（2）格局的发展

①形式语言的发展。

类型一：从历史到当代。

"每栋建筑的语汇应表达一个建筑的构思和产生这个建筑的时代，质量不是抛出（传统）风格就可以达到的，简明的叙述比唠唠叨叨要好得多。"[②] 原型虽然蕴含着丰富的内涵，但使用功能、建造规模、建造模式和审美倾向的激变，使得完全照搬原有原型的细节做法几乎总是不可能的。

大厂民族宫（图5-20）虽然引用了"回廊""穹顶"等清真寺的形式原型，但并没有拘泥于传统的做法，而是结合新时期的建造技术和人们对流线型形式的青睐，创造出双曲面的花瓣式拱券，并将其缩放成不同的尺度，运用在回廊、穹顶乃至水池边的景观灯中。设计团队也从回族群众常用的装饰图案中选取了一种简明的纹样试图将其运用在建筑的表皮上，但表现的手法却不是简单地镌刻或贴瓷砖，而是结合金属镂空板和丝网印刷技术，创造出富有层次的视觉效果。

图5-20　大厂民族宫

---

① 钱学森图书馆位于徐汇校区东北部校园与城市交接的不规则用地，李政道图书馆位于闵行校区西北角新建体育馆的南面，靠近市政道路沧源路——笔者注

② [美]罗伯特·文丘里. 建筑的复杂性与矛盾性 [M]. 周卜颐，译. 中国水利水电出版社；知识产权出版社，2006：43.

类型二：从具象到写意。

在界面肌理的选择上，钱学森图书馆的外墙面（图5-21）不仅要回应戈壁滩风蚀岩的意象，还要用写意的方式刻画钱老的肖像，设计团队最终采用可反映风蚀岩肌理感的暗红色GRC人造石外墙挂板作为材质，通过5种深浅不一的肌理单元像素来成像，组成肖像的5种像素在外立面的其余部分继续运用，肖像因此得以有机地融入整体立面之中。由于这种变化是基于相同的模数与材质，因此并没有破坏整体的统一效果。

图5-21　钱学森图书馆的东立面

②空间格局的发展。

方向一：外部空间格局的发展。

"纪念性"的获得还有赖纪念物与周围环境的整合。通过援引原型确立了建筑主体形式的发展方向后，创作者还要思考如何将其嵌入到真实的环境中，与场所和事件共同构成具有纪念性的空间。在卡塔尔多哈伊斯兰艺术博物馆的设计中，为了获得纯净的背景，设计者说服卡塔尔总统在海面上填海造出一个人工小岛，作为基地来取代原先在滨海大道上的选址，让博物馆长期处在蓝天海水的映衬下，而不是终将淹没在滨海大道上陆续兴起的高楼大厦中。

方向二：内部空间格局的发展。

人们不会只停留在外部去感受建筑，也会走进建筑内部感受更加丰富的空间序列。

图5-22　绩溪博物馆　　　5-23　商丘博物馆

绩溪博物馆（图5-22）设置了多个庭院天井以尽可能保留用地内的现状树木，这些庭院天井既营造了舒适宜人的室内外环境，也演绎了传统徽派建筑的空间形制。主要的展览空间由两条贯穿南北、伴随水圳蜿蜒的通廊串联而成，水圳屈曲离合，最终汇聚于主入口大庭院的水面上，再次强化了"绩溪"地景中两条溪水流离复合的结构。商丘博物馆（图

5-23）用古城中的"中央十字大街"组织内部公共空间的交通流线，参观者沿着南面引桥进入建筑，沿"大街"的坡道陆续参观各个展厅，最后到达屋顶，通过设在各角的眺望台眺望不同方向的城市古迹。

（3）对话的强化

①与视觉尺度的对话。材质对感知的影响是巨大的，与此同时，人们对建筑材质质感的感知，还受到观察距离的影响，预先了解从什么距离、如何可以看清材料，才能选择适用于各个不同距离的材质。具有纪念性的建筑通常兼具城市尺度与建筑尺度，这种尺度诉求会非常鲜明地体现在材料的表达上。

②与行为尺度的对话。在中山文献馆的设计中（图5-24和图5-25），受过早期现代主义思想启蒙的林克明没有停留于"中国固有式"风格的呈现上，还主动从适用、经济等角度刻画近人空间的界面形态。阅览空间的窗台高度为1.6米，自然光从靠近上方的角度进入，室内光线柔和均匀，窗槛墙的高度也很好地适应成人和儿童的身体尺度。在此基础上，主要的通行空间和阅览空间都结合窗槛墙设置了墙裙，使人容易亲近，也方便沿墙摆设各种家具，更有效地适应了后来的主要使用者——儿童活泼好动的行为特征。窗扇分为上、中、下三层，分别采用下悬窗、平推窗、上悬窗三种打开方式，使空气有多种流动方式、能有效隔绝室外的噪声，在室内可以在窗台上摆放小型的装饰盆景，多样的打开方式，也创造了生动的立面表情。从水平界面上看，阅书堂在顶部采用圆形吊顶进一步强化了空间的中心性，古典的吊顶被应用在序厅大堂与中心大厅阅书堂等重要节点上烘托隆重的气氛，其他阅览区则仅用朴素的吊扇装饰。地面高差与铺装材质的变化清晰界定出空间的边界与空间等级，其中踏步与楼梯不但发挥连接高差的功用，也根据表征价值和所在位置采用了不同的形式材质。台阶、楼梯多收于建筑的角部与过渡区，以保证使用空间的完整性。

图5-24　中山文献馆垂直界面的形态

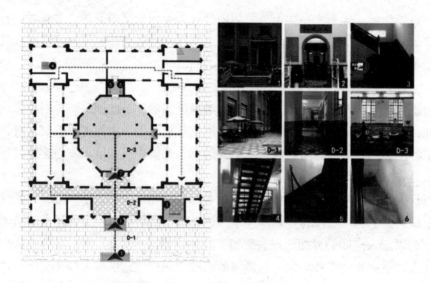

图5-25 中山文献馆水平界面的形态

2. 与证物共生的应用机制

（1）主题的建立

①保持证物场地要素的完整性。不少学者认为，广州猎德村、练溪村改造将祠堂集中迁建的做法，实际上是消除了原有祠堂的场地信息，进而是其中蕴含的社会结构信息。[1]一个证物要想能够完整地传递某个时期的场所精神，不仅要看自身的存在状态，还要看其所依附的总体结构是否完整。

②保持证物发展过程的完整性。在常青教授看来，历史建筑的真实并非特指原初，而是建筑在不同时期演变中真实的叠加。[2]保护证物发展过程的完整性，其核心关注在于愿意保留场所在发展过程中所有值得纪念和尊重的层次，这些层次通常深刻地代表了某个时期的生活形态与建造理念，它们的并存，使城市成为有厚度的文本，而不是徒有光鲜、静止的形式。

（2）格局的发展

对证物及其蕴含的场所精神有两种常见的深化方向：一是仍以原有的场所精神为主题，或是通过屏蔽周边环境的干扰信息，使其被突出和强化；或是结合搜集到的历史信息，对其进行拓展和延伸。这种方式通常出现在具有丰富历史内涵或重大历史意义的场所改造中。二是看起来则像是在原来的基础上续写另一重文本，人们仍然能通过保留下来的证物感受到某些连续的记忆，但场所的内在属性与外在氛围已发生很大的改变。设计者或是通过替换功能或非骨骼性的构件来"改写"原有的文本，使场所精神得到更新；或是将原有的元素悉数保留，创造性地添加另一套系统，使场所精神得到丰满。这种方

---

① 冯江，杨颋，张振华. 广州历史建筑改造远观近察 [J]. 新建筑，2011（02）：23-29.

② 张轲，张益凡. 共生与更新 标准营造"微杂院"[J]. 时代建筑，2016（04）：80-87.

式多出现在一些与日常生活关联更为紧密的改造项目中。

（3）对话的强化

在共生格局基本建立的基础上，设计者还可通过界面材质语言的深化加强新旧人造物之间的对话。一是用当代的材料与工艺"转译"历史证物的语言，两者形成柔和过渡；二是用有显著差异的现代工法"对比"，进而强化历史证物的年代感。水井坊遗址博物馆新馆援引老厂房的天窗形式，旨在获得与老厂房相同的通风采光效果，保证酿酒工艺的延续。但界面的形态则没有沿用传统的做法，而是选用当代的材料和工艺进行转译，譬如，用再生砖代替青砖，用混凝土屋面代替瓦屋面，从城市尺度上看，由不同材质构成的新旧体量，也会呈现出微妙的明暗对比。"微杂院"中原有加建建筑的新的围护体系采用回收的旧砖和加入墨汁的混凝土，使其更好地融入传统胡同环境中。上海当代艺术馆内部的公共空间以灰白为主色调，灰色用来表示原有的空间构架和结构构件，白色暗指新建的部分，主要集中于加建的公共交通系统与各层展厅，两种基调虽然融于一体，但又刻意保持距离。

3. 呈现情境的应用机制

对建筑而言，情境是生活与空间相遇的地方，是一种使场所精神和物质互相转化的思维桥梁，它使人们越过物质，引发对特定生活场景和情感的联想，因而使建筑与空间具有不同寻常的感染力。所谓呈现情境，就是在场所主题和场所结构提供的框架之下，设立一个个具有清晰情感和意境指向的场景，为场所赋予充实的内容和情感，也与更广阔的地方历史文化建立关联。

从常规的操作过程来看，情境的建构通常有两个阶段：一是根据建筑所要传达的意义构思情境的主题，包括该场所片段需要表达什么样的思想、情感；二是根据主题丰满情境的实质，如支持什么样的活动，用什么样的界面形态和材质引发人们的共鸣，要采集什么样的光线来渲染氛围等。两个阶段之间没有决然的界限，也不是单向的线性过程，场所精神决定界面的形态，而界面的形态反过来又会影响场所意境的塑造。

（1）主题的确立

情境的素材来源十分丰富，可以从"境"即空间要素入手，如自然风土、聚落风貌、传统建筑形态等，也可以从"情"即人文要素入手，如生活气息、文化追求、历史事件等。

①地方性的情境。从地方自然风土、聚落风貌、生活场景中汲取营造情境的来源，常常是建筑师在表达地方历史文化特色时的常用手法。

②一般性的情境。这一类情境的来源也是具体的，但它不见得是从具体的物获得灵感，而是一些隐藏在人文科学与自然科学领域的典故。这些典故虽然不见得能直接被受众获知，但因其意义上的统一性，往往会在项目的推动过程（包括向业主、受众的推广过程）中起重要作用。此外，一些纪念性建筑通常要回应一些年代久远且非公众参与的历史事件，或是相对宏大抽象的文化主题，如国家意志、民族精神。在这种情况下，

想对照具体的物或典故来获得情境都是不容易的，为了引起人们的共鸣，设计者会根据某一文化群体约定俗成的意义表达或情感感知方式，将内在可见的主题转化为可触可感的情境。

（2）格局的发展

①路径的丰富化。面对场景、情境，人们可选择静观——前面提到的北园酒家由于面积有限，或只能支持环绕庭园展开的静观行为，也可以选择参与。对于那些用地相对充足的公共空间来说，最好能够提供参与情境的机会，即预设好穿行经过不同情境的路径，而由于公共空间通常会面向不同的人、不同的社群开放，其路径的设置不妨尽可能地丰富、多元，以激发人们对情境的多元解读，以及不同社群之间的交集、碰撞。

②功能的丰富化。"参与"不仅有赖于路径的开放和丰富，也有赖于场所和情境能够为不同社群的日常生活提供充分的功能支持。在田中央的作品中，可以看到创作者对宜兰地区原有淳朴生活方式甚至邻里关系的追求，对田中央工作群来说，"不久之后成真的生活愿景"①，才是事务所设计的目标。无论是在建筑还是在城市基础设施的设计中，田中央都在努力建构可以被多元使用的活动场所，使空间不只服务于最基本的使用需求，还可以创造更多的生活的可能性。

（3）对话的强化

情境的实现不仅有赖于设计师的精心组织和布局，更有赖于设计结束之后，在真实时空环境中上演的生活戏剧。自然的力量、使用者及经营者的主观能动性，都是情境得以被不断丰富、发展继而保持生命力的重要基础。因此，建筑师不妨在设计之初，就尽可能地预留一些再创造的可能性，与这种主动性积极地对话。

①与自然环境的互动。黄声远与田中央的设计，经常会为自然的再创造留下充分的余地，也致力于通过营造的行为，让人们有更多的机会体味自然，从而放慢程式化的生活。西堤屋桥的栏杆与扶手采用钢架与木材，两种材质暴露在空气中，逐渐形成互相辉映的红色锈蚀和墨绿青苔。津梅栈桥在其边围设置了花和藤蔓植物可攀爬的网格，人们在其中行走时如同穿过山间某条小径，栈道桥面的木质踏板越接近河中央的位置就越透空，使得人们不得不放慢脚步感受穿过桥体的水与空间，低头看到脚下缓缓流过的宜兰河水。

②与人文环境的互动。刘家琨的许多方案多不追求某种先验、整体的美学效果，而是致力于表现日常生活的质感，也努力为个体建造倾向的表达提供充分的空间。在建川博物馆的设计中（图5-26），刘家琨借鉴传统城市形态中"庙宇—街市"的关系，将商业布置在建筑外围，将博物馆放置在商业弃用的中心地带。博物馆能够吸引人流，而商业能够支持博物馆的运营，并活跃沿街地带的气氛。在西村大院的设计中，建筑从房间边界向外凸出3米宽廊，形成强烈的水平线条，在此基础上，刘家琨为每家用户都提

---

① 田中央工作群. 在田中央——宜兰的青春 · 建筑的场所 · 岛屿的线条 [M]. 台北：大块文化，2017：239.

供了独立的沿街门面，这些门面采用简明通用的铝框高透玻璃，不做特殊设计，使业主群体可以按照自己的喜好进行装饰，从而自下而上形成一种富有城市生活质感的市井"立面"。

图5-26　建川博物馆的沿街商铺

第六章　国内外公共空间设计的经验借鉴

设计作为一种人们因生产发展而进行的物质化创造行为，其最本质的要素就是功能性与审美性。它是一种由经济基础决定、指导上层建筑的行为，一种由人类自身需求而自发产生的审美艺术活动。它是贯穿于经济活动与艺术活动的平衡点，这就决定了设计一定要以当前的经济生产力水平为出发点，以人的需求为最终设计目标，实现从现实物质世界到精神审美领域的融会贯通。回顾之前的城市公共户外空间设计，往往都是过于重视经济对于设计的影响或者设计怎样体现经济的变化，忽视了人性化的因素，忽视了设计主体的需求。正确处理它们之间的关系，使之达到平衡的状态是设计中一个重要的环节。

本章以德国、法国、日本等国的公共空间设计经验和国内典型城市公共空间设计经验为借鉴，为后文探索我国的城市公共空间设计理念和策略提供现实依据。

一、国外公共空间设计的经验借鉴

（一）德国特大型会展建筑的公共服务空间设计

德国是位居世界之首的会展强国，在会展业的发展过程中，德国把构建世界一流的会展场馆当作稳固和发展其国际会展领先地位的关键，在近 20 年中，德国境内相继扩建和新建了一批超大规模、超高标准的会展场馆，并十分重视综合发展公共服务空间和相应基础设施的建设，其在公共服务空间的功能配置、空间组织及空间品质营造等方面具有突出的优势和科学的方法，并配有完善的人性化服务内容和多元化服务形式，成为行业典范，为当代特大型会展建筑设计及运营管理提供了重要的参考和借鉴。

1. 慕尼黑会展中心概况

慕尼黑市位于德国南部阿尔卑斯山北脉麓伊萨尔河畔，是巴伐利亚州（Freistaat Bayern）的首府，是德国第二大金融中心，也是欧洲文化、科技和交通最繁荣的城市之一。

慕尼黑会展中心（Munich Exhibition Grounds/Messe München International）位于慕尼黑的新城区 Messestadt Riem 区。慕尼黑会展中心的设计思路清晰并富有逻辑性，使之能发挥出最大的功能效用，是世界上最先进的展览中心之一，其规划与设计模式成为此后特大型会展建筑设计的典范。慕尼黑会展中心占地面积 73 万平方米，拥有 16 个非常现代化的标准展馆和1个特殊展馆B0，室内总展览面积约18万平方米，室外总展览面积达42.5万平方米。在东西入口处有两个地铁站、两个高速公路交会点和1.3万个泊车位，可以保证客人顺利到达。展场内建有可容纳6 500人的慕尼黑国际会议中心（ICM）和拥有4个大厅及156个房间（可自由组合）的M.O.C展览区。

慕尼黑会展中心隶属于慕尼黑国际展览集团（Messe München），该集团以"国际手工业展（IHM）"而闻名，现今，慕尼黑会展中心已成为德国新型特大型会展建筑的典范，据统计，每年有超过3万家参展商和200多万名观众汇聚在慕尼黑会展中心以及慕尼黑国际会议中心（ICM），参加各个不同行业的世界顶级品牌展会和各种大中型会议。

2. 总体规划概况

随着会展业的发展，慕尼黑自1985年起对一座新的会展中心的需求日益迫切，1991年新慕尼黑会展中心在新城区Messestadt Riem区重新选址设计建造，于1998年完工并正式开放使用（图6-1）。作为德国20世纪后期新建设的特大型会展中心，慕尼黑会展中心是当代特大型会展建筑的代表作。慕尼黑会展中心的总体功能分区包括展厅、会议中心、3个主入口、1个次入口和B0多功能展厅以及周边配套的行政大楼、服务口、海关楼、停车楼等。场馆总体布局呈鱼骨状，是典型的并列梳式体系，东西两个主入口大厅和中央步行廊道形成明确的主轴线，北入口位于与主轴线垂直交叉的次轴线上，12个标准A、B展厅相对独立且呈水平并行式布置在东西主轴两侧，4个标准C展厅位于B展厅北侧的对应位置。慕尼黑会展中心的这种总体布局方式已成为当代特大型会展建筑最为普遍的经典布局模式，即会展中心的主要出入口大厅设置于轴线的端部，同时，通常还会在与该轴线垂直的另一条次轴线上设置额外的入口大厅；展厅为统一的标准模块化空间，可设置于轴线的一侧，也可同时设置于轴线的两侧，便于分期建设和后期扩建；公共服务空间基本集中在入口大厅、中央轴线以及各展厅中，具有一定的标准化和单元化（图6-2）。德国后来几乎所有新建的特大型会展中心都采用了这样的设计规划，如德国腓特烈港博登湖新会展中心（Neue Messe Friedrichshafen）和斯图加特新会展中心（Neue

图6-1　慕尼黑会展中心鸟瞰图

Messe Stuttgart）。[①]不仅在德国境内如此，世界范围的多个特大型会展建筑都借鉴了这种经典模式，如米兰新国际展览中心、上海新国际博览中心、北京新国际会展中心等。

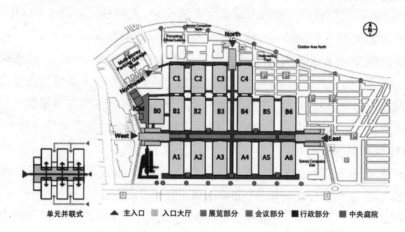

图6-2　慕尼黑会展中心总体规划布局示意图

3. 公共服务功能布局

在入展登录方面，慕尼黑会展中心入展登录的相关功能分布在三个主要出入大厅，售票、办证、信息登记等功能以集中窗口和柜台形式位于大厅两侧，检票处位于大厅中部呈线性排开。

在餐饮服务方面，慕尼黑会展中心以标准单元式展厅形成的总平面较为规整，其餐饮布局也呈现规律性，在C1/C2、B2/B3、B4/B5、A1/A2、A3/A4、A5/A6之间共设置了6个餐饮楼，其中，C1/C2之间的餐饮楼靠近北侧通道，B2/B3、B4/B5之间的两个餐饮楼位于主轴线上，用餐者能够欣赏到中央庭院的良好景观，A1/A2、A3/A4、A5/A6之间的三个餐饮楼靠近南侧通道，除C1/C2为服务式餐饮外，其余均为自助式。此外，在东西两个主入口大厅内设有餐厅，

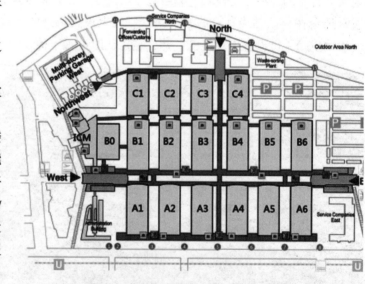

图6-3　慕尼黑会展中心餐饮服务分布图

① ［德］克莱门斯·库施.会展建筑：设计与建造手册 [M].卞秉义，译，武汉：华中科技大学出版社，2014：32.

在各个展厅内和连接各展厅的主通道内均设有咖啡吧等零售点，分布数量多且间距均匀，有利于观展者就近选择适合的餐饮方式，根据展会布展的规模和使用情况，有时也在展厅中设置临时的用餐区（图6-3、图6-4）。不仅如此，慕尼黑会展中心还结合中央的景观庭院，将庭院靠近主入口大厅的东西两侧布置成了啤酒花园（Beer Garden），成为慕尼黑会展中心在餐饮服务方面的独特亮点（图6-5）。

图6-4　慕尼黑会展中心展厅中的临时餐饮空间

图6-5　慕尼黑会展中心的啤酒花园

在商业服务方面，慕尼黑会展中心的商业空间主要位于门厅处，商业空间及其面积并不突出，只是满足特大型会展建筑的基本商业需求，包括烟草零售店及书报店等。展厅内设有临时或零散的零售店。

在综合服务方面，慕尼黑会展中心在每个展厅和入口大厅内均设有信息服务台，直接为参展者提供现场服务（图6-6）。其他综合服务主要集中在三个主入口大厅的两侧，分为地上和地下多层，各门厅的公共服务内容基本一致，包括信息咨询、网络、银行／ATM、邮局、医疗站、育婴室，还有部分零散的综合服务增设于中央通道处，如公用电话及通讯、售货机等。每个标准的模块化展厅内均设有信息资讯台、卫生间及无障碍专用厕位。在西入口南侧的行政办公楼（Administration Building）还有失物招领处和安保处。在C1展厅北侧有海关大楼，参展者可以办理出入境以及行李托运等手续（图6-7）。

在休闲服务方面，慕尼黑突出的休闲服务是位于中央庭院和中央庭院两侧展厅首层的半室外通廊处的休憩设施。室内的休闲空间主要集中在门厅处，在展厅的短边处有分散的休息室或在展厅中设有临时的休闲区（图6-8）。

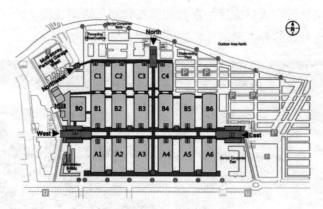

图6-6　慕尼黑会展中心信息服务分布图

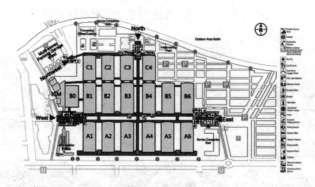

图6-7　慕尼黑会展中心综合服务分布图

| 主通道首层半室外休闲空间 | 中央公园休闲空间 | 入口前广场休闲空间 |
| 入口大厅休闲空间 | 主通道二层室内休闲空间（一） | 主通道二层室内休闲空间（二） |

图6-8　慕尼黑会展中心休闲空间

4. 公共服务空间组织

慕尼黑会展中心的三个独立门厅将慕尼黑会展中心分为三个主要区域并为相应的展

览区域提供服务（图6-9），其中，东西入口均临近公共轨道交通（U2）、公交站等，因此人流主要从东西入口进入，西入口临近 B1~B3、A1~A3 展厅，东入口临近 B4~B6、A4~A6 展厅；北入口临近拥有上万泊车位的室外停车场和室外展区（Outdoor Area North），主要通往 C1~C4 展厅。三个门厅的功能和布局很相近，具有同一性和标准性，东西入口基本呈对称形式。以西入口为例，大厅呈长方形，中部为通高大厅，两侧为双层的专属集中式综合配套功能空间。在门厅前区，集中的票务窗口呈线性位于通高部分的一侧，另一侧布置咨询台和

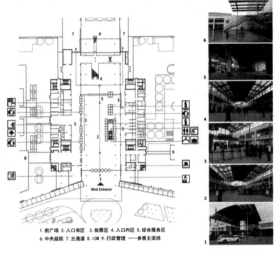

1. 前广场 2. 入口有区 3. 检票区 4. 入口内区 5. 综合服务区
6. 中央庭院 7. 主通道 8. ICM 会议 9. 行政管理 ------参展主流线

图6-9 慕尼黑会展中心西入口大厅公共服务空间
平面分析图

通往地下一层的电梯，地下一层主要为衣物寄存处。在大厅中后部布置检票设施，一字排开，同时，在售票窗口一侧也局部布置检票系统。进入门厅内区后，左右两侧各有宽敞的通道可通往 A、B 展厅，内区中部的组合大楼梯可通往门厅两侧的夹层空间，也可直接通往室外的中央庭院及啤酒花园。两侧的双层体块基本呈轴对称形式，包括了餐厅及糕点店、卫生间、综合服务台、高品质的休息室、新闻中心、会议洽谈室、多功能室等，其中餐饮、卫生间、休息室及综合服务台等公共性较高的服务部分靠近门厅入口处，并主要位于首层，二层的多功能室可供个体、小型团体、国际代表团和不同的观众群使用。此外，北侧体块直接与 ICM 会议中心、B0 多功能展厅相连，南侧体块直接与行政大楼相连。整个大厅空间结构清晰明确、分区有序，公共服务空间功能齐备、流线组织简洁高效，给人以良好的入展体验。慕尼黑会展中心开敞、明亮的入口大厅空间，不仅是欢迎各展会主体的重要入场空间，也是举办各种高质量活动的理想之所。

　　慕尼黑会展中心全部采用单层标准展厅，展厅净空高度为 11 米，标准 C 展厅呈 71 米 ×143 米的长方形，标准 A、B 展厅呈 71 米 ×161 米的长方形，均在短边设置夹层以布置会议、洽谈、餐饮等服务设施。其中，标准 C 展厅的公共服务空间位置偏重于北侧短边，包括餐饮、信息台、卫生间、竖向交通等。标准 B 展厅的公共服务空间基本位于展厅两侧，信息台位于南侧、咖啡吧位于北侧，卫生间和无障碍专用厕位在南北两短边均设置。标准 A 展厅与标准 B 展厅对称，其展厅内的公共服务空间偏重于靠近主轴线的北侧，信息台位于北侧，咖啡吧及餐饮区位于南侧及南侧的通道内。根据展会的需要，有时也在展厅中增设临时的餐饮或休闲区。

　　慕尼黑会展中心的中央廊道和景观轴线是其重要的公共服务设计亮点之一，中央步

行廊道双层的室内和半室外空间结合的形式，在轴线上均匀分布了三处二层空中连廊，在联系 A、B 展厅的同时对围绕而成的大型室外庭院进行了适度的空间分割。中央庭院长 650 米、宽 35 米，覆盖大面积绿化，其间穿插一些步行小路，结合草坪、灌木排放座椅、遮阳伞等，既在室外联系了两侧的各个标准展厅，又通过景观的精心设计营造出高度宜人的室外核心休闲区和独具德国特色的啤酒花园，也是慕尼黑会展中心室外活动的举办圣地。慕尼黑会展中心的中央庭院大大提高了公共服务空间的环境品质，成为整个会展中心的活力空间，这种中央步道结合庭院的布局也正为当代特大型会展建筑的经典范例（图 6-10）。不仅如此，中央庭院和西入口的前广场及水景，以及东入口的景观塔共同形成了完整的景观序列，绿树环绕，水面清澈见底，还有不同的景观小品作为点缀，使得慕尼黑会展中心的入口大厅、中央步道等公共服务空间不但功能完善，而且环境优美。相比于当代一些特大型会展建筑仅以超大尺度的广场、草坪等进行简单敷衍的景观布置，慕尼黑会展中心的景观设计可谓尺度宜人、精致丰富（图 6-11）。

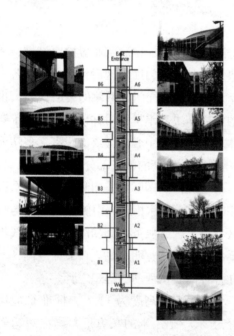

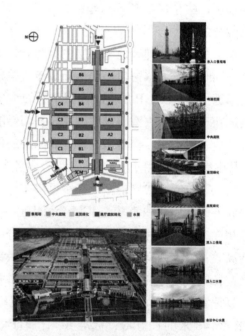

图 6-10　慕尼黑会展中心中央庭院　　6-11　慕尼黑会展中心整体景观环境图

景观环境分析图

5. 公共服务空间特征分析

慕尼黑会展中心是当代会展建筑设计的经典案例，梳式的整体布局使得建筑各部分空间结构清晰，主要公共服务空间集中设置在门厅、主轴空间及标准展厅内，既相互独立又有机联系，便于单独或联合使用，公共服务设施的规则布置也更具有可达性和易达性。主轴线的中央通道和中央公园式的庭院赋予休闲、餐饮等公共服务空间良好的景观性。

总体而言，慕尼黑会展中心公共服务空间的特点包括：

①入口门厅分区合理清晰，公共服务空间疏密有致，各门厅公共服务空间的配备专业全面，且空间结构具有统一的标准，方便观展者对各部分公共服务空间快速形成整体认知。

②标准的模块化展厅使得内部的公共服务部分具有同一性和规律性——均位于展厅的两侧短边，且靠近主通道的一侧位于展厅外侧，既使得公共服务空间有相对独立的空间组织，又与展厅和公共交通结合，提升了公共服务空间的可达性，还保证了展厅内部的完整和简洁。同时，展厅部分的公共服务空间还根据展厅之间的相互关系和景观性有侧重地布置餐饮、卫生间、信息咨询、休息室等不同的公共服务空间，主次分明，导向性强。

③东西主轴线上的步行廊道和中央庭院、入口广场及水池等空间与公共服务空间的结合组织形成了生动、具有人文特色的空间场所，成为集聚休闲、餐饮、信息交流、文化活动的场所。

④慕尼黑会展中心的空间结构和流线组织简洁明了，在通行舒适性、服务设施可达性等方面提供了最大程度的便利，并具有良好的会展环境，公共服务的功能兼具现代性和专业性，空间组织兼具秩序性、景观性和舒适性，以优质的公共服务空间品质形成了良好的场所认同感，有利于消除特大型会展建筑因尺度等多方面因素而带来的消极影响，并以此提升了会展中心的整体参展感受。

（二）巴黎的安德鲁·雪铁龙公园设计

1. 公园设计概况

安德鲁·雪铁龙公园（Parc André –Citroën）是在原来的雪铁龙汽车制造厂的原址上建立起来的。项目实施时间为 1988 年至 1995 年，是雪铁龙·塞瓦纳成片开发计划的主体部分。这一区域开发的速度与力度都很大。在原有汽车工厂的旧址上，建成了一座以理性主义为主调的现代派花园，公园内的设计细部丰富，手法细腻，质量讲究。并且充分地利用了原有地形的自然条件，公园内的几何构图并不是随意而为，而是源于原有旧区的街道走向。

公园内的建筑物不多，而是以各种不同的景观元素作为组成公园风景的构图基本手法。中央是大片的矩形开阔地，三面有围合，一端向塞纳河方向敞开，让公园的景色可以直接与塞纳河相融合。而为了达到这一效果，还要很好地解决好以下几个现状因素：岸边有码头，交通人流全部转入公园地面以下后要解决好疏散问题；岸边堤坝上有 RER 快速轨道的高架桥；公园的设计图局部突破了原定的用地界线，向着塞纳河的方向延伸，占用了已于 1981 年完成建设的另一个 ZAC 的部分用地，这也要求政府在行政上给予审批。

公园位于巴黎的城市边缘，是城区与郊区的接合部。在靠城市的一侧，公园的边缘线在遵循原有地界的前提下做了适当的整理，让边线尽量拉直与简化。内部的几何图形肌理，也是把原旧区的城市街区肌理整理后的所得。以绿化地替代了原有的楼房，但街道的轨迹得以保留。中央的大片开阔地被一条斜线一分为二，这条斜线也是临近的巴黎第 15 行政区内的城市街区轴线的延长线。这个公园的设计手法，既保留了欧洲园林几何式布局的特点，又从中渗透出了城市肌理的特点，让公园绿化与城市建筑的关系得到加强，让人感到设计的有理有据，顺理成章，有水到渠成之感，而绝非随意的线条勾勒。

公园内一切的建筑手段，都是在满足以上构思的基础上实施的，完全服从于公园的总体规划。在远离塞纳河的另一端，有两个玻璃绿化暖房，是整个公园内最大的建筑物，但由于是透明玻璃，因此里面的绿化一样与外部空间渗透，公园的空间没有受到阻隔，而是继续保持其完整性。

2. 分析与评价

与目前我国城市建设中城市公共空间以及和建筑物配套的环境设计中所面临的随意性相比，安德鲁·雪铁龙公园的设计思路给了建筑师很有创意的启发。在进行建筑设计与城市公共空间环境设计时，欧洲建筑师体现出了对保护所处城市的文化根源的一种强烈的使命感。他们除了关注建筑物本身的功能与形象之外，更关注建筑与城市、建筑与环境的关系。在这个案例中，建筑师选择的方法很有灵性。尽管原有的汽车工厂已不复存在，但由于该汽车品牌对法国人具有不同寻常的文化与历史意义，因此，巴黎人的选择是，尽管在同一空间中新出现了元素，但却仍向来者诉说着城市的历史。整个设计显得有理有据，说服力很强。

在建筑设计的领域中，并无唯一正确的解决方案。安德鲁·雪铁龙公园的设计思路只是一种拓展思路的启示，提示建筑师在进行设计时要注意理据的充分，减少随意性。而这种设计的理据，可能来源于城市轴线、城市肌理、城市历史。在作者访问法国建筑师的过程中了解到，欧洲建筑师在城市中进行建筑设计时，第一个步骤并不是草图构思，而是会花上几个星期的时间去调查建设地段的历史沿革与文化背景，以获取方案构想的充分理据。没有历史的城市是没有灵魂的。片面地追求短期的经济效益、过分强调创新而割断与传统与历史文脉的联系，是目前制约着中国城市健康与可持续发展的负面因素。在如何改变这种现状的问题上，安德鲁·雪铁龙公园的设计给了建筑师有益的提示。

（三）日本共享住宅设计模式

1. 日本共享住宅新方式的产生

进入 21 世纪以来，日本的人口数量和家庭规模在不断缩小，单身青年人口持续增加，老龄化程度提高。少子高龄化、内需收缩的社会趋势导致租房市场由稀缺的土地和房屋资源带来的卖方市场，逐渐转变为顾客志愿导向的服务型市场。同时，家庭的解体与单身化，也带来人们对于交往关系的新需求。居住观念由家庭核心为主逐渐趋于多元化，加之信息化时代网络的发达极大地减少了人与人发生联系的阻力，一种新的住宅形式——共享住宅应运而生。

当代日本的共享住宅出现于21世纪初期，20多年来住户数量迅速增加（图6-12）。日本学者小林秀树曾对共享住宅做过以下定义：非血缘关系的多名居住者在一所住宅中共同居住，共同使用厨房等空间设施的住宅形式[①]；并说明了日本共享住宅的几种类型（如表6-1）。综合来看，共享住宅是在保证个人生活一定私密性的基础上，与其他居住者共同使用部分生活空间和设施，具有一定经济性和社交性质的居住方式。

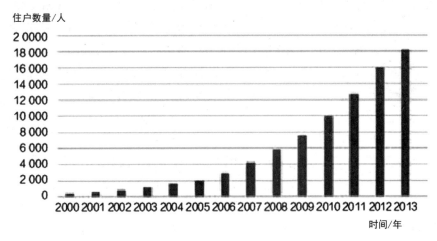

图6-12　日本近年共享住宅住户数量变化趋势

表6-1　日本共享住宅的几种类型

类型	特征
共屋（room share）	租下公寓或集合住宅的一户房屋，与无血缘关系的人一起居住。一个私人房间内有多个住户共同居住的情况很少。共同使用洗手间、浴室等
共享住宅（sharedhouse）	与房间共享的空间构居和利用方式相同，也称作 houseshare，sharehouse 等
民宿（guesthouse）	有专门负责经营和管理的人或机构，家具、家电以及日常生活必需品齐全。并且，大多数不需要住户自己打扫公共空间
混居（mingle）	两个朋友（同伴）共同居住。主要分布在关西地区的市中心，私人房间的钥匙是分开的，厨房和卫生间共用，水电费分摊

如今，共享住宅被居住租赁市场的接受程度不断加深，各年龄阶段人群对共享住宅都有一定的了解，具有实际居住经验的使用者年龄主要集中在15~30岁之间。共享住宅不仅意味着非血缘关系的人们在此共同居住，也是居住者对共享生活的期望在现实中的

---

① 木俣赐美，丁志映，小林秀树. 若年単身者向けのシェア居住に関する近年の動向 [C]// 日本建築学会. 日本建築学会大会学術講演あらすじ集. 九州：日本建築学会，2007：91-92.

达成，更是一种反映了日本当下社会状况的居住现象。①

日本的共享住宅，不管从规模上还是运行方式上都有多种类型。笔者选取矢来町共享之家、LT城西、横滨公寓和不动前住宅四个典型共享住宅案例进行分析，前三者为新建项目，后者为改造项目。这些实例在共享模式和共享空间设计方面都有所思考和创新，反映了共享住宅设计中的要点和共通之处。

（1）矢来町共享之家

东京都新宿区矢来町的共享之家获得2014年日本建筑学会最佳项目奖，由建筑师篠原聪子（空间研究所）和内村绫乃（A Studio事务所）设计。住宅坐落于靠近市中心的商业居住区，采用钢结构，共三层，建筑面积为184平方米，能供7名住户和1位客人居住。公共部分包括一层的工作室、盥洗室、浴室和二层的公共书架，以及三层的餐厨起居空间。在10米的限高内，建筑师将7个2.7米高的"盒子"作为私人房间分布其中，并于每层之间留出0.6米的间隔，"盒子"之外的空间形成住宅的公共部分。一方面，0.6米的间隔充分保证了私人房间之间的隔音性和私密感；另一方面，这些间隙空间作为公共空间的附属，为居住者提供了可灵活使用的收纳场所。②

矢来町共享之家的概念为"向城市开放的土间"。建筑师将日本住宅中的传统空间——"土间"通过空间放大的手法加以强调，于人口处形成三层通高的公共空间，并通过半透明表皮与外界隔开，形成与外部城市空间的暧昧联系。这一做法界定了住宅具有领域感的半室外空间，它既是可变性极强的公共空间，除了承担日本传统玄关的储存、接待、换鞋等功能，还承载着收纳（自行车、雨伞、临时设备）、晾晒衣物、收发邮件、做木工等多种多样的公共活动；同时，它也是整个住宅最核心的共享场所，不仅连通了每个公共部分，还形成了对外部空间的柔性过渡和开放氛围。

住宅的立面策略也十分独特，土间的存在使得住宅具有两层对外界面。外层是带有2米高拉链式开口的半透明PVC防水膜，这里不仅是住宅最外部的出入口，还是自由控制自然通风的表皮。内层则是分隔室内外、保证居住私密性和通风采光的可开启阳光板，居住者通过控制阳光板的开合来改变个人房间与核心公共空间的连通，可根据需求调整自我与集体的关系。住宅内部室内装饰相当节制，公共部分全部使用木板面材与白色漆面的金属构件。个人房间的入口和门板十分隐蔽，从视觉和心理上保证了住户的私密感。个人房间内结合白色墙面和木制面材保证了室内的明亮度（图6-13）。

---

① 篠原聪子. シェアハウス図鑑 [M]. 東京：彰国社，2017.

② 空间研究所，Astudio事务所，李媛. 矢来町共享住宅 [J]. 城市建筑，2016（04）：68-73.

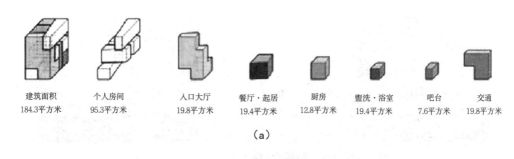

建筑面积	个人房间	入口大厅	餐厅·起居	厨房	盥洗·浴室	吧台	交通
184.3平方米	95.3平方米	19.8平方米	19.4平方米	12.8平方米	19.4平方米	7.6平方米	19.8平方米

（a）

（b）

图6-13　矢来町共享之家

（2）LT 城西

LT 城西位于爱知县名古屋市，由成濑猪熊建筑事务所设计，于2013年建成。住宅由 12 个大小相同的房间模块和由个人房间界定的公共区域组成。模数化的平面控制和不同标高上的空间操作带来多适性空间，容纳了一系列的公共居住活动，并形成了丰富的空间层级。[①] 设计者在 3.64 米 ×3.64 米的平面网格模数下，将个人的房间散布其中，剩余的连续空间作为公共部分。这种网格型的结构，使住宅的室内空间得到了多样的组合方式；公共空间与交通空间融汇，像结构支架一样联系起各个房间。公共部分中，暧昧的边界和不明确的房间定义提供了活动的自由度，随机的交通流线带来了相遇和交流的机会；功能设施的放置定义了不同的空间氛围，成为日常活动和事件在多义空间里自然发生的物质媒介。住宅中心的吹拔空间（特指两层或两层以上的空间）作为入口大厅和餐厅空间，成为最多人聚集的场所；公共部分靠窗的角落空间，则是适合安静独处和思考的场所；二层的地毯休闲空间可以看作是个人领域在公共领域的重叠和延伸，居住者可以灵活使用（图 6-14）。

建筑面积	个人房间	入口玄关	餐厅·起居	厨房	盥洗	吧台	交通
316.8平方米	171.6平方米	7.6平方米	52.8平方米	13.2平方米	20.8平方米	26.4平方米	19.8m²

（a）LT城西轴测示意与各功能空间配比

---

① 猪熊纯，成濑友梨. 共享空间设计解剖书 [M]. 郭维，林绚锦，何轩宇，译. 南京：江苏凤凰科学技术出版社，2018.

（b）LT城西的室内公共空间

图6-14　LT城西

平面看似完全相同的12个房间，因其空间位置不同以及与各公共场所的距离、路径和标高的差异，被赋予了不同的性格。整个住宅几乎没有专门的走廊等交通空间，但设计者通过个人玄关的设计，保证了在公共区域无法看到个人房间的门，以这种方式控制公共到私密的距离。日常生活介入带来的微妙和动态的领域与边界，超越了设计之初抽象的空间图解，带来了生活的丰富性和空间的复杂度。

（3）横滨公寓

横滨公寓坐落于神奈川县横滨市，是由正在设计（Onedesign）事务所的西田司和中川绘里佳设计的一座供4人居住的共享住宅。横滨公寓的建筑面积约150平方米，设置在二层的个人房间占80平方米，剩余的70平方米用作共用部分。这一公共空间除了容纳共用卫生间、收纳空间、厨房等外，还提供了多义和灵活的使用方式，可作为展示、制作甚至是社区活动的广场。

每个个人房间都附带独立的卫生间和浴室，并且设有专门的室外楼梯和储藏间，因此居住者的个人生活相对独立。公共部分与居住部分呈现出完全不同的氛围。二层部分由4个三角形柱状体量支撑，三角形柱状体量周围的半室外空间即为共享部分。介于住居尺度和公共尺度的5米层高，也使整个场所处于一种暧昧不清的中间状态。连续的地面和多个外部入口赋予空间强烈的不确定性，而具体的物件如餐桌、楼梯、墙体的存在，又巧妙地打破了这种模糊性，使得整个空间呈现出多目的自由。从功能上看，这一街道般的空间既是城市外部环境的向内延续，也是个人领域的向外扩展。居住者根据自己生活创作的需求和对外展示的需求，灵活协调空间的同时也改变着空间本身的意义（图6-15）。

建筑面积	个人房间	储藏	公共空间	洗手间
147.6平方米	79.6平方米	20.8平方米	45.1平方米	2.1平方米

（a）横滨公寓轴测示意与各功能空间配比

（b）横滨公寓公共空间

图6-15 横滨公寓

　　住宅所在的街区是一片密度较高的户建住宅区，住宅营造出的小巷、斜坡和楼梯很好地顺应了街区的空间氛围。基于公共空间的展示功能和对街区开放的姿态，选择在这里居住的大多是画家、建筑师等从事艺术工作的人士。居住者会在公共空间开展面向公众的艺术展览或邀请周边居民参与制作活动，这时住宅便成了一个小型的街区展览馆。同时，这一空间也成为个人与社会、住宅与城市的连接媒介，回应了居住者的艺术创作愿望和城市街区对文化活动的需求。住宅的意义不再局限于提供居住所需的物质要素，而是对街道空间的积极回应，对城市功能需求的补足。

　　（4）不动前住宅

　　不动前住宅位于东京市品川区不动前车站附近，改造前是一座有40年历史的木结构仓库加住宅建筑。住宅的所有者找到建筑师将其改造成为供7人居住的共享住宅。在家庭结构和人口变迁的背景下，很多适合传统家庭居住的木造独栋住宅开始空置下来。将空置的独栋住宅或公寓改造为共享住宅进行出租，适应了当下人们对于新居住模式的需求，成为活化存量住房、降低房屋空置率的新方式。

　　改造后的共享住宅，一层采用钢结构，成为面向街道开放的多用途共享空间；二层为木结构保留了原有的室外楼梯，作为共用的入口，同时在个人空间周围设置了日本传统缘侧空间。建筑师将7名居住者的个人空间最小化和集约化，利用二层坡屋顶中间处的较高层高，置入高效率利用空间的"阁楼"（loft）。个人单元不直接对外，而是通过回廊包围。在这里传统日本居住空间与新的居住模式碰撞出了新的可能性：层高稍低、尺度介于过道和房间之间的洞游性廊下空间，成了每个居住者到达个人领域和生活功能空间的路径。入口的鞋架和置物架、东北侧框出外面风景的飘窗、西南侧明亮的长窗、从室内延伸出的透光薄膜覆盖的半室外阳台，使个人生活与公共生活在此融合，共享生活的暧昧性和随机性由此呈现。

　　住宅一层的空间布局则十分明确，除了流线尽端的两个个人房间外，用餐、起居、储物等几乎所有的公共活动全部被整合在一个大空间内；家具的可移动使得整个空间能被改变为瑜伽教室、聚会厅等。大空间通过可全部打开的铁质门板与外界相隔，当这一界面被全部打开时，共享氛围由住宅内部流动至外部的庭院，对街道和城市呈现出完全开放的姿态（图6-16）。^①

建筑面积	个人房间	起居	餐厅·厨房	公共空间	盥洗·浴室
146.7平方米	47.1平方米	30.8平方米	20.2平方米	39.6平方米	10.9平方米

（a）不动前住宅轴测示意与各功能空间配比

（b）不动前住宅的室内空间 （c）不动前住宅的公共空间

图6-16 不动前住宅

除了上述小型独栋的共享住宅的案例之外，日本的共享住宅还有多种类型，其中既包括小规模自主运营的共享住宅，也包括由大公司管理的较大规模的共享公寓；既包括对入住者无特别要求的产品类型，也包括为某些特定人群服务的老年护理型产品。例如，2003年在东京都荒川区日暮里建成的日本第一例多世代共同居住的集合住宅 Kankan Mori，以北欧的合作居住为原型，致力于探讨在日本可行的合作居住的方式；位于东京涩谷表参道中心地段的 The Share 是一座集商铺、联合办公和共享居住为一体的复合型居住设施；由大建 met 建筑事务所设计的日本岐阜县瑞穗老人之家，则是专门为失智老年人设计的护理型共享住宅，除了提供给在住的老人和护理人员使用之外，也对当地居民开放，成为社区交流活动的开放场所。

2. 日本共享住宅的模式类型解析

通过对上述案例的比较分析，不难看出其共享度的差异也在一定程度上表现于不同的共享居住模式和所有方式（表6-2、表6-3）。

---

① 张栩萌. 七人住宅 [J]. 城市建筑，2016（04）：74-81.

表6-2　各案例的共享设施配置情况

居住要素	起居室	餐厅	图书室	厨房	卫生间	浴室	盥洗室	玄关	阳台	庭院	储藏空间	居室	电冰箱	炉灶	洗衣机
矢来町共享之家	●	●	●	●	●	●	●	●	●	●	●○	○	●	●	●
LT城西	●	●	●	●	●	●	●	●	●	×	●	●	●	●	●
横滨住宅	●	●	×	●	○	○	○	●	●	×	●	●	●	●	●
不动前住宅	●	●	×	●	●	●	●	●	×	×	●	●	●	●	●
瑞穗老人之家	●	●	●	●	●	●	●	●	×	×	●	●	●	●	●
Kankan Mori	●	●	×	●○	●○	●	●	●	●	●	●	●	●○	●○	●
The Share	●	●	●	●	●	●	●	○	●	×	●○	○	○	●	●

注：●表示共用此设施；○表示独占此设施；×表示无此设施。

表6-3　案例信息汇总分析

案例名称	矢来町共享之家	LT城西	横滨公寓	不动前住宅	瑞穗老人之家	Kankan Mori	The Share
案例名称							
基本信息	地址：日本东京都 建筑面积：184平方米 层数：3 建成时间：2011年	地址：日本名古屋市西部部町 层数：3 建成时间：2013年	地址：横滨市西区户部町 建筑面积：148平方米 建成时间：2009年	地址：日本东京都 建筑面积：147平方米 层数：2 建成时间：1967年 改造时间：2013年	地址：日本岐阜县瑞德市 建筑面积：922平方米 层数：2 建成时间：2011年	地址：日本东京都 建筑面积：约1700平方米 建成时间：2003年	地址：日本东京都涩谷区 建筑面积：约4 100平方米 层数：6 建成时间：1968年 改造时间：2011年
户数	7+1客房	12	4	7	18	28	62
个人房间面积/平方米	12.7~14.1	13.2	17.5	7~8.5	10	25~61	11.6~21.3
公私空间面积占比	40%，60%	50%，50%	53%，47%	66%，34%	21%，79%	43%，57%	38%，62%
平面布局							
空间图解							

在共享度的层面，根据共享要素数量和类型的不同，个人房间的独立性和公共空间的共享度相应的有所差别。笔者根据个人房间（P）、公共空间（C）、卫生间（B）的组织关系，将共享住宅的共享模式归纳为以下几种类型：①完全共享型，如矢来町共享

之家、LT 城西、不动前住宅、The Share 等，个人空间内没有独立的卫生间和浴室，需要共用；②单元共享型，如瑞穗老人之家等，居住空间分为若干单元组团，每个组团内部共用卫生间、浴室等生活设施和公共空间；③完全独立型，如 Kankan Mori、横滨公寓等，个人空间内设有独立的卫生间和浴室，拥有完整的居住所需设施，共有空间主要用于私人生活以外的交流、聚会活动（图 6-17）。

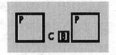

完全共享型

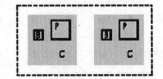

单元共享型

在所有方式和共享生活模式的层面，日本的共享住宅可分为自主营建和会社营建两种：自主营建型共享住宅多为空置户建住宅经业主改造后，作为共享住宅出租，居住者自我管理，自治性较强；会社营建型共享住宅一般具有较大的规模，且往往设有专门的管理机构。这一营建方式的差异，也是对诸如青年交往型、代际混居型、家庭合作型和养老介护型四种不同

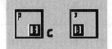

完全独立型

注
P：个人房间
C：公共空间
B：卫生间

图6-17　三种共享住宅类型图示

居住群体需求特征的回应；而且这些不同的共享模式在居民参与程度、邻里关系与情感联系、公共空间种类等方面也做出了敏感的设计回应（表 6-4）。

表6-4　不同共享居住模式的对比

共享居住模式	居住者的特征	居住者的需求	居民的参与程度	居住者的情感联系	公共空间的种类	案例
青年交往型	青年人/独身者/单亲家庭	基本生活需求，交往需求	共用公共空间；共同举办活动，自我管理，公共空间定期清洁（部分）；公共空间对外开放（部分）	较强，根据规模不同有所差异	起居空间、餐厨空间、卫浴、洗衣房、活动室、影音室等	矢来町共享之家、不动前住宅
代际混居型	青年人/老年人	青年人：住房需求；老年人：介护和情感需求	共用公共空间；必要的生活协助和交流，家务分担	一般，长时间居住会产生一定的情感依赖	起居空间、餐厨空间、卫浴、洗衣房等	"The Share"居住模式
家庭合作型	家庭/独身者	降低住房成本和生活协助的需求	社区前期筹资、策划、设计；共用公共空间，听候调遣管理、政策制定、生活协作；举办聚餐等集体活动	一般，居住者有独立的生活空间设施，对公共空间的依赖度低	客厅、餐厨空间、公共洗衣房、儿童室、庭院等	Kankan Mori
养老介护型	有介护需求的老年人	生活需求、医疗需求、交往需求	共用公共空间和介护设施；公共空间对外开放	较强，共同生活使得居住者形成紧密的关系	起居空间、餐厨空间、护理室、活动室等	瑞穗老人之家

二、国内公共空间设计的经验借鉴

（一）基于共享理念的社区营造案例

1. 北京中关村街道科育社区

（1）科育社区概况

科育社区位于北京北四环西路南侧，占地面积8.4公顷，建于20世纪70年代，属于老旧小区，绿化率仅为13%。多年来绿地荒芜并出现许多违法建筑，2017年伴随北京治理"开墙破洞"工作的进行，社区内腾出了很多绿化用地。中关村街道办在社区走访调研之后，决定尝试在社区内开展生态花园的营造，并动员居民参与、设计、搭建。

（2）中关村街道主导的改造策略

科育社区的花园营造过程主要分为三步：

第一步，在社区内开展花园讲座。邀请北京大学建筑与景观专业的师生为居民科普花园理念与营建方法，培养居民们的兴趣，以得到居民的支持。

第二步，设计师介入。设计师通过在社区内调研，挑选出可以进行花园营造的区域，然后与居民一起制订相关的营造计划与设计方案，进一步调动居民参与的热情。

第三步，花园的建设与维护。设计师、街道办和居民三方合作建设花园的基础设施，如花池、雨水收集系统等。最后居民按照自己的需求种植花草或蔬菜等各类植物。

（3）社区改造成果

2019年初，科育社区召开了社区花园营造的总结会，对花园的进展做了一个介绍：从2017年开始策划至今，中关村街道、科育社区与参与设计者共同组织了20场关于生态花园的讲座等活动。居民参与多达600余人次。与曾经的垃圾角相比，卫生死角变成了清香怡人的花园，每天都有居民主动前去照看花园的植物。居民们通过参与对花园的营造变得更加热爱社区，并且能够更积极地参与社区的活动。

2. 北京国奥村社区

（1）国奥村社区概况

国奥村位于北京中轴线的北端，北临奥林匹克公园，南靠奥运主场馆，占地约27.55公顷，内有42栋6层或9层的住宅楼。由于国奥村是为配合奥运会而建设的运动员公寓，所以在设计之初秉承着"绿色、科技、人文"三大理念，社区不仅有高达40%的绿化率，还建有景观污水系统等多项先进的建筑设施。奥运会结束后，公寓被改造成2 000多户住宅，于2009年投放使用。

2014年，在社区业主委员会的主导下，协同社区居委会、物业公司等机构，开始在社区内建立业主微信群，由居民自己运营管理。截至2021年，社区居民通过微信群组建了40多个业主俱乐部与沙龙，并在部分业主的众筹下建立了业主互动App，定制了社区专属App。社区通过一系列多元共治的活动，构建了和谐幸福的邻里关系，还荣获了首届中国幸福社区奖。

（2）由业主发起的社区活动计划

为了将国奥村打造成具有良好邻里关系与幸福感的社区，居民们通过线上交流、线下组织活动的方式，按照兴趣爱好、生活需求等方面组织多种专题活动与兴趣俱乐部，获得了居民的一致好评。有的俱乐部还登上了中央电视台、国家大剧院的舞台进行表演。这些活动计划主要分为三个部分：搭建业主信息平台、组建居民兴趣小组、共建居民活动中心。

①搭建业主信息平台。2014年元旦，社区业委会开始组建居民微信群，短短三个月就有800位居民加入，如今已有2 000多位居民在社区的微信群中。通过微信群，居民可以及时地了解社区信息，如果有问题也可以在群内请教专业人士。微信群的设立也是居民相识的开始。2018年初，居民又自筹经费创立了"朝阳社区"App，完善了业主的信息平台。

②组建居民兴趣小组。每个人都有着不同的兴趣爱好与关注点，构建不同主题的兴趣小组不仅能吸引不同的居民参与，还能促进居民之间的相识与相互了解。目前，国奥村社区共拥有三种不同类型的线上小组：a.兴趣类小组；b.专业类小组；c.资源交换类小组。每种类型的小组下面又分出不同的小组，大家可以根据自己的兴趣爱好选择匹配的线下活动（表6-5）。

表6-5　兴趣小组分类表

兴趣类小组	羽毛球、合唱团、舞蹈队、书法、高尔夫等
专业类小组	国学沙龙、企业管理沙龙、健康医疗沙龙、法律沙龙、房地产沙龙等
资源交换类小组	交友相亲、小型团购、二手交易等

③共建居民活动中心。为了更好地满足居民之间沟通娱乐的需要，社区内有经济能力的居民共同出资成立了社区居民专属的百佬荟休闲会所。会所每周举行两次聚餐，每周安排一场讲座。

（3）国奥村社区的成功经验

通过研究可知，国奥村社区的成功离不开以下四个方面。

①寻找居民的共同兴趣点。共同的兴趣爱好是促进居民交流的重要动力。国奥村居民通过组建居民兴趣小组、建立专业沙龙、共享闲置资源等方式，促进了居民之间的交流，建立起了居民的社区精神。如2014年，社区居民在歌唱家龚琳娜的组织下成立了国奥居民合唱团，2016年正式成立国奥爱乐合唱团，并于2018年登上中央电视台与国家大剧院的舞台进行演出。

②建立线上平台，满足居民需求。从微信群到社区App的建立，从兴趣小组到专业沙龙，从社区公共空间再到社区会所，国奥村的居民通过搭建线上信息平台，及时解

决居民的问题，并利用线上平台的交流促进居民线下活动的开展，满足了居民社区生活多样化的需求。

③居委会等机构的支持。从2014年业主委员会主张成立微信群时起，居委会就一直积极参与社群建设，在微信群内与居民积极互动、为居民解决问题、协调居民矛盾。

④鼓励居民参与管理。鼓励热心的专业人士、兴趣爱好者参与社群的建设与管理。专业人士能够根据自己的专业背景为居民开展相关的讲座，兴趣爱好者可以定期组织大家开展兴趣活动，这些都是社群持续运转的关键。

3.上海四叶草堂社区花园

（1）四叶草堂的发展背景

四叶草堂是由同济大学景观学系的老师刘悦来在2014年发起的自然教育类的社会组织，其宗旨就是希望在快速生长的都市中制造与保留更多的绿地，通过居民的共同参与将绿地营造为具有丰富的自然生态之地——可食花园，让久居在城市里的人过上更绿色的生活。目前，该组织与上海市各小区、单位展开合作，建立了大约20个社区花园，每个花园都各具特色。四叶草堂计划每年在上海市建立约100个不同的社区花园，并以此作为一个共享平台促进居民之间的交流，提高居民与社区、城市对话的广度。

（2）四叶草堂开展社区花园的策略

在社区花园计划中，四叶草堂建立了一个可持续发展的协同机制（图6-18）。在这个机制中，参与的主体由四方组成：政府或企业、社会组织、居民和群众组织。（表6-6）

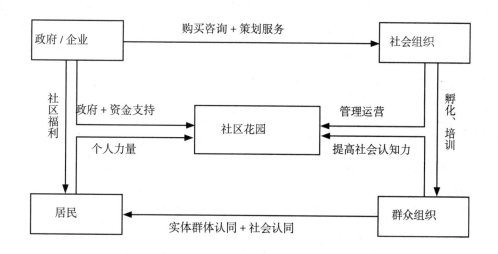

图6-18　社区花园的可持续发展协同机制

表6-6 参与主体与其参与内容

参与主体	参与内容
政府／企业	①向居民提供社区福利 ②向社会组织购买社区花园咨询和策划服务 ③为社区花园提供资金支持
社会组织	①管理、维护、运营社区花园 ②为社区花园的可持续发展孵化、培训群众组织
群众组织	①为社区花园提供持续的活力 ②通过花园建设实现其所在地的群体认同和社会认为
居民	参与社区花园的建设

在四叶草堂的倡导下，上海市的很多小区均表达了想建设社区花园的意愿，四叶草堂也已经研制出了一套社区自然教育课程，从最初的策划到邀请居民参与、从整合小区资源到实施建设，详细地教人们如何自己动手实现社区花园的建设。如今以社区花园为中心的协同合作机制正在持续不断地为社区创造新活力。

（3）四叶草堂的经典案例

百草园项目位于上海市杨浦区鞍山四村第三小区中心广场中，占地面积约为200平方米。项目通过发动社区内的老年人与孩子，将曾经单调的中心绿地改造成了深受居民喜爱的社区公共客厅。在不大的场地内，有花卉地被区、香草螺旋花园区、儿童活动区和垃圾分类区等功能空间，满足了社区居民日常休息、亲子互动与儿童自然教育的需要。在花园的维护上，根据居民的兴趣分为了两组：一组是由小朋友们组成的小小志愿队，负责给植物浇水、施肥、搭架子等简单的养护工作；另一组是由社区内的老年人组成的老年花友会，承担组织相关种植方面的主题活动、分享养护管理的心得。在花园中，还有一些食物是由居民自发提供的。目前，该花园已经成了上海市居民自治社区花园的典型代表之一。

（二）LOHO亲子餐厅设计经验

1. LOHO亲子餐厅地理位置环境分析

LOHO亲子餐厅位于无锡绿地乐和城，地处无锡市锡山区，北临无锡东西向交通主干道之一的太湖大道，周边大多以春江花园、恒大绿洲、绿地香颂等商业住宅为主，同时周边还有部分学校，如洪恩幼儿园、江溪小学、春江小学等，为该亲子餐厅提供了一定的消费人群。该项目所处的商业综合体被打造为无锡市锡山区第一个亲子教育主题类的商场，受到了社会各界的关注，但在该商场内的亲子餐厅仅有LOHO亲子餐厅一家，且周边亲子娱乐类空间较少，所以该亲子餐厅能够较好地吸引客流。

LOHO亲子餐厅共分室内及露台两个部分，总面积为682平方米，其中露台面积为138平方米，室内面积为546平方米。（图6-19）该项目位于商业综合体三楼西南角，

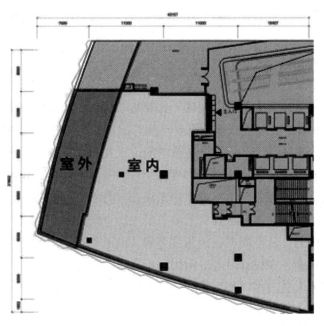

图6-19 LOHO亲子餐厅室内概况

建筑外墙为玻璃幕墙，具有较好的采光。室内空间承重柱分布较为均匀，对室内空间布局影响较小。

2. LOHO 亲子餐厅文化理念分析

LOHO 亲子餐厅是一家能够为 1~10 岁的小孩与孩子家长提供亲子互动活动的餐厅，目的在于创造空间让孩子安全快乐地去玩耍、去学习以及走出家门去感知这个世界，为家长和孩子们营造一个和谐、有机又充满美感的亲子互动氛围。LOHO 音译为"乐""活"，意思为快乐与生活。而 LOHO 亲子餐厅把和谐、有机当作生活的核心，以设计、体验、人气、互动为重点，让家长和孩子在身心愉悦的同时又感受到不一样的教育体验。

3. 设计策略

（1）设计重点

基于亲子互动·共享理论更多地满足亲子对于空间的互动与共享的需求，从双方需求进行考虑，使空间体验最优化。在满足亲子餐厅基础功能性的同时利用设计更多地满足儿童创造与认知的需求，使其在此身心愉悦、健康成长。同时根据马斯洛需求层次论的引导，在满足儿童基本需求的同时更多地满足儿童成长的需求。

（2）设计思路

设计加入"情感互动，空间共赢"的理念，使餐厅不但能够满足亲子活动的大部分需求，还能在无形中拉近亲子之间的距离，让亲子活动更具有互动性和趣味性，通过家长和孩子的空间共享提升亲子活动的质量。在亲子活动中家长不再仅仅是一名看护者，更多的是一名参与者。通过角色的互换，家长在活动中能够充分融入，更能使得孩子在游戏中释放天性，这就是寓教于乐的意义。设计中摒弃了枯燥乏味的普通应用游戏设备，增添了更多的自然元素，更多的自然元素让亲子活动在空间上具有更多的韵律和变化，一景一情处处鲜活。

同时加入了无锡特有的文化元素，让儿童在玩耍的同时也能感受到无锡特有的人文魅力。惠山泥人作为无锡四大传统特产之一，其色彩柔和，造型可爱，受到了广大儿童的喜爱。为在空间风格上强化当地居民引以为傲的文化标识，尽情展示惠山泥人的非遗传承之美，设计师以惠山泥人为项目美学概念的发源，用趣味性设计手法置换传统美学形式，将泥人元素融入空间。

4. 共享理念下的亲子餐厅空间营造

（1）主要功能布局

笔者将亲子餐厅所需的功能空间大致分为前厅、餐区、儿童活动区、后厨、盥洗室这五个部分，如图6-20所示，由于项目场地中有室外露台空间，故在原有亲子餐厅的基础上增加了室外空间，同时由于儿童活动区的建造，盥洗空间位于儿童活动空间的同一层，与儿童动态活动空间有所重叠。由于静态活动区需要一个较为安静的环境，故与动态活动区进行了明确的空间上的区分，以满足消费者在静态活动区时所需的安静、舒适的环境。同时，将盥洗空间放置于角落，在一定程度上避免了主次空间的冲突，同时也保障了消费者在餐区用餐时的体验感。从空间动线的角度考虑，由于动态活动区域的人流量最大，为保证动线的畅通与便利，在设计时考虑运用环形，这样能在一定程度上保障儿童的运动需求，同时也能避免人流过多时产生的拥挤。室内空间与室外空间的联通点设置于动态活动区域，避免了静态活动空间的人来人往，同时也便于儿童在进行动态活动时前往室外玩耍。

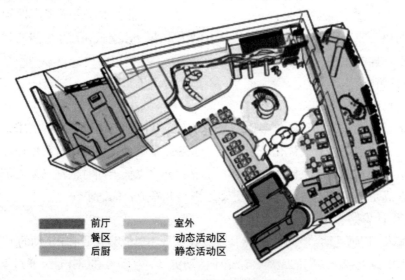

■	前厅	▨	室外
▨	餐区	▨	动态活动区
▨	后厨	▨	静态活动区

图6-20　亲子餐厅功能空间分析

（2）各功能空间的设计

①儿童活动区域。

a. 动态游戏型空间：

建筑师高迪曾说过直线属于人类，而曲线属于上帝。在设计的过程中，弧线元素的运用能够在创造空间流线感的同时进行空间的划分，为儿童动态游戏型空间创造动态的美感。该项目平面面积具有一定的局限性，但建筑层高较高，故亲子动态游戏型空间根据儿童的尺度需求设置为三层。如图 6-21 所示，在动态游戏型空间的一层处，设置了海洋池、沙坑、攀爬网等儿童设施，同时为提升幼儿的动手能力，设置了乐高室，来保证儿童可以边玩边学。二层设置了模拟生活区。三层则为爱冒险的儿童准备了冒险峡谷、高层滑梯与模块建造。

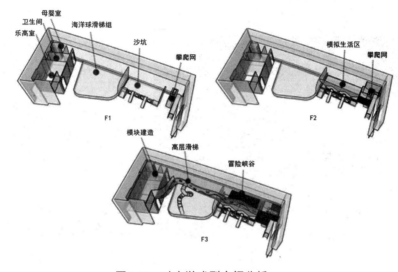

图6-21 动态游戏型空间分析

　　将沙坑与海洋球安置在动态游戏型空间的一层，主要原因在于使用沙坑的儿童通常年龄较小，放置在一层既便于儿童使用，又便于后期清洁管理。海洋池在此设置能够成为三层的高层滑梯的一个很好的缓冲设施，同时便于配合投影类的游戏设施的使用（图6-22）。

图6-22 动态游戏型空间（一）

　　如图 6-23 所示，在动态游戏型空间的二层增加了模拟生活区域，加入了常规厨具、超市等空间（1∶1以儿童生理尺寸进行缩小），此类空间的增加可以更好地满足儿童迫切"长大"的需求，同时也可以帮助儿童模拟社会生活，让儿童在成年人的视角中体验生活，从而更全面地理解生活。通过场地设计对真实生活最大化还原，儿童能够多视角地体验和观察社会关系，从而能够在无形中受到引导、启发。同时在楼梯旁设置了风筒装置（图6-24），利用强烈的感官体验，为亲子创造了更多的互动形式，而且可以适应不同人群的艺术审美需求。

图6-23　动态游戏型空间（二）　　　　　　　　图6-24　风筒互动装置

在第三层的动态游戏型空间中主要增加的是冒险峡谷、高层滑梯与模块建造，该空间主要为年龄稍大、爱冒险的孩子准备的。冒险峡谷在三层通道处设置了爬网吊桥（图6-25），玩起来"曲径通幽"，像在解锁每个区域通关打怪。高层滑梯供大胆、爱冒险的儿童使用，尽头是模块建造（图6-26），儿童根据不同的创意可以搭建不同造型的空间，能够开发大脑从而达到寓教于乐。

图6-25　冒险峡谷的爬网吊桥　　　　　　　　图6-26　模块建造设施

如图6-27所示，为满足女孩子的需求，在攀爬运动设施的前方为女孩们准备了单独的变装室，该空间与攀爬运动设施不相交，在一定程度上考虑了女孩性格与男孩相比更安静内向，女孩更喜欢过家家、角色扮演等个体类活动。在变装室的上方设置了秘密屋，是为女孩之间说悄悄话、玩过家家而准备的。

　　儿童在这个年龄段最宝贵的财富是拥有很强的好奇感和探索欲，因此，在室外空间布置了格子牧田（图6-28），里面种植各种植物，孩子可以自己动手种植植物，同时也可以观察植物各生长阶段的不同状态，在有机的生活体验中感受自然，学到知识。

图6-27　变装室与秘密屋　　　　　　　　图6-28　格子牧田

b. 静态学习型空间：

　　从整个亲子餐厅前厅进入后第一个到达的空间是静态学习型空间，该空间里为儿童准备了相应的绘本书籍。考虑到不同儿童所需的阅读环境不同，同时便于餐厅举行阅读活动，设置了两种不同的阅读空间：长桌阅读与私密阅读。如图 6-29 所示，为保障儿童与家长之间阅读的互动，阅读空间设置了小帐篷与滑梯房两种类型的私密空间。这两种空间不仅可以让家长与儿童共享同一空间，同时也可以在此空间中与儿童进行知识交流。

图6-29　静态学习型空间

②餐区。

为满足家长不同的就餐需求，空间内设置了独立聚集式餐区与环绕活动区式餐区的同时，还设置了室内与室外两种就餐空间。

如图6-30所示，在静态学习型空间的后方设置了独立聚集式餐区，该空间较为安静，儿童跑动较少，可以满足部分家长想与朋友闲谈放松心情、享受美食的需求。同时由于亲子餐厅内儿童消费者的年龄段差异较大，有部分儿童年龄较小，此类儿童的家长通常不放心儿童独自玩耍，故设置了环绕活动区式餐区（图6-31），便于家长观察孩子的动态。

图6-30 独立聚集式餐区　　　　　　图6-31 环绕活动区式餐区

考虑到部分家长喜爱室外就餐，或是儿童在室外玩耍时需要陪伴，在室外空间设置了餐区，同时根据开设儿童生日会、节日等不同的需求，可以将室外餐区重组为室外派对区（图6-32）。由于室外空间会受到下雨、下雪等天气因素的影响而无法正常使用，故在室内空间中也设置了派对室。该派对室位于静态活动区与动态活动区的中间，既可以满足一定的包间私密性，也可以方便儿童进入儿童活动区域。如图6-33所示，该派对餐区也可以满足部分来亲子餐厅只为就餐的人的需求，保障了环境的舒适性。

图6-32 室外餐区　　　　　　　　图6-33 派对餐区

③前厅。

LOHO亲子餐厅前厅区域的功能性相对较强，其包含了更鞋区、前台、健康检查区。如图6-34所示，在前厅进入餐厅内部处设置了一道造型拱门，该门的设置是为了方便商家对儿童的健康进行检查，避免病菌的传染。同时在前厅区域设置了前台，方便商家进行售票与引导。为统一空间整体风格，更鞋区的置物柜造型同为拱形（图6-35）。为保护消费者隐私及储物功能，全部安置封闭式储物柜。同时在更鞋区也安置了一些简易的收纳空间，如雨伞收纳等。为便于更鞋，同时设置座椅等设施。

图6-34 前厅前台部分　　　　　　　　　图6-35 更鞋区

（3）空间风格与装饰

LOHO亲子餐厅加入了无锡惠山泥人的风格元素，在风格设计中融入民族化、本土化的经典元素，让设计具备美感和文化性的同时又让本土消费者感受到熟悉的归属感；在空间颜色的选择上运用了惠山泥人常见的颜色，根据惠山泥人的颜色提取可以发现，其大部分颜色的饱和度较低，偶尔有明度较高的颜色进行点缀。同时根据惠山泥人特有的圆润可爱的特点，在空间的塑造上更多地使用了圆、弧线等元素，空间上以非线性空间为主。

如图6-36所示，LOHO亲子餐厅主打清新自然、纯净美好的色调，不但符合儿童的天性，而且也减少了儿童在视觉上的疲劳负担，从而以一种更积极向上的心态去感受每一段体验。在材料上，运用环保并且有弹性的软包，让儿童更加健康安全地在体验式的空间里玩耍与学习。同时，根据惠山泥人的造型元素提取设置了拱门来划分各个功能区域。

图6-36 LOHO亲子餐厅的内景

自然元素的加入是儿童活动空间风格设计的重要环节，这些元素为儿童活动空间提供了无限可能性。在儿童活动空间顶部悬挂了云朵、飞机等装饰灯具，给儿童创造一个梦幻的环境。在增加空间环境趣味性的同时，还能让空间得到更大程度的利用，更提升了儿童参加游戏的主动性。同时引入自然光不仅可以照明，更可以渲染气氛，没有什么比阳光更能温暖人心。从能源方面考虑，自然光的引入极大地减少了因照明所需要的能源损耗。

　　亲子餐厅内主材料的选择偏向以木材为主的纯天然材料，亲近自然是人类的天性。儿童在纯天然材料搭建的空间内无形中增强了对自然的感知，纯天然材料的环境，不但有助于儿童的身体健康，更符合低碳、可持续的发展观。

第七章　共享理念视域下的公共空间设计策略

从城市设计的角度进行分析，政府相关设计决策人与城市设计工作者为建构公共空间绞尽脑汁，然而在实际施工的过程当中，建构公共、开放的空间仅为初级阶段。在公共空间的实际运用中，难以保证处于该空间内的人们均能"共享"设定的公共空间。平等地进入并使用开放空间的需求在不断增加，大多数设计者创造的场所仅仅满足了最低限度的规范要求，并不能全面考虑、照顾、支持群体的使用需求及行为活动。

一、共享理念视域下的公共空间设计目标与原则

（一）共享理念视域下的公共空间设计目标与创新思路

1. 设计目标

基于共享理念的城市公共空间是具有系统化、多样化、体验化特征的公共空间，它能使群体不同层次的需求得到满足。基于共享经济的时代背景，以空间资源的再利用与再联系、以不同需求的复合化空间划分、以体验感的空间营造为目标，使城市公共空间价值利用效度最大化。将城市公共空间打造成具有活力的、能够满足人们精神需求的积极空间。强调大众在城市公共空间的参与度，以多元的物质、精神及体验媒介为纽带，构建人与人、人与公共空间及其要素的各种互动与共享。

2. 创新思路

公共空间是各群体进行社会交往的场所，有效地设计城市公共空间，需要构建美观与有秩序的形象，同时也要重视各群体使用空间的方法。当各群体的相应行为在空间内存在叠合时，空间便形成公共性的属性，并且产生真正意义上的公共空间。空间需拥有不同的层级划分，从而包容不同类型的群体，变成生活的拓展与延伸，增强居民间的沟通与互动，使社会的问题得到有效的解决。一些城市公共空间在设计时忽视了上述重要价值。

城市公共空间是居民生活的平台，假如决策层仅基于宏观层面、由上至下地构建城市，以抽象数据与符号为依据，将只能对于实质上的城市空间远远观赏，且与实质上的情景相互偏离，导致城市的问题衍生出来。共享理念的创新思路为：在城市空间中要以"人"为基础，公共空间并非指某个人或某建筑；公共空间相当于媒介，是有效联系居

民生活与文化活动的空间平台，即真正意义上的共享空间；要从下至上，在逻辑上，回归生活的建设，并且进行积极主动的参与。居民是空间的自主参与者，不仅仅是空间的使用者，同时积极地参与空间的营造与感受，并且对于生活情景予以积极的体验，从而对于城市产生更好的认知。设计回归城市的面貌，将为公共空间实现可持续发展奠定基础。

（二）共享理念视域下的公共空间设计原则

"共享"包含物质和社会两个层面的含义。社会层面围绕满足不同年龄、身份、文化、生理等多元背景人群的需求，为他们提供在城市公共空间生活更加丰富多彩的情感交流。物质层面围绕空间利用和资源让更多人分享使用，提高资源的利用效能，是链接人与人互动共享的物质媒介。

1. 基于社会层面的原则

（1）共同参与

劳伦斯·哈普林（Lawrence Halprin）提出：公众诚然采取消极赏玩的态度享受艺术品存在的乐趣，然而城市成为艺术的原因是拥有相应的参与性，需要公众活动于其中。参与性为设计公共空间奠定基础，同时为城市活力提供源泉。[①]假如公众空间无人参与，则它是冷漠且毫无生趣可言的。城市公共空间由于社会性特征，其活动人群背景多种多样，具有复杂性。因此，需要各种背景群体的积极广泛参与，从而打造出公共空间的共享性。

大部分公共空间不缺失可达性，仅缺失有关公共生活方面的内容。打造公共空间，不能进行凭空想象与臆造。这种自顾自的公共空间，不可能承担起"公共性"。因此，我们要把空间公共化，制造共享空间让市民参与进来。

（2）动态协调

城市公共空间具备包容性以及可调节性特点，从而与行为的改变相适应。城市公共空间的动态协调彰显于以下层面：

其一，城市中存在片段化公共空间，经由缝合，呈现出共享的拓扑结构，每个"单元"代表了特定的空间内容——行为活动、物理空间维度、设施等。在不同的时间段，"单元"之间会匹配合适的对象来保持畅通，以维持城市公共生活的延续及多样性。另外，每个"单元"都可通过公众参与即时更新上传有关想法并修复失落空间。

其二，生活的主要特点包括复杂与不可预测性，所以难以预测公共空间将来使用的成效。在使用一段时间公共空间之后，环境将产生变化，居民会衍生出新需求，从而进行适应性调节。城市公共空间需要在不断改变中持续地颠覆创新，正是由于空间经历不同的时间，经由持续地改进与迭代，才能企及生活需求的相应平衡点。因此在设计公共空间时，需预留弹性调节的可能性，采取分阶段与分片段的实施方法，从而使具备过程

---

① 张弛，澄蓝. 劳伦斯·哈普林的环境设计思想 [J]. 新建筑，1992（03）：36-39.

性、场所精神的公共空间品质得到可持续发展。

（3）多元复合

在共享理念视角下的城市公共空间关注的主体是城市中的普通居民，他们在空间中产生多元化的行为，其行为通常和个体的性格、年龄、习俗、职业、学历、地位等多元化的因素存在密切的关联，年龄是对行为产生最深影响的因素，各年龄层次的人对于空间的使用需求各不相同。在城市公共空间的普通定义下，街道、公园、广场等空间类型对应的人群结构以及活动类型也各异，在同一空间中的不同时间段，活动人群也不尽相同。因此，为了促进城市公共空间中各种行为的产生，就需要以人的复杂行为作为标准，打造出多元化的空间环境。

2. 基于物质层面的原则

（1）功能"模糊化"

功能"模糊化"是指单一空间中原本的功能属性不再局限满足于单一的行为需求，是公共空间单一功能的良好补充。功能"模糊化"使公共空间之中的单一或不同的区域产生多元行为，着眼于社会公众的角度，发掘和使用公共空间的附加性功能。如复合型街道空间，因为其承载多元化的功能，所以复合型街道的场所包括使公众休息娱乐等需求得到满足的步行空间与休闲空间。因此，不同的空间类型为了满足不同的行为需求，承载了复合的空间功能。

（2）空间"动态感"

空间"动态感"指的是人与环境的链接处于一种动态变化的过程。哈普林说过：当我们行走在高度不同的人行道面的时候，我们会有不同的感受与体验。儿童注重空间的趣味性和运动性，青年人注重空间的娱乐性和社交性，中老年人注重相对稳定的休息空间。枯燥无味的景观空间只会加快人们通行，富有"动态感"的公共空间使空间形态更加多层次，视觉上给人以趣味感和运动感。同时，人在受到外部环境的影响时，会产生相应的生理反应与机能变化，带来行为上的互动。扬·盖尔在《交往与空间》[①]中指出环境空间不同，人的行为存在差异，提出公众活动交互设计的概念。人的行为密切地关联着环境，人在环境之中充当主体角色，需要承担塑造环境的责任，并且环境也同样能对人发挥作用，两者存在于互动的过程之中。

（3）空间"层次性"

空间"层次性"即空间以私密性为依据能够划分成以下层次：公共与半公共、半私密以及私密，扬·盖尔在《交往与空间》中分析了住宅区空间的分级情况，获取了相应的空间关系网。研究表明，公共空间位于最外层，诸如街道的广场，最内层为私密空间，诸如阳台、院子，其间的庭院与绿地即半公共也就是半私密空间。调研数据表明，公共空间包括两种层次性：一种是按照功能布局的差异被置于不同开放性空间中的层次性，

---

① 扬·盖尔. 交往与空间 [M]. 何人可，译. 北京：中国建筑工业出版社，2002.

另一种是本身产生的内部空间层次性。也就是说市民进行的多种行为活动并不固定于哪种层次空间，市民从公共空间到私密空间会经过一系列"过渡空间"。（图7-1）

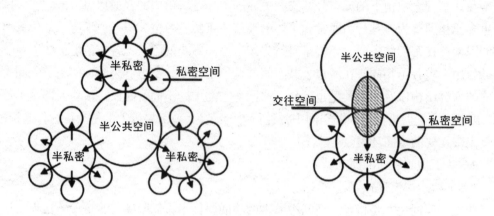

图7-1　空间层次划分

传统城市公共空间的公共性和私密性之间并未很好地结合，导致所在空间的活动种类过于单一，不能与其他行为活动相互补充而呈现出多元的状态。而不同公共性质的空间进行组织而使空间层次产生，从而形成空间中的活动人群、活动类型、活动量的差异分布。在城市公共空间的布局中，虽然各种私密程度的空间之中均能够触发相应行为，但是纵观活动类型与数量及使用的比率情况，公众存在向往过渡空间（即半公共及半私密空间）的倾向性；也正是因为公共空间有着不同层次作为前提才能有"过渡空间"的出现。

二、共享理念视域下的公共空间设计内容

（一）空间与空间的缝合：资源互补

空间是城市可以共享的最大资源。老龄化日益严重，老年人退休后势必需要空间进行交流活动，需要重新审视城市中闲置没有发挥出应有的作用的空间的价值。[①] 在共享城市建构当中，怎样连接与驱动共享资源、共享空间以及共享设施成为其实现的关键。建构共享空间的最终目的是建构适宜居住的城市，获得长足发展。如处于公园偏僻位置的角落、园所以及尚未获得有效利用的空间，据实际情况和需求进行公园景观改造，拆除不必要的围栏，从而提升公共空间的利用率，扩大视野空间，提高其开放性和吸引力。

共享不仅能够带来空间使用成本的降低，更重要的是共享所带来的多维度的连接关系。快速交通道路和设施对城市公共空间进行了分割，破坏了整个空间的连续性，这一情况直接造成城市出现大量"片段化"的空间环境，城市居民应享有的公共空间变得狭

① 赵四东，王兴平. 共享经济驱动的共享城市规划策略 [J]. 规划师，2018（05）：12-17.

小，对于公共生活的顺利展开起到阻碍作用，破坏了城市居民生活的多样性。基于此，在处理上述"不共享"问题时，提出了"缝合"策略。将公共空间视为有机的生命体，就像外科手术通过缝合伤口，让其慢慢愈合。公共空间通过"缝合"的方式，重新让功能不同或不完善的空间联系起来，使有限的城市公共空间的功能变得逐渐完整，居民的公共生活更加丰富。空间被分隔的原因多种多样，如不同单位的划分土地、不同的城市用地方式，通过景观的"缝合"，使这些被明确分隔开来的区域重新形成一个整体，既美观又有一定的生态价值。[①] 大范围的"缝合"可以通过自然风景区、环城公园等，小尺度的可以通过各种街道广场，针对不同的分隔类型，设计好缝合带，具体分为道路隔断、设施隔断和场地隔断。

1. 道路隔断

道路隔断指道路作为不同区域的分隔界限来区分不同的区域，通常道路两侧的空间缺少联系，处于分离状态，且被车辆、铁轨占据，人退于两侧。针对这种情况通常利用沿街绿化，或者改变车行路线，将其改造成线性公园、绿道等。打造舒适的城市生活圈，主要以步行、骑行为主。连接被间断的交通道路，打造连续性强，拥有良好环境，步行、骑行即可到达的便利城市街道网络，城市居民可以轻松到达小区和工作地邻近的开放公共空间。鼓励城市居民积极参与有意义的公共活动，从而提升公共空间的利用率，为城市打造丰富多彩的生活情景。

在哈普林的《高速公路》（Freeways）中我们可以看到，城市中建成的高速公路将原本联系紧密的土地分隔开来，像城市规划布局上一道道伤疤，对整体的城市景观造成了严重的破坏。[②] 为了解决这个问题，在穿过西雅图市中心的5号州际高速公路上，哈普林开创性地设计了一个公园。这个公园设计在公路上方的一座桥梁上，连通一些边缘空地，将高速公路两侧的两部分重新连接在一起。为了减弱交通的噪声，设计了流水瀑布的景观，立体设计既节省了土地，还带来了丰富的景观效果。这个公园成了缝合景观的一个经典案例，不仅让市民思考地块分隔带来的不良影响，还给设计师通过绿地来连通空间带来更多的灵感，从而创造更多高效便捷的人车分流的空间。

多样化的城市公共空间环境可以增加社会活动的密集程度。加拿大卡尔加里城市广场被一条轻轨分割成两块区域，然而并没有切断空间的联系和丰富的公共生活。轻轨沿着南北轴线把场地划分为两块，一般情况下，设计受场地和基础设施的关系的影响，限制了场地的形态和使用方式。针对这种情况，场地运用两种缝合手法：①设施的转变。将现状轻轨转变为公共区域活力的来源，借助特有的穿孔铝板对轻轨产生的多种光线进

---

① 夏帅琦，张青萍. 缝合·行为：一种城市更新设计法——以南京玄武湖东岸锁金街区改造更新概念方案为例 [J]. 园林，2017（08）：46-49.

② 刘扬. "构筑自然"——劳伦斯·哈普林西雅图高速公路公园（Freeway Park）设计思想浅析 [J]. 文艺生活：下旬刊，2012（06）：193-194.

行捕捉。在场地和火车进行连接的过程中，铝板发挥反射光线的重要作用。在公共空间当中，轻轨将自身的活力充分释放，在发挥自身公共职能的同时为城市公共空间注入新的活力。②空间布局的连续性。建构多个空间互融的平面形式，把各个分割的空间整合为一个整体，打造出多功能休闲活动空间。轻轨将广场空间分割为数个小空间，设计者将其进行整合，建构成现有生活娱乐广场，位于轻轨线东部，轨道周边设计出轴线。将广场东部设计为城市居民能够自由进出的公共空间场所，边缘的人群柔化了僵硬的折线，包括场地中的树木形成的树荫，与另外一边场地的铝板空间形成了对比。整个设计利用了火车经过时产生的戏剧性，突破了基础设施既定的空间限制，巧妙地将可利用空间整合为舒适的公共空间场所。

Hamamyolu 城市平台是一个占地 26 088 平方米的土耳其城市公共空间设计项目，该项目要求更新改造街道，重新诠释其社会文化、历史和视觉识别性，使其重新融入城市。虽然直到 20 世纪末，该街道还是一个"城镇中心"，但却失去了它的公共价值，这种情况导致城市南北关系变得更加弱化。该项目是一个以独特方式与城市产生多重联系的图层体。南北城的连接主要体现在三个方面：①其中最重要的联系是与城市的"宏观联系"，它通过一条连续的步行街将城市的南北部分重新连接起来。连续的人行道连接着城市的南侧和北侧，一座桥穿过道路跨越整条街，这座桥同时也作为一个开放的艺术博物馆，开放和展示着当地的特色。②第二重联系是"绿色连接"，改善了 Hamamyolu 街道单调的景观，新增了 50 棵菩提树，262 棵灌木，3 877 棵常青藤，3 066 棵地被植物，585 片草地，从南到北形成了一条崭新的"绿化带"。③当地特色产业下的材质运用。该地区玻璃产业发达，当地传统的玻璃制造技术优良，玻璃产品到如今还十分盛行，许多工匠制作手工艺品，在城市内展出和出售。Hamamyolu 项目就使用了当地这种特色的玻璃产品。该项目规划了一条独具特色的绿道线性空间——长达 1.2 千米的人行道，采用了线性 LED 光束，将 22 000 块当地手工制作的玻璃嵌入地面的白色水泥中。这种特殊的材料组合不仅赋予了该空间独特的区域性，还通过使用当地盛产的玻璃提升了当地经济。此外，线性 LED 光束还可用来强调参照现有树木而定的城市轴线的连续性。

从这三个案例可以发现，将存在"断裂"难以共享的两块区域通过"架设""铺盖""融合"等方式重新联系起来，可以将相互割裂的城市空间以全新的方式带回城市，并与城市建立多种联系，使过渡空间本身成为新的空间场所。公共空间中加入各种不同的元素可以让各个阶段的人都享受到社交的乐趣，这些元素自然地融入生活中，并创造一个可以每天体验新发现的城市生活背景空间，能够满足人群对附加"新环境"的新体验。

2. 设施隔断

设施隔断指通过公共设施如栅栏、广告牌等隔断了整体区域，给人口动线、感官视线带来了影响。常用的解决方法有拆除隔断，或者移开设施，保持空间的整体性，增强市民的体验感，满足其更多的公共需求。

诸大建等认为共享经济可以划分为下述几个层次：一是物质资本共享，即实在物资的共享，如共享自行车、共享住房等。二是人力资本共享，即以人为载体的服务、技能、知识共享。三是自然资本共享，即城市公共空间共享。为城市居民提供道路、广场、街区以及自然景观等方面的共享资源，实现共享空间的有效利用。[①] 将原有独立、分散的公共空间进行整合，充分发挥各种独立资源的优势，建构利用率、舒适度较高的共享空间。

公园是城市中不可缺少的部分，是市民休闲娱乐、缓解精神压力的场所，能够满足市民休息、游览、健身等各种社交需求，除此以外在高密度人居区域的公园，不仅具有满足上述需求的功能，在流线组织上也应该提供更人性化的城市步行空间。国内出现很多具有"自闭症"问题的公园，如上海陆家嘴中心绿地（图7-2），公园的三个出入口分别位于三条道路的接近居中位置，二号线的游客或者办公人群无法便捷地进入园内，导致拥堵。对于时间短促的稍息的上班族或不熟悉路线的游客而言，中心绿地从一个公共共享空间变成不易共享空间。主要问题是绿地出入口的设置及人口动线组织没有达到对其他街区足够开放及引导人流的作用，仅仅考虑了通过环路使整体道路系统完整。因此，通过拆除人流量较大处的围墙或者按时间节点选择性开放，增加出入口或者合理规划游览路线使公共空间与外部更好地连接，城市元素之间更易共享服务于人群。城市公园应融入城市、缝合城市步行空间、提高步行空间人性化的目标，使城市要素之间得以共享。完整的公园的内涵不仅仅体现在"园"的完整性，也应该具有"公"的包容性，才能被大众使用、被大众共享。

图7-2 陆家嘴中心绿地

---

① 诸大建，余依爽. 从所有到所有的共享未来——诸大建谈共享经济与共享城市 [J]. 景观设计学，2017（03）：32-39.

3. 用地隔断

用地隔断是城市中出现了很多空闲地块，没有明确的功能，没有经过规范的设计，无法使用，导致周边区域被分隔。这种类型的隔断可以通过将这些地块融入周围用地重新设计。许多城市的公共空间分布不合理，加之发展不统一，在城市当中设置了规模较大的休闲广场与娱乐公园，但面向城市居民经常活动的社区级公共空间建构却屈指可数。政府设计部门在对独立公共空间进行"缝合"时，第一步要详细考察周边公共空间整体建设基本状况，在此基础上将城市潜在的空间资源进行融合，不断完善城市现有公共空间的基本功能。将传统单一的城市公共空间打造成具有多样性和生活性的公共空间，从而满足各个群体对公共空间的需求，满足休闲娱乐、人际交往以及组织文化活动等需求。

在现代空间利用案例当中，美国的高线公园较为典型，是城市空间"缝合"策略的成功代表。该公园最初为城市的高架铁路，废弃后变成了杂草丛生、破败不堪、大批流浪汉聚集等消极的城市空间，该地区政府将其纳入拆迁计划。高架铁路附近的城市居民组织成立"高线之友"，通过与当地政府的协商最终取消拆迁计划，通过融合设计将其打造为城市公园，由公众机构进行运营管理。高线公园穿过纽约曼哈顿中城，总体长度达到 2.4 千米，成为纽约著名的景点之一。高线公园以自然植物景观为主，保留了原场地的特色，为两个被分隔的区域提供了一条独具特色的绿道，让市民能在紧张的城市生活中暂缓城市的快节奏。同时，高线公园也带来很大的生态价值，绿道给城市中的小动物提供了一个绿色生态的栖息地。随着高线公园的名声越来越大，其推动了周边区域的经济发展，越来越多的人意识到土地、空间的二次利用的重要性，一些厂房开设了博物馆、餐厅等商业空间。

黄浦江东岸开放空间贯通设计，上海市虹口区规划和土地管理局（以下简称规土局）委托 HASSELL 为北外滩滨江进行规划设计，其目的是构建亲水景观廊道，为本地居民和外来游客提供更好的服务。经过研究分析，规土局提出具体要求和方案，即廊道要将滨水水岸的所有区域进行连接，同时还要连接滨江和虹口区实施的多个更新项目，借助公共项目的推行激活各个重点的区域。上海白玉兰广场、星港国际中心、苏宁宝丽嘉酒店等各个重要节点相对独立，公共空间分散不均，不能很好地与外滩和陆家嘴区域形成金三角格局。这个项目通过小而精的滨江绿地连接各个地块，以三条突出的主路形成连续的滨江空间，使市民能在长达 2.5 千米的绿道上散步、健身、游览；同时打造虹口区传统特色的人文景观，增加居民对该空间的归属感。

The Bentway 是多伦多市高架桥底的一个市民共享空间。城市规划专家和景观设计公司通过重新激活这些废置空间，为市民提供共享的休闲娱乐空间。The Bentway 名称来自"Bents"，即支撑起这座公路高架桥的柱和梁。由一系列柱和梁搭建而成的桥底空间，为市民创造各种用于休闲、娱乐和活动的空间提供了条件，从冥想设施到创意中心，甚至到小型市场都可满足。公路的路面则成为桥底空间遮风避雨的大型顶棚；桥身的梁柱也为电缆和管线的铺设提供了结构上的支持，从而为举办大型活动的电力和照明提供了保证。通过将各种类别的活动空间融合在一起，并进行了大面积的绿化工作，从而创造出宜人的共享空间。

由此看来，在三种隔断方式下，"缝合"打造出诸多空间类型，提高了空间利用率和丰富性，在保留弹性空间的同时为城市居民提供舒适的公共空间场所，此外还保留了空间调整的可能性。城市居民可以进行各种活动，如歌舞、展览、艺术等，打造多维生活空间，提升城市生活情景的多样性。

（二）空间内部的切分：解决冲突

梁鹤年教授曾提出"城市人"理论，即从人的本质出发，提出城市人的理论基础在于自我保存和与人共存的内在整体性和一致性。[①]笔者将这种自存与共存的利益平衡状态暂且称作共享。不同空间使用者之间不是简单的"竞争"关系，而是"竞合"关系，都为各自争取空间机会，互利共生。在相同时间内处于同一空间的人群具有不同的空间使用需求，行为活动的差异会产生空间利用的冲突，那么如何解决人们在寻求自身空间机会时的冲突呢？笔者将人群在空间中所有可能触发的行为活动作为公共空间划分的依据，与相对应的活动空间形成一个整体。把这个整体比作一块蛋糕，怎么把蛋糕切得符合每个人的胃口是此处共享的关键。每个人都会自主选择需要的口味，或者依次选择不同的口味，也正是因为每个人都能一起享用，才能让这个空间成为真正的共享空间。

"切"字看似与"共享"矛盾，却更为准确犀利地表明空间利用方式的合理性和体现空间多样化的必要性。虽然公共空间的定义一直以来较为模糊，且共享理念下的公共空间有着更多的开放性和使用方式，但并不意味空间的利用方式不设限制，相反需要更为刻意的手法实现不同功能空间的重组与需求细分，使得"自存"与"共存"之间保持相对平衡。需要强调的是切分不是一刀成形和空间形态固定，而是根据多种行为活动设置更为明确合理的空间界限，通过弹性可变的空间界限，设计具有多样化的活力空间。此处以空间布局和虚拟生长两种模式来展开。

1. 空间布局

当今时代并不缺乏所谓的公共空间，缺的是能让市民自发性社交的空间。有不少公共空间除了零星的座椅和路过的行人，不存在交流性的活动，行人也没有停留的"理由"。那么怎么营造让人们易于交流且多样化的公共空间呢？

私密性的基本定义是"一个核心调节过程，通过它一个人（或者群体）使自己更容易或更难以接近"[②]。私密性不是简单的自我封闭的空间，在独处的同时也需要跟外界交流。所以，私密性可以看作是个人或者多人根据喜好有选择地与外界互动，同时自由地控制时间与形式。与之相对的公共性则是指人较多地渴求与外界交往。进一步说，人

① 梁鹤年. "城市人"理论的基本逻辑和操作程序 [J]. 城市规划，2020（02）：68-76.
② 吴剑. 浅析住宅室内设计中的人文要素 [J]. 湖北成人教育学院学报，2009（01）：92.

在一些时候害怕孤独，希望与外界交流与互动，而太多的公共活动又会导致人们渴望拥有相对私密的个人空间，避免来自外界的各种干扰。公共区域和私密区域是相辅相成的，都以人的需求为基础，是公共空间的重要组成部分。同理，市民的公共生活在同一空间中看似矛盾，但只有相互依存才能称得上是共享。合理的公共空间设计应考虑不同人的行为需求，包括休息、交流、集会、游玩等，不同的需求对应的空间尺度、私密性、层级性也各异。

从领域、安全和从属感的角度看，空间的划分对区域的属性和市民的归属感有重要意义。从小空间到大空间、从私密空间到开放空间用具有醒目的标志物表示，可以让使用人群有一目了然的定位，带来一种更强的安全感和归属感。如果市民都把这种区域看作住宅和居住环境的组成部分，那么就等于扩大了实际的住宅范围，从而更多地使用公共空间（图7-3）。在居住区附近形成半公共、熟悉的空间给目标人群带来更易交流互动的体验，并且认为这些空间属于住宅的一部分，父母也会更愿意让孩子出门玩耍，同时也加强了居民的集体责任感，有利于空间的再建设（图7-4）。

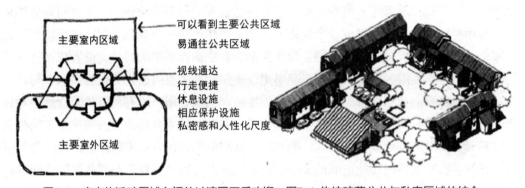

图7-3 室内外活动区域之间的过渡区更受欢迎　图7-4 传统院落公共与私密区域的结合

按照"私密—半私密—公共"具有过渡性的层次划分，利用简易装置、搭建构筑物、智能弹性设施等空间划分手段，可推动不同功能空间的重组与需求细分。不管是社交休息等相对私密空间，还是用于广场舞表演的半私密空间，它们都是组成共享公共空间的一部分。把空间切分好，市民会源源不断地参与其中，从而提升城市空间资源的利用率。在进行空间布局时，可以学习借鉴四合院模式，将各个功能空间进行有效叠加，最终建构空间布局的基本模型（图7-5）。

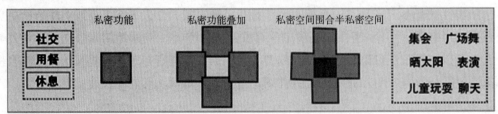

图7-5 空间布局的基本模型

值得注意的是，空间划分形式没有固定答案，人们的感官在不同的空间形式下也会产生不同的感受。普遍来说，规整的几何空间如传统的意大利园林通常会让人感受到肃穆、古典，而不规则的空间如自然派园林则会让人感受到自由、活力，私密空间则会给人带来安全感，开放空间会增强人与外界交流的意愿，小尺度空间会带给人亲近的感觉，大尺度空间会给人以辽阔的豁达感。在不同的属性需求下，可以根据现有条件进行适当的调整，创造出丰富多样的空间。如政府楼、墓地、法院需要肃穆庄严的空间，可以采用规整的线条、图案；幼儿园、商场需要自由活泼的景观，可采用流畅、不规则的景观。只有将空间的各种形态充分叠加融合，才能更好地满足目标人群的需求。

位于波兰波兹南的 Wolności 广场，每一年配合 Malta 文化节不同的活动而承办各式各样的主题活动，同时每年的装饰风格都会相应地改变，主要与文化节主题相结合。在关于南斯拉夫种族与政治的主题中，该空间表现了一场漫长又曲折的社会文化之旅，该空间将灰色的混凝土砖块应用到整个铺装，空间内没有植物遮挡视线，形成了一个十分开阔的空间，但没有植物的装饰与遮蔽作用，在夏季和冬季时，人们会直接暴露在炎热的太阳或是呼啸的寒风下，导致这里夏季和冬季的使用率很低。随后，设计师对该空间进行了改造，通过简单的脚手架装置在广场上搭建了许多隔墙，整体的广场空间被分隔成各种尺度合适的小空间，形成了从开放到私密的过渡空间。这些空间被分成了娱乐区、儿童活动区、商业区，使用人群可以根据自己需求的不同来选择不同的空间，解决人群中不同交流活动的冲突。

上海黄浦区的贵州西里弄社区设施破旧现象十分严重，绝大多数居民的居住空间十分狭小，设施破损，物品陈旧。随着城市社会的变迁，社区内部的结构关系日趋复杂，生活空间分散化，不仅导致了日常维护与修缮更新方面的诸多问题，居民自我更新能力也日益减弱，集体合作意愿不高。在条件相对有限的情况下，社区完成对空间功能的布置，安装合适的硬件基础设施，打造舒适的社区共享客厅，从而为社区居民提供必备的生活空间，提升其幸福感和归属感，提高城市整体精神品质，带动社区活力。

设计利用社区现有资源，以最小干预的方式，区别社交休息等相对私密空间和用于浇花、遛鸟等半私密空间以及活动广场更加开阔的空间，使空间能够满足更多人群的不同需求，营造出一个多样化、社会化的共享空间。拆除改造利用率较低的陈旧设施，设计适于社区生活的物资设施，促使里弄及门洞成为共享性的生活空间，成为汇聚社区生活的场所。

2. 虚拟生长

除了让公共空间中各异的公共生活相互依存共生，还要让未来可能发生的行为活动有繁衍的空间，当今时代共享经济下的虚拟空间便是答案。科技与通信技术的快速发展使物联网时代经济共享成为可能。我们直接通过网络就能获取外界的一切信息，了解各种商品的状态或者位置，进行购买或者租赁，实体经济和虚拟经济的界限开始模糊。科技的发展还使人的行为能被数据化，微型传感器可以准确而快捷地将人体行为各项数据直接导出到接收器上，让我们能清楚、科学地了解自己或者他人的身体状态、情感状态，为更好地为他人服务提供良好的理论依据。比如，未来市民可以线上查看需要前往的公共空间的使用情况，提前了解相关信息，如哪些团体参加了哪些活动，避免空间和时间上的使用冲突。也可以与人们共同讨论相关话题、举办新活动并参与其中，并在此基础上衍生出更多的想法和共同承担城市建设的责任。物联网与公众行为数据结合，使用群体既可以是参与者，又可以是共享群体中的主导者，可以促使使用群体更好地参与到互动中来。建构公共空间的重心是打造全新的生活休闲方式，并非建设某一空间。人们在空间中消费"事件"，获得体验并通过互联网平台即时反馈至虚拟空间，然后综合所有数据，最后升华实体空间以容纳更多的活动，提供一个良好的活动发生地并支持活动连续发生。实体空间和虚拟空间的协作方式使公共空间的发展迈向了一个新的高度，不断创新和发展，就像有生命的系统一样孕育生长。

纽约高线公园以前是一条荒废已久的破旧铁路，周边环境恶劣、长满灌木丛，附近居民多次敦促政府拆掉它。但两位居住在铁路旁边的普通市民建立了名为"高线之友"的社会网络平台，它的会员有纽约市长、电影明星、华尔街金融家、纽约普通市民，甚至其他城市的人。网络平台形成以后，组织者反向说服市政府共同实施公园计划。当计划付诸实施，所有的社会空间资源都成了高线公园的潜在使用者、宣传者和推广者。他们体验、分享高线公园，也使其成为他们社会价值的发生地，很多名人捐助了公园建设并以义工的方式身体力行地支持。借助网络平台，共享经济可以聚集兴趣相投的会员，打造网络社群，在空间组织与合作平台的基础上成立社区基金会等会团，其已经发展成为具有较大影响的城市空间力量。高线公园是社会空间和物理空间高度融合的新型共享空间，远远超出于传统意义上公共空间的概念，它从"地点链接"开始，将物理地点和虚拟地点以"再社区化"的形式重新呈现。始终坚持O2O理念，如设置App，组织线上、线下相结合的空间活动，社区年轻居民积极参加讨论，大大拓展了社区微更新产生的影响力度和涉及区域。正是因为市民的广泛参与和虚拟平台的利用，这些失落的城市空间才得以发挥更大的价值。

虚拟生长通过准确而快速的供需信息，实现高效的信息处理与对接，给消费者和生产者提供一个精准的交易平台，同时给予空间一定的留白，供使用者发挥需求的弹性空间。① 消费与生产紧密结合，人人参与，人人共享，发挥其空间最大的利用效度。更进一步说，虚拟空间不仅能够提供物品所有权的共享，更会在共享这个过程中提高服务体验和社会参与度。

（三）空间内部的营造：体验共享

任何一个城市的振兴都离不开人，唯有当人不断地在城市中流动，才得以使城市极

---

① 张鹤鸣，王鹏. 智慧共享城市——共享经济导向的智慧城市空间响应 [J]. 城市建筑，2018（15）：39-42.

具生机与活力。倘若一个城市人气贫乏，无人问津，那么城市振兴只能是一种幻想。基于共享理念的城市公共空间不仅表示利用的开放，同时也代表着要重建新的空间生产机制，把各类角色、各种社会力量集中到空间营造的环节中，并在这个过程中使人们获得参与感和体验感。

"真正的场所并不是处于大楼间，而是位于人类难以忘怀的体验中"[①]，基于此，要从提高全人类的幸福感这一角度出发，制定出高度重视体验性的公共项目。空间内部可从动态化的空间设计、参与性的设施设计、人性化智慧交互体验的加入三方面营造"体验性"的共享空间。

1. 动态化的空间设计

格雷戈·林恩（Greg Lynn）在研究中指出，动态空间其实就是一个交互主动的空间，和共享理念所体现的身心互动体验是相同的。另外，他还指出动态空间的设计包含两种不同的方法：一是采用变形的手段冲破常规的平直空间，构成动势形态；二是依靠机械设置的方法，让空间形态得以灵活调整转变。[②]

鲁道夫·阿恩海姆 (Rudolf Arnheim) 基于格式塔心理学相关知识，绘制了视知觉和建筑形态二者间的关系图。其指出形状的几何特性能够反映出空间的性质，视知觉和空间形态二者间构建起一类平稳联系，在空间形态做出任何的改变，比如缩小、前移、扩大等，二者间联系的改变则会依靠视知觉来对空间稳定形态的认知产生影响，进而致使心理状态不平稳，并由此生成维稳需求（图7-6）。这类形态方面的改变所产生的动势形态并不等同于常规的平直空间，其超出人类常规性认识。著名心理学者勒温在观察与研究中得出，人类大多数时间皆和周遭环境状态间具有均衡关系，当此均衡性被打破后，则会引发人类的心理恐慌，进而产生一种得以让身心复原均衡状态的内部驱动力，即依靠对形态的设计，充分凭借心理的驱动力效应，刺激与诱使身体做出各种行为。

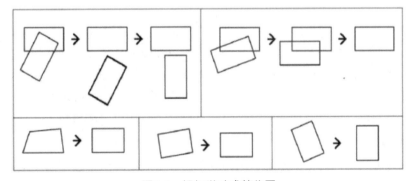

图7-6 视知觉动式简化图

动态化的空间设计通过人与环境互动从而产生不同的行为活动，增加空间活力。在

① 陈颖. 以文化景区为主题的商业街设计初探 [D]. 天津：天津大学，2012：22.

② 蓝青. 数码建筑物语之格雷戈·林恩 [M]. 石家庄：河北教育出版社，2006.

不过分限制其他事件发生的可能性的前提下，主动引导主体参与空间体验比被动留白更能激发参与性和创造性。动态感的空间设计可以分为欧式几何的变形、拓扑形变、动势形态三方面营造。

①欧式几何变形。目前欧式许多不同的几何形状都被归纳成"标准形体"，包含球体、圆锥体以及长方体等。根据格式塔心理学相关内容可知，人类对这部分几何形体的形状、尺度等皆在视觉上形成了稳定的认知。尺度、形式都有业已留存的完形视觉认知。在公共空间形态设计上，针对这些"标准形体"的空间进行相关几何变形，一是从个体层面入手，对它们的空间做出倾斜、错动处理；二是从群体层面入手，对它们做出旋转、移动等处理。空间形态冲破了原先的视觉认知模样，表现出不具有平稳性的空间动势。

欧式几何的变形操作不仅有以上所说的几种基本变形方法，在建筑设计中还有一种重要的变形操作，即解构化，通过这一变形方法，也能获取空间动势形态的结果。关于空间的解构化，具体的操作步骤是：一是对空间原先的结构与中心进行消解，把空间的不同部分敲碎分散；二是采用变形、移动以及旋转等方法对种种片段元素做出重新的处理；三是把已变形的片段通过繁杂的规律再次重组、粘贴起来，构建出不平稳的外观特点。解构化的空间通常以破裂、穿透的形式来呈现，往往会给人一种不平稳、运动的感觉，反映了多变、繁杂的空间信息。

"El Olimpo"是 RESAD（马德里皇家戏剧高等学校）校园内一片树木丛生的荒地，学生希望能够充分利用这片荒地。荒地内到处都是灌木丛，现有地形几乎无法利用。经过几次合作设计讨论会后，建筑师考虑重建一个人工地形，用混凝土砌块塑造出高差不同的场地，场地既可以作为戏剧学院的露天剧场，也可以作为具有马德里壮观景色的公共空间。

②拓扑形变的形态理论其实和拓扑学中把物体幻想成接连变形的塑形体这个思路存在紧密关联，它的形成机制同样也和拓扑学的形式产生理论类似，即控制变量相互间的建构方式维持不变，不考虑形式的各种细节性情况，如实际大小、倾斜度等，以此产生最后的形态，而这一形态并不取决于其基本元素，而是取决于元素相互间的组构方式。通过这一方法设计出来的形态具有两个明显的特点：一是柔和性；二是接连变动性。

在拓扑形变的空间内，不会出现垂直以及水平这两个方向。采用这种形变手段构造的空间形态具有极强的自由性，使得空间水平面和垂直面二者的界限逐渐消失，此形态因为它自身存在流动感以及黏滞性，故而往往会让人形成活力、动力的视觉认知。

以芝加哥植物园内的雷根斯坦学园为例，这个景观花园以自然式的互动体验为主，设计了一个可供使用者游玩、教学、户外活动的开阔性场地。景观花园中有大量的起伏的小山丘，高低错落，活泼的动线给人以生机勃勃、充满童真的感受，在波浪般的山坡中间是一个圆形的露天场地，可以在这个空间举行聚会或者表演，旁边也设置了自然式的台阶供使用者休息、观演。该设计考虑了各个年龄阶段的儿童的使用需求、行为特征，为其提供了不同的景观空间，同时也考虑到家长的互动、老师的教学行为，使整个空间能给每一个使用者都带来认同感。该设计强调了与自然交往，鼓励使用者与大自然的循环系统进行交流互动，为使用者带来了创意的灵感，是一座全新的环境探索中心和自然游乐场。其中多感官探索花园体现了自由开放的教学课堂，描绘了生态系统的运作过程以及当地植物种类的知识。

③动势形态既表示由于打破平直引起的空间动势，又表示由于组件灵活可调节而形成的可变形的空间形态，空间由于组件的调节引起改变进而导致空间形态表现出平稳性。这一具体界面上的改变重点反映了界面依靠机械装置使得出现了扭曲、扩缩等形状改变，进而完成对空间形态的操作，如调节、整合、分开等。可变化的空间往往会比固定不变的空间更能够吸引人的注意力。一是可变产生的不平稳、多样的结果能够调动人类探索以及实践的欲望；二是可变性的空间，尤其是因为孩子的主观能动性而引起改变的空间，能真正调动孩子参与形态改变环节中的积极性。

张唐景观北京五道口优胜大厦广场中心设计了一个可以旋转的地形，广场上的规则的线条随着转盘的转动而产生有趣的变化。场地设计之初加入对宇宙中空间和时间的思考，提出了"等待下一个十分钟"的口号，如何让人们等待成为核心问题。整个景观由简单的旱喷水池、树池与景观坐凳三个部分构造而成，旱喷末端与一个树池共同设置在可旋转的圆盘上，旋转一周需要50分钟，10分钟以后喷泉暂停，圆盘接着进行转动，观看喷泉的游客则必须等候。一般游客无意识地经过，或是在此处休息时，会突然被转动的地面吸引目光，然后好奇地停留观看。地面上灰色、白色的砖一点点错开位移，让人童心大起感受分合，有的坐在转盘中间看世间百态，有的匆匆拍照留念，有的感慨喷水时间的短暂。就等于无形之中把人们从嘈杂的空间吸引过来，踏入以自己为主角的"舞台"。

2. 参与性的设施设计

扬·盖尔提出，为了使邻里间参与更丰富的公共活动，更深层次地接触与互动，就必须找到彼此之间的共同点，如共同的经历、共同的兴趣或共同的问题等。[①]设计含有多种活动空间和设施的物质环境结构，能够引导市民形成某种活动模式，吸引所有的市民和市民群体，并且一旦人群被吸引，就会吸收更多的目光，活动范围和时间都会大大增加。

城市公共设施是以人类的行为活动作为基础建设安排的，其不仅可以调节人和环境之间的关系，扩充人类的生活，还可以健全城市的功能。从这一方面进行分析可知，一个良好的公共设施，应当是基于公共空间、适用群体以及城市环境这三个内容创建的。一旦这几个方面都健全，哪怕是树荫下的几排木凳、社区的标识牌，或者是公交站牌等，

---

① ［澳］安妮·麦坦，彼得·纽曼. 人·城·伟业——扬·盖尔传［M］. 徐哲文，译. 北京：中国建筑工业出版社，2018.

即使并不突出，但在城市居民的生活中依然存在着非常重大的意义。但随着城市一个复制另一个的大同小异，城市公共空间的功能与公共生活不能同步发展，没有参与感的公共空间只是人们过路的背景。在无法改变原有场地环境的情况下，加入具有吸引力的设施能够直观有效地调整人们的公共生活。就像一块磁铁，制造引力场，人群汇集于此，增加不同人群使用空间的可能性和参与空间营造的途径，体验城市公共空间的共享乐趣。

在 La Rioja 地区 Logroño 建筑与设计节中，设计师使用胶合板材料进行设计，借助一个薄板装置对公共空间采取干预措施。设计师构想到"薄板"可以作为时间的表现形式出现在城市公共空间中，成为人们相遇、汇聚、共享和玩乐的地方。因此，在这种材料关系的文脉下，装置也显现出过往与现在的时间关系，其现实使用情况反映出公共空间的多功能性，它是所有人的空间，是设计成果和社会纽带的空间。装置作为舞台空间，折叠薄板装置是一个所有人都可以自发使用的构筑物，不需要遵循任何规则，它显现出民主化、不受限制地占据人们生活的状态。

哈萨克斯坦的首都阿斯塔纳是在草原上建立起来的国际大都市，经过了多年的发展，目前进入一个新的阶段。设计团队与规划局进行了充分的探讨，决定设计一种不同以往的公共空间。基地选址于老城区一块并不发达的区域，位于大学校园和工薪阶级居住区的旁边，是两种不同城市格网交会的地点。尽管这块三角形场地处于两条重要道路的交叉口，其中一条甚至可以通往连接首都的大桥，但是场地本身并未得到充分利用。设计团队决定打造一个居民们可以参与的空间，而不是那种刻板印象中的普通公园。在预算有限的前提下，设计团队构思了一个框架结构的装置，其灵感来源于地毯拍子的编织结构。人们可以在装置上悬挂自己的私人物品：吊床、秋千、绳子以及木板等。规模上较高大的结构吸引了周边乃至整个社区居民的注意。装置的颜色十分巧妙地使用了哈萨克斯坦国旗中的蓝色和黄色，给使用人群带来一种归属感，让他们对该装置感到安心并且自发地维护与开发。开幕当天吸引了各年龄段居民的共同参与，也证明了该共享空间的意义与价值。

2016 年，欧洲议会委托设计了临时创意设施和绿化设施来连接布鲁塞尔议会校园的不同建筑主要通道。设计师不是设计临时家具，而是摆放 100 把椅子、10 张桌子、50 盆植物。整个形式由一组圆圈、一条长线、几个小簇、一系列星星组成。一整年不改变平面组成，并观察公众行为与椅子摆放方式的联系。他们将广阔的广场变成了一个色彩缤纷的场景，其中椅子和桌子以及使用它们的人成为演员，为市民提供各式各样的休闲活动。滨海艺术中心成为一个欢乐、以人为本和友好的公共空间，但同时也是一个研究对象，其中公众与家具相互作用的不同方式以及它所属的空间可以被观察和探索。需要的设施并不复杂，但试想如果没有这些供市民参与的桌椅、植物，整个广场只有来往匆匆的行人，便没有公共性可言。

3. 人性化智慧交互体验的加入

融合数字技术的高新技术的出现与应用既给城市公共空间形态设计带来了更多的可能，又让人类和公共空间之间构成了新的关系，增加了公共空间的魅力，让人类不但扮演着观赏人的角色，同时也扮演着公共空间形态的参与人、谋划人的角色，极大地促进了人类和景物二者的情感联系，增加了城市公共空间的共享性。"互联网＋"时代，丰富多样的科学技术给公共空间的活动内容带来了更全面的思路，而公共空间也将作为科技实践的平台。全面 Wi-Fi 时代的到来，满足了人购物、网上交流的需求，但同时也使人在公共空间的公共性降低。在 Wi-Fi 环境中，人们往往更倾向于个人的活动而忽略了与该公共空间其他人的交流互动。例如，VR 技术的发展也对传统的娱乐、观赏活动造成了冲击。与出门看电影、游山玩水相比较，VR 技术不需要人们花费太多的精力而通常能体验到更强烈、更刺激、更多样的景观。因此，必须在实体空间和虚拟空间之间找到一个接入点，将二者有机结合起来，实现实体空间中能发挥虚拟空间的优势，而虚拟空间也能感受到实体空间的情感迸发，将虚拟空间带来的人际关系疏离的弊端消除，而使实体空间更加智能，充满着科技与智慧感。人们对于自然的追求和渴望不会改变，对于人情的关注不会消失，我们可以看到生态技术在公共空间中的运用，增强了景观的多样性，突出了空间的象征意义，丰富了空间的形态，最终满足人们的多样性需求。

SOLOMO 概念具体是将社交网络、移动终端服务以及空间位置等集成在一起，属于即时信息传播，表现了互联网时代中用户、信息、产品之间打破时间、空间的壁垒的联系。在日常生活中，几乎人人都离不开社交软件的使用，我们与远方的朋友交流分享、我们搜索有用的信息，甚至很多教学活动都直接通过社交软件进行。因此，在新的公共空间中，适当地连接虚拟空间与实体空间，如 LED 的微博墙或其他形式的实体游戏，让我们能在实体空间中继续感受虚拟空间的便捷，实现人们从线上到线下的交往。除此之外，科技的另一个优势是可以进行信息收集，通过用户点击的内容、频率利用大数据来筛选其喜好，完善产品，更好地满足用户的体验需求，从而能够全方位地服务用户。

传统意义上的城市公共设施大多都围绕"城市家具"的设计思维，重点关注形态和功能这两个方面的打造。而在智慧城市的时代下，人类生活的方方面面和网络等各种信息技术有着紧密的关联，信息技术已和人类的衣食住行各种行为牢牢地关联在一起，原有的公共空间设计思维已无法和当今时代下的城市发展特点以及要求相匹配。在这一新时代背景下，城市公共设施的设计理念出现了明显的转变，从先前的注重功能和形态的理念，转变成注重服务、审美、智能以及体验等多个方面的理念。此理念的改变不仅加快了城市公共设施的升级，健全了公共环境，同时也使得城市公共环境实现了智能化管理等。在新的设计理念下，城市公共设施的形态以及功能出现了明显的创新，并且基于此开始逐渐地面向服务智能化、功能多样化以及管理集约化等方面进行创新设计；提高了城市居民对公共设施的使用满意度，更大限度地满足人民生活的各方面需求，持续改进完善城市功能、提升并稳固城市的形象。人性化智慧交互体验必须从功能单元化服务、视觉审美化服务做出巨大的转变，让城市居民得以享受到智能信息化服务、个性化服务以及多样化服务等。

从智能信息化服务以及人性化服务这两个方面来说，如2017年上海开创式的第一家无人便利店 Moby Store，利用云计算、GNSS、GIS、全息影像、射频辨识等高新技术，人们仅需要登录移动通信设备中的 App，然后传送相关指令，Moby Store 便会快速地扫射使用者的附近，依靠手机指令进入便利店，全息虚拟影像能够解答使用者的疑惑与问题，依靠扫描产品条形码就可以进行支付。这是城市消费迈进新时期的标志，依靠人机交互极大地提升了使用者的消费服务体验。此类服务模式的出现与应用给传统零售业带来了严峻的挑战，让城市生活变得越来越便捷与有趣。

从多样化功能服务角度来说，如 tran SIT 城市智能步行系统，该智能步行系统设置了智能照明、座椅、智能显示屏，在整个系统中使用者可以轻松地游览、健身、休息。系统上也供应了各种丰富的信息，如地点信息、附近公交路线等，人们能用扫描所处地地图的方式来获取更多的需求信息。另外，此系统还提供了 LED 集成路灯、街头 Wi-Fi 微基站和手机临时充电站等诸多便民设施，能够满足市民公共交往全方面的需求，提供更全面的体验。

从个性化功能服务角度来说，这种服务属于高水准的服务之一，是根据某城市的文化、特色和居民的需要供应的一类为城市专门设计的服务，让居民享受到特别的服务。比如在2015年广州国际灯光节活动上呈现的光动雕塑艺术品《远航》，此项作品共包含了 32 700 个银色 PVC 薄片，构造出了12个重叠的单体，并采用动态影像技术方法，让作品完全地展示在空中。这一作品的基础色调为蓝色，通过数字媒体技术手段，依靠灯光把装置和船只、波浪等元素结合在一起，呈现出了广州独具特色的商港历史文化情景。此种个性化的功能服务，为城市文化的展示、城市气氛的营造以及城市形象的树立带来了积极的作用。

从服务和体验相融合的角度来说，如迪拜智能公交站，其为18类群体提供差异化的服务。譬如旅游指南、无线 Wi-Fi、儿童游乐场等，给各类群体带来了多样化的体验。交互体验设计实际上是依照用户介入活动当中而设计的，缺乏用户介入的交互体验设计是失败的，不具有实际意义，这样的设计背离了用户的真正需求，仅仅只是设计工作者的想法。关于城市公共设施交互体验的设计，现如今已出现了大量的案例，比如，耐克企业在菲律宾马尼拉构建了一条智能化的 LED 屏跑道，这一设施引入先进的射频辨识技术，以此实现对跑步人员的轨迹跟踪。在耐克跑鞋上，还设计了能够与 LED 屏相连的传感器，在跑步人员结束了首圈后，屏幕上就会显示该人的运动信息，且构造出虚拟影像。在跑步人员结束了第2圈后，屏幕上则会显示出首圈跑步人员的虚拟影像，如此参与者就仿佛与自我展开竞赛。另外，设计者还在此系统中引用了多个国家优秀跑步运动员的虚拟人物，参与者能够在手机 App 上自行设定和自身竞赛的人物形象，由此极大地提升了使用者和城市公共设施的交互性，使得运动极具乐趣，让跑步活动转变为强身健体加娱乐的活动，从而形成一个良性循环。

（四）时间维度的共享：分步实施

城市公共空间关于时间维度的共享设计策略主要用于本书概念性的空间实践，形成系统性的空间"缝合"方法。在缝合存在片段化的公共空间后，整个系统呈现出共享的拓扑结构，彼此相连形成稳定的空间网络。每个"单元"代表了特定的空间内容——行为活动、物理空间维度、设施等。在不同的时间段，"单元"之间会匹配合适的对象来保持畅通，以维持城市公共生活的延续及多样性。

把时间维度设计方法抽象简化成图 7-7，每条线段的交点为一个城市公共空间，红色点状区域为正在使用的公共空间。城市公共空间正常运转时，每个公共空间发挥自身特有的公共生活属性，绿色相连线段代表市民整个行为系统（在红色点上相连的线段），当城市公共空间存在"断裂"情况时，端点会在不同时间自行寻找其他能替代的点（公共空间），或者弥补当前行为活动多样性的不足。至于怎么发现"断裂"和寻找下一个"点"，就是后文所用行为活动地图抑或是热力地图的探讨与剖析办法。

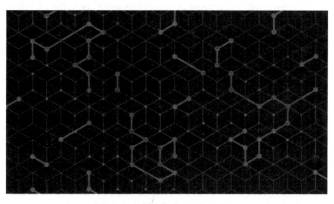

图7-7　时间维度设计概念图

1. 设计初期

设计开始阶段，利用腾讯宜出行城市热力图提供的场地周边手机热点数据进行分时段观测，应用行为地理学相关理论，收集、归纳场地现状宏观尺度下的人群分布特征和行为活动，即反映在热点数据上即因时间和区域而变化的平面分布形态。如在早、中、晚高峰时期，热点主要在交通设施处呈点状集中，同时沿城市道路呈线性分布；而晚饭后时间段，热点则主要分布在商业设施集中的街道和大型广场。通过前期对城市公共活动内容与区位的分类标准的了解，将现状地块行为种类总体划分成六种：一是"通勤"；二是"购物活动"；三是"散步锻炼"；四是"办公"；五是"娱乐"；六是"集体类活动"，并归纳出其空间特征。观测的时间越长，空间特征越稳定，表现出单一或丰富的空间画像以及同一时间段不同场地间的活动联系强弱，由此可以判断出空间的"断裂"情况。

2. 设计中期

存在两种分析角度，一种是逐个分析不同时间各类活动在空间中的开展条件，并归纳各类行为活动，即场地利用的多种方式。比如，早上为地铁口附近人流涌动的避阳处，下午为附近民众散步的休息处；如公共区域停车场，在一些时段变成休闲空间或者体育锻炼的活动节点。另外一种是在场地内部同时存在的不同使用方式，在这两种角度下分别统计、归纳。找出不同活动之间的场地要素关联，"连通"原本独自运转的"单一"空间。一个活动为另一个时间的活动做准备，相互链接形成一个完整的行为活动系统，再根据具体的"断裂"情况选择可行的"缝合"方式，落实到空间的缝合。

3. 设计后期

在形成一个主要的行为活动系统之后，进一步挖掘与其关联性较大且互补性较强的空间片段，形成一条新的流线，然后各类行为系统之间相互激发。具体操作可以将现状沿街的围栏、道路、绿篱开放，将原来的封闭空间重新设计为共享空间。例如，原有的地铁站通勤换乘点可能成为场地"娱乐节庆活动系统"的初始点以及终点，进而使得场地范围中的搁置地、末端道、建筑间的空地、建筑外的环境用地，形成新的活动流线（如"散步锻炼系统"）。原本碎片化的公共空间便由新的行为系统相"缝合"。通过以上行为活动系统构建，场地中形成多种"缝合空间"类型，如场地内建筑外的环境与街道、绿地活动空间的"缝合"；社区内部共享空间与城市公共休闲绿地的"缝合"；城市公共休闲绿地与其他私密性空间的"缝合"等，彼此成立又相互关联。简单来说就是从一条到多条行为系统流线的进化演变。最终，城市空间形成足够丰富且相互交织的活动系统，促使"缝合"的力量主要源自开展不同行为活动的人群，缝合空间虽然只是"1+1"的结果值，但却产生了大于"2"的效果，形成易于共享的多样化城市公共空间。

第八章　信息技术与互动理念下的
共享公共空间设计

信息技术是这个时代产生变革的关键动因，它产生的信息流形成的虚拟网络，已经渗入传统的城市和建筑等实体空间之中。公共空间作为涉及建筑、城市、人的社交生活的重要社会领域，与信息技术有着天然的联系。媒体建筑带来的一系列基于互动性的设计方法和空间美学，为建筑师参与信息时代社会与城市的变化提供了新的工具。在这一背景下，更需要我们在公共空间的设计中考虑信息技术和受其影响的建筑的因素，面对变化做好准备。建筑、城市与环境之间的关系，在数字技术的裹挟下，正进入一个新纪元。

一、信息技术影响下的共享公共空间

（一）现代城市中的公共空间

1. 电气照明与公共空间

在电力驱动的城市公共照明大规模应用之前，人工照明主要采用火光，人类在城市外部空间中的公共活动大多发生在日间。19世纪80年代，使用电力的公共照明开始广泛应用于城市之中，标志着人类对环境的控制达到了新的高度：运用电力将夜晚转化为白昼，改变自然的时间节奏。电气照明提供了空间使用时间延长和公共安全性的提高等功能。电气照明从以下几方面深刻地改变了城市外部空间。

（1）安全

公共照明自16世纪出现之日起，就一直被认为是一种管控公共空间的重要技术。电气照明最初应用在私人宅邸，1875年，巴黎的许多政府和私人宅邸中开始使用格拉姆环式直流发电机供电的弧光灯照明。更为方便的照明控制方式引发了19世纪80年代城市公共照明开始在欧洲普及。1974年，美国执法援助管理局发布了报告《街道照明，节能与犯罪》，报告认为街道照明有效地降低了街道犯罪率。城市公共照明促进了城市公共空间的理性化和秩序化。

（2）商业

电气公共照明成为一座城市进步的标志，它对于聚集人流产生经济效益的潜力很快被企业家们发觉，很快被商业空间当作广告的新手段。20世纪初的早期现代城市中，商人和电力供应商合作为商业圈周围的街区提供照明，吸引购物者聚集。在此背景下的电气公共照明很快发展成光电广告招牌并普及开来，直至20世纪10年代，纽约百老汇地区的几十座大型建筑之上都布满了光电招牌。"电力公共照明大大扩展了都市空间的商品化。"①

（3）美学

20世纪初，更易于控制的电气照明让应用于建筑上的灯光超出纯粹的照明功能，具有表现美学的潜力，赋予建筑能快速变化的光电表情，呈现出千姿百态的样貌，对于早期现代城市中的人来说这是一种视觉奇观。库哈斯这样形容曼哈顿康尼岛上的月球公园游乐场："随着夜晚的到来，从海洋上突然升起一座灯火的梦幻都市，只如夜空……难以想象的壮丽，无可言喻的美妙，这燃烧的光亮。"②城市公共空间中建筑美学由于固体的表面在灯光的融合下越来越趋向流动。

2. 现代主义规划与公共空间

关于公共空间，国内城市规划领域常用的概念是指"那些供居民日常生活和社会生活公共使用的室外空间……广义可扩大到公共设施用地"③。该术语最早出现在20世纪50年代，查尔斯·马奇（Charles Madge）和汉娜·阿伦特（Hannah Arendt）的社会学和政治哲学著作之中，大意为可容纳公开社会交流的公共领域。随后在60年代由刘易斯·芒福德（Lewis Mumford）和简·雅各布斯（Jane Jacobs）等人引入城市规划及设计学科，其中的"公共"这一概念使其相较于其他空间，更加突出其社会交往属性。虽然"公共空间"的专业名次出现在20世纪，但是城市中具有社会交往属性的外部空间可以说从城市出现之初便诞生了。街道就是重要的城市公共空间，它是人在城市中主要活动的地方，是人聚集、交往、沟通的场所。具有良好人行条件的公共空间能促进行人之间的社会交往，是高质量的公共空间。

1933年国际建筑协会制定的《雅典宪章》从城市的交通系统规划入手，将城市分为生活、工作、游憩和交通四个不同的功能分区，以解决工业革命后人口密度过大、效率低和卫生差等城市问题。但在经过巴西利亚等城市规划的实践后证明，对高层建筑规划和功能分区的过分强调破坏了原有城市中的街区和肌理，忽略了城市中人的要素。现代城市中由机动车主导的城市交通破坏了城市空间的连续性，城市规模、道路尺度和行进速度都发生了变化。柯布西耶（Le Corbusier）认为"街道是交通机器：它实际上是一

---

① [澳]斯科特·麦奎尔. 媒体城市 [M]. 邵文实，译. 南京：江苏教育出版社，2013：168.

② [荷]雷姆·库哈斯. 癫狂的纽约 [M]. 唐克扬，译. 3 北京：三联书店出版社，2015：64.

③ 吴志强，李德华，等. 城市规划原理 [M]. 上海：同济大学出版社，2010：563.

个生产速度的工厂"^①。街道的主体由人变为汽车。速度成了街道设计的主要考虑因素，这降低了人在城市中丰富的步行体验，使其成为纯粹而简单的交通行为。事实上，"公共空间"这一概念的提出，就是为了挽救现代主义注重物质的规划理念下衰落的公共空间。简·雅各布斯（Jane Jacobs）认为，由于功能分区而彼此隔离的城市空间导致了许多美国城市的衰落，并倡导在城市建设和社区中构建公共空间，恢复城市活力。陈竹等认为，"公共空间"概念的出现标志着在建筑和城市领域出现了新的文化意识^②，从现代主义功能至上原则转向重视城市空间在物质形态之上的人文和社会价值。

3. 电子媒介与公共空间

在大众电子媒介尚未普及的时代，人们对信息的获取都是通过自己亲身所见或者与其他人交流而得来。因此，能够亲自参与社会事件或与其他人交往的公共空间发挥着非常重要的作用。但在 20 世纪中叶以后，广播、电话和电视等电子媒介非常发达，观看者不需要与信息产生的实体空间或其他人产生直接关系，就能间接获取甚至参与公共事件。保罗·维利里奥（Paul Virilio）认为电视等电子媒介是改变空间关系的第三个窗口，电视屏幕是个内向的窗口，它不再朝着相邻的空间打开，而是面向了能够感知到的事物之外的地平线。^③电子媒介作为一个窗口，将人类连接到"地平线"。

这制造了一种远程在场：曾经必须在公共空间中发生的事件，都能在家中通过这些电子媒介完成。如一次公共演讲，曾经需要到场才能观看或参与，而如今可以通过广播和电视进行远程收听或观看，间接获取信息，"屏幕突然变成了城市广场"，它们所塑造的媒体网络承担了原有的公共空间的一部分角色。家庭成了媒体中心，社交生活由公共空间逐渐向家庭转移。

（二）信息基础设施与城市空间形态

1. 城市中的信息基础设施

矶崎新在20世纪70年代初曾为东京湾提出过一个面向未来的整体规划方案——"电脑城市（Computer Aided City）"。方案预想在所有家庭计算机都联网的情况下，使用光纤网络传输城市生活的所有信息。城市空间的组织通过网络的树状逻辑层级可视化形成。在这里建筑的轮廓线消失，各种机构通过计算机的逻辑派生，街区功能逐渐变得模糊。在拨号上网尚未普及的 70 年代，方案最终搁浅了，最重要的原因是政府无法承受信息基础设施与家庭终端的预算。相比于平地而起的新城，实际情况中会更多地面临已建成的城市环境，而在这种环境中，信息流往往并不会取代建筑和城市空间，而是以一种更为复杂的方式与其结合。随着数字化革命后信息时代的到来，在移动媒体、互联网

① ［法］勒·柯布西耶. 明日之城市 [M]. 李浩，译. 北京：中国建筑工业出版社，2009：152.

② 陈竹，叶珉. 什么是真正的公共空间？——西方城市公共空间理论空间公共性的判定 [J]. 国际城市规划，2009：45.

③ ［法］保罗·维利里奥. 视觉机器 [M]. 张新木，魏舒，译. 南京：南京大学出版社，2014.

等信息技术普遍影响当下社会与日常生活的背景下，信息基础设施已经成为城市基础设施的既有组成部分，实现诸如电脑城市之类的规划方案已经不再是未来畅想，而是社会的现实需求，甚至出现了信息化城市。

以下按照信息的获取、处理和应用，将城市中的信息基础设施大致分为三类。

（1）信息获取类相关技术

信息时代空间数据获取从传统的人工测量发展到数字化的方式，既有地理信息系统、全球定位导航系统等宏观空间测量技术，也有将感应器植入电力、公路、建筑等各类物体中获取某一类具体数据的物联网技术，上文提到的传感型建筑媒介属于此范畴，另外还有内置传感器、接入网络的个人移动终端系统，让每个人都成为产生数据的重要节点。这些技术系统加快了信息获取的速度，加速了信息更新的频率，信息的维度和数量也呈几何级数的增长。此类技术通过将信息数字化的方式将实体空间接入信息化网络。

（2）信息的管理与分析技术

面对数据总量不断增长、数据种类不断增加的情况，更加需要分布式储存、数据库等技术对信息进行高效调度与管理。并根据不同领域的需求实时提取或调动，整合形成不同的信息基础框架，向不同专业部门和社会公众提供服务。承载此类信息的数据中心也变成城市中比较重要的设施，甚至产生了数据中心这一种全新建筑类型。

（3）信息响应设施

在数据采集和分析的基础上，对接入互联网的各种设施进行远程控制。例如，对街道照明的亮度的控制，以及针对实时交通状况调整交通指示灯时长等。媒体型建筑媒介就属于此类，可以作为城市信息的发布界面。

以上这些基础设施已经深入城市规划、建筑设计的各个层面，进而引发了智慧城市的出现。它们像一张不可见的网一般覆盖在已有的城市空间之上，信息在其中流动。但这张信息网络并非仅仅是加在原有城市空间，而是以信息空间的方式影响城市的空间形态。

2. 信息化城市的空间分布形式

诸多信息技术及其伴生的信息经济共同影响了信息化城市的空间分布形式，这种空间分布形式不同于传统中心模式的地域空间组合，而是基于快速交通和信息通信网络及范围经济的新型的城市集合形态，是富有创造力的城市集合体。城市空间依照不同组织和机构对信息的依赖程度和对地段的要求呈现出新的分布形式。

（1）多节点网络化城市空间

信息网络的普及与信息媒介的流动性在一定程度上减弱了地理间隔带来的不便。由于信息网络可以将文字、统计数据和图像在内的任何资料方便地传递于网络用户之间，使城市的远程经济活动、工作生活成为可能。一些业务信息化程度较高，但对城市区位依赖较低的经济组织将会选择搬迁至城市周边。例如，申通公司总部位于上海西郊的青浦区，距市中心约 27 千米；京东总部位于北京西南五环外的大兴区，距市中心约 18 千米。这些大型企业的工作人员的居住地点也随之迁移，孕育了周边的居住生活区。这一趋势助推了产生于 20 世纪初，大规模建设于三四十年代的卫星城规划理念。该规划理念原本是为了疏散大城市人口。如今公共交通网络和私人交通工具的普及、信息技术的发展为多中心的城市空间提供了更为成熟的物质条件。各个卫星城由于附加了信息网络带来的电子购物、远程教育、娱乐等各种网络服务，其功能也在一定程度上溢出规划之初赋予的定位，成为功能综合的城市（虚拟）网络节点。但人与人之间的实体交流仍然是非常重要的需求，不同地理空间之间的交换与联络虽然有所减弱，但仍是城市的底层联系方式。所以综合网络节点的网络化城市空间大大增加了原有城市空间的半径，对原有的城市结构进行了补充。

（2）信息层级化城市空间

曼纽尔·卡斯特（Manuel Castells）认为在经济全球化和信息时代会产生"巨型城市"这种新的空间形式。[①]规模并非是巨型城市的定义性质，巨型城市是全球经济的焦点，集中了全世界的指挥、生产与管理的上层功能，媒体的控制，真实的政治权力，传统的大型城市和其周边的次级城市形成了规模更大的族群。例如，珠江三角洲的都会区域和东京—横滨—名古屋—大阪—神户—京都区域。这种多中心网络化的城市空间在更大的地理尺度范围内实际上成了更大的焦点和中心，强化了全球化的层级结构。

笔者认为，信息城市的物理空间受信息传播逻辑的影响，在单个城市区域内部也会形成新形式的信息层级化。首先，分散式的多中心结构让城市中心区域的空间多样化有所降低，对城市区位有需求且能支付起高昂地价的组织更密集地聚集在城市的中心区域，反而进一步驱逐了其他经济能力较弱的组织，使中心区域的社会成员构成变得单一化，减弱了区域的公共性，如北京的 CBD 和上海的陆家嘴地区。其次，当信息和数据成为社会管控的重要手段之时，权力必然会将其纳入管辖范围，这让信息传输过程中的信息集散节点和往往位于城市重要区域的权力机构相互重合。这些权力机构反过来运用摄像头、传感器对城市实体空间进行管控，巩固城市中原有空间的权力层级结构。

（三）信息技术影响下公共空间的趋势

现代城市中衰退的公共空间和信息基础设施影响下的城市空间分布形式塑造了不同的公共空间形态。诸多学者认为"可达性"是公共空间的重要属性，美国社会学家林恩·洛芙兰（Lyn Lofland）认为可达性是公共空间存在的前提。斯蒂芬·卡尔（Stephen Carr）将"可达性"归纳为三个部分：实体可达性（physical access），即空间能够方便人进入；视觉可达性（visual access），即空间在视觉上能被感受并具有吸引力；象征意义的可达性（symbolic access），即空间对观察者产生空间含义上的吸引力。并进一步认为人们在公共空间中不仅具有"进入的自由（freedom of access）"，还应具有"行动的自由（freedom of action）"。后者是评判公共空间是包容还是排斥的重要标准。下文

---

① [英]曼纽尔·卡斯特. 网络社会的崛起 [M]. 夏铸九，王志弘，译. 北京：社会科学文献出版社，2003.

从实体可达性、吸引性和行动自由性三个维度，说明受信息技术影响下城市公共空间的三种趋势特征。

1. 透明化

信息城市中获取信息的设备越来越多，如摄像头，传感器等。它们附加在现有的城市公共空间之上，采集并上传公共空间中的信息。这将简·雅各布斯（Jane Jacobs）倡导的自发维护式街区安全推向了另一个极端：对公共空间实时性、多维度的监视。由此产生的透明化特征并非指由玻璃等材料带来的物理空间透明性，而是公共空间中人被信息化为影像、参数等数据受到远程监控，造成隐私丧失后形成的象征意义上的透明。这一趋势下公共空间中的人的行动自由被大大地压缩甚至消失。信息的数量和种类的不断增长，让人的行为越来越精准地被分析甚至预测，而两者都更便于权力对空间和人的管控。这些技术设备可被视为刘易斯·芒福德（Lewis Mumford）"巨型机器"①的延伸，它们强调"秩序、控制、效率和权力"②，为了扩大控制范围而漠视个体生命的需求和界限，让所有建筑都存在变为数字版本的"全景监狱"③的可能。

2. 虚拟化

公共空间在电子媒介的影响下退回到私人领域，而信息媒介塑造的全球化信息网络则将每个独立的私人领域又接入到公共领域之中。工作、娱乐、购物甚至医疗等一系列活动都可以借助互联网来完成。"计算机网络像街道系统一样成为都市生活的根本。"④虽然人类实体并不生存在网络之中，但是人们在各类网址、论坛、社交平台上的交流与互动，却实实在在地将公共生活带入这个"网络空间"。虽然针对人的身体它不具有实体可达性，但是其吸引性和行动自由性高度发达。可以说公共空间产生于互联网之中。"一个场所是否属于公众，要看它在多大程度上确实向公众开放并乐于为社区成员服务。"⑤21世纪最初十年，互联网中遍布的电子布告栏（BBS Bulletin Board System）就是这样一种公共空间，由管理员和成员自组织而成，在制定基本的发言和互动规则的同时保持高度的开放性，这种公共空间甚至无限逼近汉娜·阿伦特脱离权力和经济利益相关的机构组织控制的、自发、中立和完全自由的公共领域。虽然近年来计算机算力的增加和数据分析算法的升级，让网络公共空间的话语管控愈加精细化和容易，但虚拟化的网络平台仍

---

① 刘易斯·芒福德认为将人当作机器部件使用的大型科层组织是一种巨型机器。参见 [美] 刘易斯·芒福德. 机器的神话 [M]. 宋俊岭，译，北京：中国建筑工业出版社，2015.

② [美] 林文刚. 媒介环境学：思想沿革与多维视野 [M]. 北京：北京大学出版社，2007：89.

③ 全景监狱（panopticon）是由英国功利主义哲学家杰瑞米·边沁（Jeremy Benthem）提出的监狱模型。监狱的囚室呈环状分布，一端面向监狱中央的一座高塔，高塔中的监视人员可以时刻监视到任何一个囚犯，用最少的监视人员达到最大的监视效果。其意义被米歇尔·福柯（Miche Foucault）引申，是权力调用最小资源完成管理功效最大化的模型。

④ [美] 威廉·小米切尔. 比特之城 [M]. 北京：三联书店，1999：104.

⑤ [美] 威廉·小米切尔. 比特之城 [M]. 北京：三联书店，1999：124.

然具有公共空间的属性。

　　3. 流动化

　　信息技术影响下的公共空间的流动化趋势伴随着虚拟化而产生。曼纽尔·卡斯特认为信息化网络和对实体空间的改造创造出流动空间（space of flow）这一崭新的空间形式，是"信息社会中支配性过程与功能之支持的物质形式"[①]，由三个层次的物质支持组成：①电子互联网的交换回路；②电子网络的节点与核心；③占支配地位的管理精英的空间组织。流动空间和地方空间（local space）两种空间逻辑呈现"结构性精神分离"的状态，传统的地域的地理意义在流动空间中减弱。流动化表现在公共空间和空间参与这两个层面：

　　①网络化的公共空间不是某一固定场所，从物质构成来讲，它存在于服务器和无数个个人信息终端之间的某个地方，流动地存在于网络空间之中。②人不是用某一固定且真实的地址访问网络，物理距离在网络空间中也不再有意义。在网络公共空间参与公共生活时，并不需要访问者真正在场。人接入网络时，不仅仅是身在彼处，而且是身在各处。对访问者真实地址的追溯和定位变得越来越容易，但虚拟专用网络（virtual private network）和洋葱路由[②]（onion routing）等技术还是让网络访问保有真正的流动性与匿名性。

二、互动理念下共享公共空间的设计类型与模式

　　本章讨论互动设计融入城市公共空间的方法并不是按空间类型分类的，如滨水空间、绿地空间、广场空间的互动设计方法，因为这种分类依然保留了将互动设计作为独立装置为不同城市场景添彩的思路。本章提出的展开方法是根据公共空间的组成要素进行分类的，讨论空间组成要素向互动方向发展的可能更具有普遍性。本章在公共空间组成要素中提炼出构筑物、界面、节点和信息四个方面作为与互动设计相结合的主要对象展开讨论。

　　（一）公共空间构筑物——结构互动

　　构筑物（structure）一般被认为是没有指定功能的人工建造物，与建筑物（building）一样，都属于建筑（architecture）的范畴。公共空间中的构筑物涉及建筑小品、城市家具等，主要起到供人游览、休憩和欣赏的作用，因此，其设计的出发点在于有效组织人和环境的关系，并能与自然有机结合，就这个角度而言，与互动设计的出发点具有一致性。同

---

① ［美］曼纽尔·卡斯特. 网络社会的崛起 [M]. 北京：社会科学文献出版社，2001：506.

② 一种通过计算机网络进行匿名通信的技术，在洋葱网络中层层加密的数据被一系列称为洋葱路由的网络节点传输，每个节点剥落一层加密数据，且仅知道前后两个节点的位置。在此基础上还产生了数据传输更为复杂安全的大蒜路由技术。

时因其自身也作为造景元素之一，构成形式往往富有表现力，而这种表现力主要来源于特殊结构和材料的使用，所以将公共空间构筑物作为讨论互动结构的载体是具有典型性的。

1. 可动结构

为实现构筑物结构的互动，首先需要实现结构的可动。对于结构可动的探索来自20世纪60年代产生的"动力建筑"（kinetic architecture）概念，以建筑师富勒为首展开了一系列实验建筑探索，其中最有代表性的就是富勒以昆虫眼睛为原型设计的短线穹窿结构。今天可动结构在结构研究中也称为动力结构（kinetic structure），具体指能在外力作用下经历运动过程最终达到稳定的结构体系。[①]动力结构根据系统构形可以分为三类：展开式动力结构（deployable kinetic structure）、动态动力结构（dynamic kinetic structure）和嵌入式动力结构（embedded kinetic structures）[②]，其中动态动力结构的应用场景庞大，需要复杂的动力系统和控制系统，如旋转结构（旋转餐厅）等；嵌入式动力结构则需要依附其他系统而存在，两者在灵活性和多样性方面有所欠缺，所以本章构筑物的可变结构将集中于展开式动力结构进行讨论。

展开式动力结构具有两种稳定构形：折叠状态和工作展开状态，结构可以从折叠状态展开后锁定达到承受外部荷载的要求，运动过程中其作为一种几何可变体系处于机构（活动连接的构件）状态。不同构型的切换可以满足多样的空间使用需求，从而创造新的城市环境信息。

可展开式动力结构虽然整体形态复杂，但可以拆分成特定的变形单元，这些单元通过不同的拓扑关系相互组合，使整体结构具有不同的承载特性；变形单元按照组成材质可以分为刚性构件（如剪杆单元）、柔性构件（如膜单元）和刚柔复合构件（如索杆单元），不同种类的变形单元比如剪杆单元和膜单元相互组合又可以形成新的工作单元（图8-1）。因此，可展开式动力结构单元式的构形方式赋予了结构整体极大的灵活性，可用于建构不同的城市使用场景。

图8-1 动力结构的分类

下面将以剪杆单元构成的折叠结构为例，讨论其作为互动结构原型的可能性（图

---

① 刘锡良. 现代空间结构 [M]. 天津：天津大学出版社，2003：255-256.

② Nelly R, Hatem F. Kinetic systems in architecture:new approach for environmental control systems and context-sensitive buildings[J]. Sustainable Cities and Society, 2011（03）：170-177.

8-2）。剪杆单元是指由两根或两根以上中部互相铰接且可以转动的杆件组成的力学构件，^①其中最常见的就是双杆剪杆单元，数个双杆剪杆单元相互连接可以形成基本的折叠单元，折叠单元继续相互组合就可以形成折叠网架或网壳。剪杆单元折叠结构根据展开后的稳定方式可以分为外加锁式和自锁式两种类型。外加锁式折叠结构在展开至设计跨度后，需向端部杆件施加外部约束才能形成静定或超静定结构，而自锁式折叠结构则不需要，其稳定原理来自结构设计的几何构成和材料属性。^②如果要加入互动语境的讨论，就需要折叠结构允许外部约束的控制，因此外加锁式折叠结构更加符合互动结构的要求。

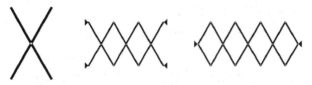

图8-2　双杆剪杆单元　外加锁式折叠结构约束情况其一　约束情况其二（从左到右）

日本花水木公园的折叠桥就采用了剪杆单元组成的外加锁式折叠结构，结构中外部约束由一根通过滑轮与杆件相连的主索缆控制，主索缆一端绕在电动滚筒上，滚筒转动收紧索缆使结构展开，剪杆之间另加固定索相连，当结构展开至设计跨度，固定索拉紧提供刚度。^③在这个案例中，作为外部约束的主索缆和电动滚筒成为互动结合的切入点，只要将电动滚筒的启闭与传感器接收的外部信息通过计算机建立关系，就可以初步展现折叠桥收展的互动特征（图8-3）。如将温度作为激发条件，传感器读数一旦达到某一数值，计算机就会向作为效应器的电动滚筒传达开启信号，收紧索缆展开桥面，这就实现了折叠桥简单的温度适应过程。由此可以发现，互动结构实际上并不是某种独立的结构形式，而是一个完整的控制系统。

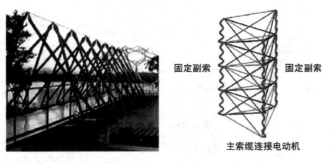

固定副索　　固定副索

主索缆连接电动机

图8-3　花水木公园可折叠桥　　结构分析

---

① 刘锡良. 现代空间结构 [M]. 天津：天津大学出版社，2003：255-256.

② 同①。

③ Noemi F, Gyorgy F, Adnan I. Deployable/retractable structures towards sustainable development[J]. International Journal for Engineering and Information Sciences, 2011（02）：85-97.

2. 互动介入

互动结构是一个由传感器、计算机软件、效应器和可动结构形成的系统，其中可动结构一般具有两种类型的负荷构件——动态构件如折叠桥中的索缆，作为外部约束的载体；静态构件如折叠桥中的杆件，提供结构稳定后的刚度，由动态构件带动静态构件实现整体结构的运动，并在稳定后共同受力。结构互动的过程可以用人体完成动作的过程进行类比，传感器如同人的感官系统接收外部刺激，计算机软件如同大脑发挥信息处理的作用，可动结构如同人的四肢，其中肌肉作为动态构件，带动作为静态构件的骨骼，从而完成整个从刺激接受到行为反馈的过程。

需要注意的是，现阶段互动结构的传感器和效应器往往外置于可动结构，作为独立存在的部分，而生物肌肉则实现了感官、传动和结构功能的一体化，这正是当下互动结构的发展方向之一。一旦实现硬件一体化，互动结构就能帮助构筑物摆脱地点的束缚，成为城市中"活"的景观，它们不仅可以与人和环境互动，甚至还可以在公共空间中自由行走，主动寻找"玩伴"，下文的案例就实现了这个科幻电影般的场景。

3. Morphs——响应式结构

Morphs（mobile reconfigurable polyhedra，移动可重构多面体）是 UCL 巴特莱特建筑学院互动建筑实验室开展的互动结构研究项目，由实验室主任鲁艾里·格林（Ruairi Glynn）和建筑师威廉·邦丁（William Bondin）等人共同设计。Morphs 是一个由 12 根驱动支柱组成的八面体响应式结构，每根支柱都可以伸展至原长的两倍从而改变结构体重心实现翻转移动，目前原型机高约 1.5 米，可以承受 30 千克的荷载（图 8-4）。

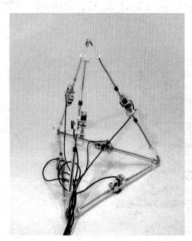

图8-4　Morphs 单元模型（左）和Morphs原型机（右）

Morphs 的灵感来源于一种黏液霉菌 Physarum，不同于高级生物体实现认知的方式是通过中央大脑进行思考，Physarum 的认知方式是通过对周围环境的巡航并留下记录信息，以产生类似记忆的认知行为，比如在觅食过程中，它会在巡航过的区域留下黏液，这样就可以避免重新探测同一区域。Morphs 的认知过程也是如此，它并没有一个明确的目标，而是采取边行动边识别的方式，由于动作十分缓慢所以并不会产生危险。Morphs 通过球状橡胶连接处内置的压力传感器可以识别其移动的位置和方向，通过温度和日光传感器则可以感知移动区域的环境，比如是否处于阴影中，因为 Morphs 是通过太阳能供电的，当处于阴影中时，结构体会做出"逃离"的动作，就像生物体会逃离不适合自己生存的环境一样。通过将这些环境数据加载到地理数据中，Morphs 形成了对环境的"认知"。邦丁也表示"就计算能力而言，Morphs 是非常低水平的生物"[①]，但是它的目标也并不是作为一个全能的机器人，邦丁小组正在研究 Morphs 个体之间的组合能力，形成更大的互动结构系统从而创造一个互动的空间环境。

Morphs 在空间中的巡航能力，很容易让人联想起荷兰艺术家西奥·詹森（Theo Jansen）的《海滩怪兽》（Strandbeests），但是《海滩怪兽》是一种自动结构，且只具备有限的感知能力，更重要的是它是作为一种具有很强主体性的"人造生物"存在的。Morphs 却更接近于一种建构互动城市环境的后台结构，它具有三种不同的互动模式：橙色模式可以识别声音和播放音乐；紫色模式可以快速回应外部行为，比如地形的变化、人类的推拉；蓝色模式则可以承受较大的荷载，为后期 Morphs 个体之间叠加组合做准备。

对于 Morphs 的未来，邦丁表示想将它带入景观领域，使之成为城市景观中反应最灵敏的一部分。[②]需要强调的是，Morphs 的单元组合能力使其能建构一个更大规模且更加复杂的互动层级——互动的空间环境，正如邦丁所说："作为一名建筑师，我不仅对创造结构感兴趣，而且对它们创造的空间也感兴趣。Morphs 有能力结合成复杂的组织，架构出可以被人们占据的空间，并对处于空间中的临时居民做出反应。"[③]这正体现了互动结构在进一步塑造城市公共空间上的潜力。

（二）公共空间界面——表皮互动

界面是相对于空间而存在的，由墙面、地面等实体要素组成，却服务于空的部分。按照围合空间的方向可以分为顶界面、侧界面和底界面，本书进一步将其归纳为垂直界面和水平界面。表皮是塑造界面的常用手段，其在功能上可以脱离结构主体而独立存在，从而为一系列特殊构造提供了余地，是创造空间形象的有效手段，同时也成为搭载互动行为的最佳载体，本书对于互动表皮与界面的结合将具体根据图 8-5 的分类展开论述。

---

① William Bondin.Morphs 2.0 [EB/OL].（2015-07-19）[2020-02-26]. http://www.interactivearchitecture.org/lab-projects/morphs.

② Liz Stinson.A Mind-Boggling Sculpture That Crawls With a Mind of Its Own[EB/OL].（2013-11-07）[2020-02-26]. https://www.wired.com/2013/11/crawling-pieces-of-architecture-that-act-like-slime-mold/.

③ 同②。

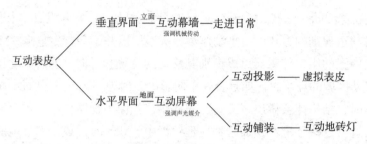

図8-5　互动表皮分类图

1. 作为垂直界面的互动幕墙

对于城市公共空间而言，覆盖面积最大的垂直界面即是不同建筑的外立面，建筑表皮是塑造建筑立面的常见方式，其中又以幕墙为代表。1851 年伦敦工业博览会的"水晶宫"可以说是最早使用玻璃幕墙围合空间的例子，它使建筑成了光与景观的容器，城市空间得以延伸至建筑内部，消解了内外空间的界限；19 世纪末框架结构的成熟，使得外墙被彻底解放，20 世纪初旧金山哈利迪大楼（Hallidie Building）成为首个全部使用玻璃幕墙当作外墙的建筑，此时城市的垂直界面开始不再由固定的墙面图案或装饰构成，而开始倒映出变化万千的城市景象，丰富轻盈成为垂直界面的新特征（图 8-6）；到 20 世纪下半叶，能源危机、环境问题的爆发，使得幕墙研究中出现了更多的关注点，比如实现装配化、优化建筑性能等，从而诞生了单元式幕墙、双层中空隔热幕墙等，并出现了配合遮阳百叶的组合幕墙系统，此时建筑幕墙开始摆脱静止的状态向可动机构的状态发展，城市的垂直界面也随之变得愈发生动，而 20 世纪末互动幕墙的出现，使垂直界面又迎来了一次新的变革。

图8-6　伦敦世博会水晶宫（左）和哈利迪大楼（右）

建筑幕墙一般由面板和支承结构组成，因而可与建筑主体脱开一段距离，获得一定位移和形变的空间，为加设电子机械系统实现幕墙的可动和互动提供便利。1981 年，英国建筑师麦克·戴维斯（Mike Davis）提出"多功能墙"（polyvalent wall）的概念，它不仅具有良好的保温隔热性能，同时还能够主动适应环境变化，[①] 可以说是幕墙设计中首次出现互动的思维。互动幕墙真正应用于建筑立面进而影响城市空间，是1987年让·努维尔（Jean Nouvel）在阿拉伯世界文化中心里使用的互动遮阳系统，它模拟照相机光圈的进光原理，可以根据外部光照强度调节孔洞开合。需要强调的是，该互动幕墙设计并非只是出于建筑层面的特殊考虑，阿拉伯世界文化中心处于巴黎新老城区的交接处，这使得南北两个立面需要回应完全不同的文化场景，北立面朝向圣日耳曼区，保留着众多贵族公馆，是巴黎的传统居住区，而南立面则朝向现代化的新区。努维尔在北立面采用克制而细腻的高反幕墙倒映塞纳河畔的街景，南立面则采用模仿清真寺雕花窗的互动幕墙系统，通过机械设备展现出精致另类的东方美学，一方面使得该处空间最大限度地吸引了来自新区的目光，另一方面也是站在城市视角下，对该地块面临的传统与现代、西方与东方的文化冲突进行了回应。从这个角度而言，阿拉伯世界文化中心的互动幕墙作为一种全新的城市垂直界面并没有成为异质化的存在，反而形成了某种"调和"，虽然只运行了有限的时间，并且由于经费限制在后期维护过程中改为了集中控制，但它无疑为后续互动幕墙的实践积累了经验。随后诸如新加坡滨海艺术中心、韩国丽水世博会主题馆等都开始采用互动幕墙作为建筑立面，以互动幕墙构成的垂直界面在城市环境中逐渐成形。

发展至今，互动幕墙的探索又出现了微妙的变化，这也正是本小节想要讨论的重点——由互动幕墙构成的垂直界面越来越多地出现在底层和日常的城市场景中。也许人们对互动幕墙的印象还停留在巴哈尔塔科幻建筑般的表皮上，认为其只适用于投资巨大且独一无二的作品从而创造奇观一般的城市空间，然而实际上，今天诸多互动幕墙实践都在尝试塑造日常公共生活的背景，其主要体现在以下三个方面。

①普通化应用场景。学校、工厂、立体停车库等许多功能性建筑的立面都在成为互动幕墙的载体，比如南丹麦大学科灵校区（SDU Campus Kolding）的教学楼立面幕墙单元可以根据太阳位置转动角度从而实现有效遮阳，创造了生动多变的校园空间。

②标准化构造形式。不同于许多经典案例中的互动幕墙，不仅整体呈现有机的不规则形状，构造单元也追求定制、各不相同。今天大量互动幕墙实践不再追求复杂的造型，构造单元也力求相同或者限定种类，而通过强化互动构思和传动设计，使幕墙呈现出生动多样的效果，比如乌尔巴纳工作室（Urbana Studio）为埃斯肯纳齐医院（Eskenazi Hospital）停车空间设计的互动立面，就以噪声为感应对象，用非常简单的构造单元形成了无比丰富的空间效果。

③不强求性能指标。在许多经典案例中，互动幕墙往往都有优化环境物理性能的作用，比如有效遮阳、促进通风等，似乎仅仅以有趣、新奇为目的并不足以支撑互动幕墙

①　Dade-Robertson M. The architecture of information:architecture, interaction design and the patterning of digital information[M]. London: Routledge, 2011.

的使用。然而今天大量实践并非如此，不仅互动对象不具备足够的实用性，互动过程也不创造任何物理环境品质的提升，只是为了产生特殊的空间效果，比如查理斯·索尔斯（Charles Sowers）[①]设计的风动立面"风过"（Windswept），就仅仅是对自然风的可视化表达。不得不承认无目的恰恰是互动垂直界面进入城市日常生活的标志。

"湍流线"（Turbulent Line）就是一个综合了以上三点的具有代表性的例子。"湍流线"是艺术家内德·卡恩（Ned Kahn）与 UAP Studio（Urban Art Projects，城市艺术工作室）合作为布里斯班机场立体停车空间设计的动态立面，虽然项目并没有涉及计算机主动控制系统，但依然体现出与城市空间极强的互动特征。"湍流线"面积达 5 000 平方米，由 11.8 万片大小相同的正方形风动铝板构成，部分铝板表面开孔密度不同，使得幕墙整体呈现出不同的分辨率。风动铝板的构造并不复杂，每片铝板顶部边缘压有低摩擦塑料轴承，这些轴承骑在不锈钢轴上，再由铝制框架固定在建筑物结构梁上。铝板和塑料轴承组合的单元仿佛形成了一种带有生物特征的智能材料（智能材料本身就是一种复合材料），每一片都对风的力量产生独特的反应，从而整个外立面在风过时形成了复杂而协调的运动，将著名的布里斯班河上渡轮划过留下的美丽波纹以一种全新的方式在公共空间中演绎出来，"湍流线"无论是在物理还是象征层面与城市环境都形成了极强的联系（如图 8-7）。

图8-7　与风互动的城市垂直界面（左）与轴承测试（右）

另外，"湍流线"模拟了树叶在遇到强风时的状态，每个单元极小的表面积和可移动的特征都减小了风力对幕墙产生的不利影响，这意味着其具有很好的耐久性，长期暴露于外部环境也不易损坏，可以说创造了一种永久性城市公共空间互动界面的范例。

"湍流线"项目的成功，为互动幕墙塑造城市公共空间垂直界面提供了一种基于被动式控制系统的经验，显示出互动设计进入日常的趋势。同时，它也再次重申了互动城市公共空间设计中一个很容易被忽略的关注点：互动效果的好坏，并不完全由技术的先进程度决定，设计在其中反而发挥着至关重要的作用。

2. 作为水平界面的互动屏幕

1976 年竖立在曼哈顿时代广场《纽约时报》大楼上的彩色电子屏幕（spectacolor board）成了纽约新的城市地标，当时人们发出最多的感慨即是"电视怎么能上街？"。

---

① 查理斯·索尔斯，美国互动艺术家，以一系列通过互动方式呈现自然物理现象的幕墙设计为人所知。

20世纪80年代，索尼Jumbo Tron和三菱Diamond Vision等基于阴极射线显像管（cathode ray tube，CRT）小屏幕矩阵产品的成熟，推动了CRT城市屏幕的发展，大量美国体育馆安装了这种昂贵的大屏幕，用于直播体育赛事或演唱会现场。[1]然而CRT大屏有明显的缺点，即耗电严重，故障率高且白天显示效果不佳。1996年LED（light emitting diode，发光二极管）屏幕的出现，使得城市屏幕得到迅速推广，标志性的事件包括2003年曼彻斯特在全市设立的10个永久性城市屏幕以及2012年伦敦奥运会计划在英国不同城市设立的50个城市屏幕。[2]时至今日，人们早已经习惯了被屏幕包裹的城市空间，以至于再次路过曼哈顿时代广场或者东京新宿涩谷街头时，只会萌生"不过如此"的想法。但也许人们还没有发现屏幕已经悄悄从垂直界面向水平界面转移，人们脚下的地面也开始拥有互动的能力。

城市的水平界面主要包括顶界面和地面，外部公共空间中的顶界面往往以构筑物天花的形式出现，比如拉斯维加斯天芒街和苏州圆融广场天幕，由于顶界面的互动特征与地面相似，但地面更容易吸引人员参与，所以本书主要围绕地面互动展开。现阶段外部空间地面互动的表达方式还未涉及机械传动，主要以光线图像等虚拟介质作为互动载体，从而使得地面表现出影像屏幕的特征，其主要通过以下两种方式来表达：其一，作为幕布承接带有互动功能的投影；其二，通过灯光设备铺装形成地面互动表皮。

互动投影的对象是图像一类的虚拟介质。互动投影输入端包括摄录机、热力拍摄机、红外感应器等，捕捉参与者的行为动作并转换成计算机脉冲信息；处理过程由计算机软件编程实现，将捕捉信息与最后的画面展示建立逻辑关系；输出端主要由成像设备如投影仪构成，将实时处理的图形投射到地面上，从而创造出图形似乎具有"逻辑思维"的假象。稍复杂的处理系统还可以同时进行音频处理，通过音箱配合投影仪，使声音和图像产生联系，形成更加逼真的互动环境（图8-8）。

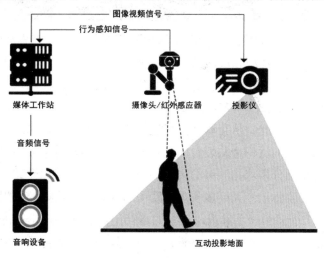

图8-8　互动投影工作原理

---

[1] McQuires. Geomedia: Networked Cities and the Future of Public Space[M]. PAN Ji, trans.Shanghai: Fudan University Press, 2019.

[2] 源自2012年伦敦奥运会Live Site（直播现场）项目，原计划在不同城市设立50个城市屏幕，但最终由于资金问题缩减至24个。

日本的 Team Lab 新媒体艺术团队可以说是媒体投影设计的集大成者，他们的作品不仅应用互动投影技术，同时配合增强现实和全息投影，使参与者在其创造的虚拟环境中获得沉浸式体验。Team Lab 在日本御船山乐园设计的"神居住的森林"（A Frost Where Gods Live）系列，由多组户外照明和投影作品构成，游客可以在其中体验"步步生花"，森林会随着人们的到来产生有韵律的光线变化，水面也成为互动投影的载体，小舟停留"鱼儿"靠近，小舟泛起"鱼儿"惊走。在 Team Lab 的作品中，地面、水面等都可以成为幕布，投影成为其手中与人和环境嬉戏玩乐的灵物。

不同于互动投影以图像为载体赋予地面虚拟的互动表皮，互动铺装则在地面上附加了一层互动的物质界面。互动地砖灯就是一种最常见的互动铺装，在城市公共空间中应用广泛，从早期只能发出单纯彩光发展到今天已经可以作为像素单元组合成具体图像，从而使得地面互动的屏幕特征愈发明显（图8-9）。

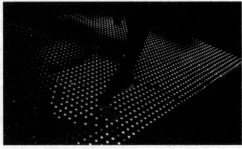

图8-9　单纯彩色互动地砖灯（左）与像素互动地砖灯（右）

就技术成熟度而言，现在部分互动设备已经达到了大面积使用的要求，比如互动地砖灯就可以作为和普通地面铺装一样的材料来使用，依赖于机械制造能力的飞速提升，并且随着新型材料的不断出现、机器制造成本下降、人力成本上升，其价格劣势也会被弥补。因此，从互动地砖灯这个微观视角出发，可以预见在信息高速交换的未来，人们对互动的认识会从装置向材料演变，互动素材会成为和混凝土、木材、石材一样的基础组成部分来建构城市的物质环境，这也正是互动设计融入城市地理的一个重要概念。

实际上今天诸多景观实践中已经体现出这样的思想，西班牙萨拉戈萨市"数字英里"（Digital Mile）景观改造中的步行记忆（Memory Paving）项目，就计划将一种受压发光的互动单元作为铺地材料，覆盖广场地面，以记录市民的步行轨迹和广场的热点区域；耐克公司在菲律宾马尼拉建造了一条 LED 互动跑道，全长 200 米，可以根据安装在运动员跑鞋内的传感器，形成跟随运动员移动的电子影像并显示其跑步速度和时间；西安大唐不夜城将互动地砖灯作为景区内的大面积铺地材料，设计了种类繁多的互动效果，大大改变了传统景观地面的形象，激发了游客的体验热情和表现欲望，以上例子都在说明互动正在演变为一种材料。

（三）公共空间节点——空间互动

节点具有很强的功能性和流动性。相应地，在公共空间设计或者景观设计中，节点也发挥着类似的作用，景观节点或位于板块中心，作为设计内容的集中表达，形成空间序列的高潮；或位于板块交接处，作为承接部分，实现设计内容和视觉空间的转换。作为中心，它包含了一种功能的动态，需要对设计内容进行更新和补充，以保持整体景观的活力；作为承接，它强调了一种空间的动态，需要创造视觉引导和心理暗示，达到步移景异的效果。综上，公共空间节点实际上提出了对空间可动的要求，这也成为互动空间讨论的切入点。

1. 空间塑造：结构与表皮

空间在建筑学的讨论中并不是一个历史悠久的话题。在西方语境中，19世纪德语系艺术史学者才开始在概念和思想层面使用空间一词，而建筑师关注的对象依然集中于实体营造，直到美国建筑师弗兰克·劳埃德·赖特（Frank Lloyd Wright）展开直觉性的空间创作，空间概念才有意识地进入现代建筑实践的视野。

一种功能空间往往会对应一种原型，比如交通空间、庭院空间、展示空间等，在大部分城市空间中，都包含多种功能的复合，这就需要对各种空间原型进行组织，形成空间序列。广义的空间序列包括水平序列和垂直序列，以此为基础再根据路径组织等要素进行进一步细分。但序列总是带有线性的思想，无论如何有效组织，在今天信息时代巨大的流动性和功能需求的不确定性面前，都会显得力不从心，抑或因为预留足够的宽裕而占据过多的资源。这就对空间的适应性提出了需求，空间必须有能力回应时间，回应变化，即空间必须可动。

海德格尔认为空间不仅需要身体的参与，还需要一定距离之外边界的填充，边界可以看作空间的结束，也是空间的开始。[1] 与老子虚实的思想相似，空间形成离不开实体的塑造，于是为了实现空间可动，必须实现边界的可动。城市空间中的边界往往由结构和表皮组成，这正是本书将互动空间的章节放在互动结构和表皮之后讨论的原因，对互动边界的认识，将直接推动对互动空间的理解。

2. 互动空间

互动空间的概念首次出现在20世纪初先锋建筑师的幻想中，是一种可响应、可变化、可满足不同时间和不同类型的功能需求，甚至可以自我学习主动调整的适应性空间。直到20世纪八九十年代，一系列计算机科学比如前文提到的无线网络、嵌入式计算机、各种传感设备等在技术和经济上变得可行，互动空间研究才出现长足的进步，在建筑学之外，计算机学科也开始进行环境智能等领域的探索。

在接近一个世纪的时间里，建筑师的尝试未曾间断，从1928年美国建筑师富勒设计了 Dymaxion House 动力节能住宅，到今天诸多建筑院校展开的一系列设计实验，都

---

① 虞刚. 走向互动建筑 [M]. 南京：江苏凤凰科学技术出版社，2017.

为互动空间研究提供了各种可能性。在建筑师的诸多探索中，最具代表性的互动空间例子就是英国建筑师普莱斯和控制论专家帕斯克在 1961 年合作的欢乐宫项目。欢乐宫是一个互动的表演性建筑，由可拆卸和重组的钢架结构作为骨架，其中所有的使用空间都由可移动的预制单元构成，甚至连屏幕和音响设备都能移动。演出空间可以随着功能需求的变化调整大小、方向和位置。戈登·帕斯克在其中完成了电气控制系统的设计，提出欢乐宫可以通过传感器收集信息，再据此进行功能预判，使之从可动空间上升为互动空间。虽然欢乐宫最终并未建成，但它影响了法国蓬皮杜艺术中心在内的众多建筑实践，直到 2019 年一个巨型"车篷"横空出世——The Shed 城市艺术中心，可以说最大限度地实现了欢乐宫的愿景。

The Shed 城市艺术中心由迪勒事务所（Diller Scofidio + Renfro）和洛克威尔小组（Rockwell Group）共同设计，位于纽约哈德逊广场高线公园的尽端，是一个非常重要的城市节点。其最引人注目的地方在于它并不是一个固定存在的建筑，而是一个套在 Bloomberg 大楼裙房主体上可以自由伸缩的外壳，能够随时将室外广场变成举办大型表演和装置展览的城市标志性空间。The Shed 壳体展开后形成的表演空间被称为"麦考特"（Mc Court），由于壳体的伸缩特征，"麦考特"可以根据活动规模调整大小。Bloomberg 大楼主体面向"麦考特"的幕墙是可以打开的，从而实现了大楼内部空间与表演空间的联通，这不仅使得裙房内部变成了绝佳的看台，当有空间需要时，"麦考特"的观众席也可以一路向上延伸到裙房内部进行空间借用，使这个 1 600 平方米的临时演出空间中，最多可容纳 3 000 人同时观演。The Shed 壳体底层东侧和北侧的幕墙玻璃均可升起，方便货车直接进入演出场地运送设备（原本属于室外空间的"麦考特"为运输和卸货提供了便利），这在普通的观演建筑中是无法想象的，从这个角度来说，货车也成为这个可动空间中的移动设备之一。The Shed 壳体顶棚装有数台起重机，随时可以完成观众席、大型艺术装置和音响照明设备的吊装，壳体四周的升降幕布也满足了各种演出类型不同的光线需求。"麦考特"可以说是欢乐宫剧场空间的现代演绎。

作为对结构和表皮塑造空间的回应，"麦考特"适应性空间的出现，离不开 The Shed 壳体作为结构和表皮的可动特征。The Shed 壳体属于动态动力结构，整个结构的动力系统主要由 Bloomberg 大楼裙房顶部的滑轨驱动机和壳体底部六个转向负重轮构成（图 8-10）。其滑轨的灵感来源于哈德逊河港口码头的龙门起重机，其滚轮的灵感则来源于高线公园作为运输铁路的历史。滑轨驱动机总计可以提供 180 马力的动力，外壳最高移动速度约 400 米 / 小时，从收缩到完全展开仅需 5 分钟；负重转向轮由硬化锻钢制成，在实现结构位移的同时将荷载传递到转向架上，转向架单位面积承重可超 450 000 千克。The Shed 壳体采用四氟乙烯共聚物（ETFE）和轻质特氟隆聚合物材料作为表皮，包裹在可动结构上，保证"麦考特"表演空间具有稳定的物理环境。ETFE 与隔热玻璃具有相同的热力学性能，但是重量很轻，配合广场地面的辐射热系统和局部变力空调，使"麦考特"

获得最大的能源使用效率，The Shed 作为非典型的建筑物依然获得了 LEED 银级认证。

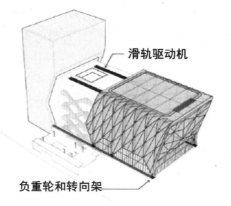滑轨驱动机

负重轮和转向架

图8-10　The Shed动态动力结构

　　需要强调的是，The Shed 城市艺术中心的设计委托来自一个面向大众的非营利组织，所以它实际上并不属于 Bloomberg 大楼的一部分，而是作为一个开放的城市基础设施以响应不同规模和媒体形式的城市活动。The Shed 壳体在移动过程中其实提供了两种类型的城市公共空间，一种是展开状态下作为室内空间的"麦考特"可变剧场，另一种则是收缩状态下作为室外空间的城市广场"在它之前"（In Front of Itself）。"在它之前"并没有只是作为供壳体移动的预留场地，而是作为城市公共景观得到了很好的设计，不仅嵌入了艺术家劳伦斯·韦尔（Lawrence Weiner）专为场地创作的大型艺术作品，壳体东立面上还为广场预留了可供声光投影的背景，地面上也配备了分布式电源，为户外城市活动的开展提供了充足条件。

　　虽然可移动壳体的控制系统是基于无线远程和备份硬件运行的，并没有涉及互动的概念，但是它作为一个重要的城市节点，确实以非常先锋的姿态创造了城市尺度的可适应性空间，为城市互动空间的出现积累了重要的经验。

　　3. Warde——空间花朵

　　Warde 是耶路撒冷市中心瓦莱罗广场（Vallero Square）上设置的一组永久交互装置，由 HQ 建筑事务所设计。该广场临近公共市场和电车站，是一个流动性非常强的城市节点，但其现实状况并不乐观，电车轨道割裂了广场两边的空间，一些未经规划的基础设施如垃圾站、变电站等，不仅破坏了景观形象，还使得广场空间更加支离破碎。

　　Warde 装置的形态是五朵 9 米高的巨型鲜花，两两一组被准确地放置在广场的视觉焦点上，以便市民在任何角度都可以看到它们。Warde 在广场上有多种用途，日间，当人们停留在花下时，处于收缩状态的花瓣会缓缓张开形成开阔广场上的遮蔽空间，阻挡耶路撒冷强烈的日光，直到行人离开，花瓣会再次合上；晚间，花瓣会自动全部打开，位于花蕊部分的路灯点亮，为广场提供了夜间照明，不同于一般路灯的作用，花朵张开创造的顶界面使得其下的空间更加稳定，周围居民会自发集中在花下聚会聊天，为广场

提供晚间使用的机会。另外，Warde 还有一个更重要的用途，正如它的名字"交管员"所暗示的，它与城市的电车信息是联动的。无比鲜明的形态和处于瓦莱罗广场视觉焦点的位置，使得 Warde 可以被所有在公共市场购物的顾客看见。每当电车临近，五朵鲜花就会迅速同时打开，提醒需要赶车的顾客不要错过电车。不同于一块电子屏幕，Warde 赋予了城市公共空间生动的行为，使其在传达信息的过程中表现出一种生物的特征。

Warde 装置的互动原理并不复杂，收展自如的花朵作为输出端实际上是展开式动力结构中的充气膜结构；输入端涉及红外传感器和光敏传感器，用于识别人员位置以及日光变化；计算机处理系统可以接收来自传感器和车站发来的信息，并启动位于花蕊处作为效应器的空气泵，对花瓣进行充气或抽气，实现结构的变形。互动的花瓣实际上塑造了城市公共空间的顶界面，花瓣的收展行为使其下围合的空间产生了互动性，从而使得整个瓦莱罗广场具有了功能适应的特征。虽然这种功能变化并没有那么突出和完善，但对于公共空间的塑造意义是相同的，而且 Warde 这种小规模低成本的空间改造方法，明显更容易推广，具有更强的生命力。

最后不能忽视的是 HQ 事务所在 Warde 形态设计中的思考，Warde 鲜红花朵的形象具有极强的主体性，正是其设计的用心和巧思之处。瓦莱罗广场的现状并不理想，为了通过最小的干预提升环境品质，设计只能以足够夺目的姿态成为焦点，从而让不佳的环境处于人们注意力的边缘。正如 HQ 事务所在其官网介绍中写道："Warde 并不是与混乱做斗争，而是试图将城市空间'缝合在一起'，让它们在如此奇妙的元素（指 Warde）周围散布变成背景，从而克服广场的现实"①。这种充分考虑城市现状，并以此为依据进行的合理的互动设计，反而提供了现阶段互动融入城市地理的一种辩证的思路。

（四）公共空间信息——新媒介互动

信息是数字时代城市设计无法回避的话题，如果说前文提到的构筑物、界面和节点是传统的设计构成要素，信息则已经迅速成为当下城市设计中不可缺少的组成部分。这种影响主要表现在以下三个方面。

在设计方法上，实地调研测绘、手工模型、现场放样都不再发挥主要作用，遥感遥测、计算机模型、虚拟现实已经成为常用的设计手段，设计过程向信息收集和处理过程靠拢。

在表达方式上，不再拘泥于物质要素的操作，而是借助各种媒介，将虚拟信息作为展示主体，比如 Team Lab 团队创作的一系列光影景观。

在作用范围上，借助互联网和移动智能设备的快速普及，相比于传统的报纸和电视，信息传播和获取的成本大幅下降，这意味着公共空间可以获得更广泛的参与和更大范围的影响，城市体验的时间和空间界限被打破。

---

① HQ Architects. Warde: Crafting a dynamic installation in the heart of Jerusalem and improving the urban space and the public experience[EB/OL]. [2020−03−05]. https://www.hqa.co.il/home/warde.

　　由此可见，信息作为当下城市公共空间设计的构成要素表达了一种"轻"的趋势，而这种"轻"也是这个时代互动设计的立足点，于是互动成为城市空间中各种虚拟信息与现实世界建立可靠联系的最佳方式。

　　过去人们常常将城市空间的具身体验消失和人际关系的日渐冷漠归咎于信息爆炸对生活的蛮横占据，如今，新媒介互动为市民提供了一种在城市空间中与信息共处的全新方式。

　　"骑手说"是英国著名互动媒体艺术团队"爆炸理论"（Blast Theory）的作品，项目邀请市民骑自行车探索城市空间，车上装有艺术家设计的智能导航装置，该装置可以通过耳机与骑手对话。为了创造一个安静的诉说和倾听环境，活动都安排在夜晚进行。相比于普通导航只是提供路径，"爆炸理论"设计的智能导航，会向骑手提问，如描述自己、评论他人、分享经历等，让其慢慢进入一个倾诉的状态，参与者的所有回答都会被记录（事先已告知）。项目的特殊之处在于，当骑手到达城市中的特定地点时，导航会播放之前到达的骑手在此地的"留言"，比如此时的感受，对此处空间的看法，或是在此地曾留下的回忆。因为参与者被要求是当地的居民，所以他们对城市环境已经有了较为充分的认识，彼此很容易产生共鸣。在这个时刻，通过全新的媒介，人与人之间、人与城市之间建立起特殊的联系，单纯的信息交流不但没有让人忽视物理空间、忽视交往，反而在私人和公共领域之间创造了一个奇点。在本书的语境中，"骑手说"新媒介互动项目提供了三个值得讨论的地方：

　　首先，寻找特殊的地点。这类似一个寻宝的过程，人们在城市中四处骑行，并没有具体的目的，又带着未知的期待，这正是一种情境主义国际和超级工作室等先锋团体所呼吁的城市游牧。当仔细考察"骑手说"的合作团队时，会找到诺丁汉大学混合现实实验室和索尼网络服务公司，并且整个项目是欧洲普及游戏研究（IPer G，The Integrated Project on Pervasive Gaming）的一部分，其中对于"玩乐精神"的关注不言而喻。

　　其次，鼓励个人情感的披露。"骑手说"并没有创造任何可以与之互动的装置主体，项目要求参与者独自骑行，所以骑手的注意力始终集中在发现城市空间以及与导航装置的对话中。项目有意将对话内容引导向参与者的私人世界，并且为了减少干扰将活动时间指定在夜晚，进一步放大了骑手个体的存在。由此，项目形成了一种在特定的城市空间中的自我倾诉，与智慧城市的思路相反，在今天城市生活日益压缩个人空间的现实中，通过"骑手说"项目，参与者作为当地居民，反过来对城市公共空间形成了一种占据。

　　最后，建立一种新的公共信任之网。雅各布斯认为街道生活形成了一种公共信任之网，其中有两点要素：作为物理环境的街道空间以及在街道空间中发生的面对面交往。"骑手说"利用可参与的移动媒介——智能导航，创造了一种不同时但同地的交往。在这种全新的交往中，物理的公共空间依然重要，骑手必须在特定的城市环境中倾听和倾诉，交流的对象虽然不曾露面，但他们作为当地居民是真实存在的，并不是网络世界中基于编程或想象的虚拟客体，并且由于避免了面对面的生疏，反而增加了参与者倾诉的自由，于是在这种新媒介创造的"共处"中，新的公共信任之网得以建立。

新媒介互动充分开发了城市公共空间中可能存在的各种信息，并以之为互动材料，形成了人与人、人与城市环境之间新的关系，在私人与公共领域之间创造了一个奇点。

三、基于交互性的共享公共空间耦合式设计逻辑

优质的城市公共空间应该是人的公共活动和建筑的最大程度契合的产物，其优化需要技术对建筑的有效改造和人的公共活动需求"双轨道驱动"。而在信息技术的影响下，人类的公共活动需求逐渐脱离本地化空间向网络空间转移，与此同时，附加了传感型建筑媒介和媒体型建筑媒介建筑转变为具有突出交互属性的媒体建筑。信息技术对建筑的改造孕育了增强建筑与人深度"耦合"（coupling）①的可能。而耦合性的高低直接决定了城市公共空间的质量。基于媒体建筑具有的各种互动形式，笔者以"耦合"为主要概念，基于不同专业中略有不同的"耦合"定义，提出信息时代提高城市公共空间质量的三种设计逻辑。

（一）"机械式"耦合逻辑

工程学语境中的耦合是指一种将两个轴在末端连接以传递力的方法，有齿轮、螺旋和弹性耦合等多种形式。此处的"机械式"耦合指建筑采用物理变动的方式实时响应人类的空间需求，以塑造积极响应的公共空间。早在20世纪60年代就有类似的雏形提出，但直至近二十年，信息传感设备的普及和工程技术的发展，才真正使其有实现的可能。

例如，1964年英国建筑师塞德里克·普莱斯（Cedric Price）参与设计的Fun Palace项目就是整合了控制论、信息技术、游戏理论和巨型结构工程的互动建筑。该设想由先锋戏剧家琼·林特伍德（Joan Littlewood）提出，她基于互动戏剧和公共参与理论将其定义为一座公共文化活动的容器。这座建筑的骨架是由结构工程师弗兰克·纽比（Frank Newby）设计的巨型桁架，除结构框架外楼梯、房间、隔墙的所有模块都能根据使用者需求由屋顶的塔吊进行移动。心理学家约翰·克拉克（John Clark）基于当时伦敦人的心理情况和日常行为，列出能在建筑中进行的70种活动，奠定了建筑的功能模块。信息学家罗伊·斯考特（Roy Scott）设计了"信息柱"，实时显示并发布建筑空间使用情况等建筑信息，让使用者与建筑进行互动。而整座建筑运作模式的基础是控制论学家戈登·帕斯克（Gordon Pask）提出的控制论模型。Fun Palace与其说是一座建筑，倒不如说是一座围绕着人而运作的社会交互机器。普莱斯在临终前提到，Fun Palace并非关于建筑，而是关于人。

在机械式耦合逻辑下，需要提高建筑中结构、设备、信息等各部分的耦合度，让建

---

① 指两件事物紧密地结合在一起，在工程学、电子学和计算机科学的专业领域都有其具体含义。

筑能更及时、有效地在人的需求下产生响应。基于此,笔者对设计过程提出以下几点原则。

①需求导向型:以建筑使用者的身体和心理需求为导向,弱化设计过程中以经济效益为导向的设计价值观。

②去独裁专家化:在传统的建筑设计中,建筑师总是居于统领地位,对其他专业有完全的决定权。但在多专业融合的趋势下,需要建筑师主动放弃独裁,与其他专业增加交流。

③过程动态化:具有互动性的建筑不再像原来的建筑那样,有所谓建成的时刻,因此,要明白互动性建筑可能永远处于"未建成"的状态,因为它将会一直随使用者的需求而变动。

(二)"电子式"耦合逻辑

电子学语境中的耦合,是指从一种介质到另一种介质的能量传递,耦合度越高能量损失越小,通常是电能或电磁信号的传播。此处的"电子式"耦合逻辑是指公共空间中媒体内容从建筑向公众传播的过程。提高耦合度的方式就是通过信息技术将公众尽可能深地纳入媒体内容的"生产—传播"过程中。基于此,以公众在此过程中的参与程度从高到低分为三种信息内容设计模式:①专家生产—公众观看。②专家生产—公众互动。③公众生产 / 观看(图8-11)。

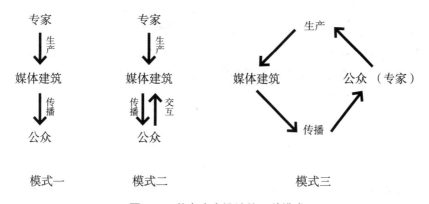

图8-11　信息内容设计的三种模式

模式一,即将媒体建筑视为一块大型"电视屏幕",建筑师或媒体艺术家等专业设计团队创作好媒体内容后在其上放映,单向度地传播给城市中的公众。大多数的媒体立面都属于该种模式。例如,上文提到的新加坡 ILUMA 城市娱乐中心,但由于公众对一种媒体内容容易产生审美疲劳,需要专家团队在媒体立面建成后,保持一定时间间隔的内容更新。这将会产生后续维护成本的支出等问题,难以保证长效且稳定的内容提供。

模式二,依然是由建筑师或媒体艺术家等专业设计团队创作媒体内容,但不同的是,这里的"内容"准确来说是一种交互机制。例如,加拿大蒙特利尔的 La Vitrine 项目,设计师将办公室外墙改造为一个媒体橱窗,灯光的形状和颜色的变化根据过往行人的动作而改变。这种模式通过实时反馈的机制，让公众作为"准创作者"完成参与和交互。但本模式与第一种模式中的交互都只发生在特定的空间场所中，没有嵌入到更广阔的社会网络中。

模式三，即将本为观看者的公众纳入内容创作环节，意味着公众既是创作者也是接受者。如 Rundle Lantern 案例，设计团队为了保持媒体内容的持续性更新而成立了内容控制小组，公众可以向该部门申请使用"灯笼"进行创作。团队和市议会共同创建了网站 www.rundlelantern.com，让民众进行线上申请与创作。这一模式将媒体立面视为一个可以让公众表达的公共平台，从而形成内容创作与接受之间的良性循环。

前两种模式更为符合传统的设计或创作流程，而第三种模式则模糊了创作者和接受者的界限，专家团队似乎由于公众的参与而被排除在流程之外。但实际上这促进了设计者角色的转变：由形式（图像）的创造者转而成为机制或规则的制定者，以此来使设计活动进入更为广阔而深刻的社会环境之中。

（三）"信息式"耦合逻辑

在计算机编程语境中，耦合性指两个软件模块之间相互依赖的程度。耦合度越高意味着模块的独立性（内聚性）越低，整个系统对网络资源的消耗越高，稳定性也就越差；耦合度越低则意味着独立性（内聚性）越高，对网络资源的消耗越低，系统的稳定性就越高。结构良好的计算机系统通常是高内聚、低耦合的。此处的"信息式"耦合逻辑是指城市中各处公共空间在信息化网络中的相互依赖程度。

信息城市空间的多节点网络化和信息层级化的分布趋势，似乎让城市中的不同区域能够依托于互联网，使彼此间的联系更为紧密，能在更大的地理范围内相互协作。但这也给单独的某一处空间带来了单一化、衰退的危险。这就一方面需要我们避免在建筑和公共空间设计中对信息技术的滥用，降低公共空间在网络空间中的耦合性。另一方面也要更加注重物理空间的营造，增强单个公共空间的内聚性。基于此提出以下两点原则：

1. 轻网络化原则

即降低建筑或公共空间在信息化网络之中的耦合性。互联网等信息技术让人与空间的互动不再局限于物理的形式，甚至不再与某个场所绑定。LBS（基于位置的服务）让居民的就餐、购物等日常活动不再与餐馆或商场绑定，隐含了公共空间衰落的危险。因此，在让建筑和公共空间接入网络时，也要强调其具有的地方性特征，以避免被流动网络空间逻辑所支配。

2. 空间体验化设计原则

即提高建筑或公共空间的内聚性，丰富实体空间的内容，提高质量。例如，在互联网购物的冲击下，线下商场纷纷向体验性购物空间转型。购物中心不仅仅是购物的地点，而是包含了娱乐、餐饮、文化等诸多功能的综合体。因此，需要在设计中利用建筑在地场所的特性与虚拟网络结合，将人带回城市中的场所，创造与公众和城市空间的崭新互动方式。这对建筑师的专业水平和跨专业协作能力提出了更高的要求。

综上所述，信息技术影响下的建筑媒介和建筑空间深度结合产生了媒体建筑，后者因为交互性为主的特征成为响应使用者需求，或作为互联网络节点的新型建筑。同时也为在信息技术影响下呈现出衰退趋势的公共空间注入了新的活力。

第九章 共享理念视域下城市公共空间设计典型案例分析

相关案例解读在城市公共空间设计目标、原则、策略研究中具有重要的参考作用。本章选取安徽省安庆市岳西县黄尾村公共空间规划设计、天津市柳轩苑社区改造、成都来福士广场屋顶公共空间设计、北京大栅栏历史片区改造四个成功的建设项目，借以了解掌握本书研究课题中成功的设计经验，以期为共享理念视域下的公共空间设计提供思路和参考。

一、共享理念视域下乡村公共空间设计典型案例分析

随着我国经济社会飞速发展，乡村地区人民收入水平逐渐提升，乡村的经济发展状况也得到了极大的改善。在生活富足的物质基础之上，生活环境和乡村生活面貌逐渐被人们重视。对乡村地区的环境整治和空间治理，对乡村发展面貌的提升改造有了迫切需求。在政策的引导和新时期农村建设的推动下，乡村人居环境迎来了建设、整治的新一轮浪潮。公共空间规划是人居环境改善的重要切入点，无论是要激活乡村发展的内部动力，还是要满足人民群众日益增长的美好生活需要，重塑乡村公共空间的活力和公共价值，公共空间的规划设计都是十分必要的举措。乡村公共空间的提升和塑造是乡村地区生产生活品质提升和乡村风貌提升的重要基础。

下面以黄尾村公共空间规划设计为例，将共建共享理念融入乡村公共空间规划设计的体系中。

（一）黄尾村的基本概况

1. 区位概况

安徽省安庆市岳西县黄尾镇黄尾村地处大别山腹地，坐落于岳西县北部，西北与霍山县磨子潭镇交界，东南与黄尾镇黄龙村、严家村邻接，南距岳西县城 34 千米，北距霍山县城 30 千米。黄尾村距离六安高铁站 1 小时左右车程，距离合肥 2 小时左右车程，距离武汉 3 小时左右车程，交通区位优势明显。084 县道为黄尾村重要的对外交通道路，

向北可通至霍山县，向南可至岳西县城。济广高速穿境而过并在黄尾村设有出口，向北可至济南，向南可达广州，十分便捷。

黄尾村村域面积 19.55 平方千米，森林覆盖率接近 90%，村域林地面积共 23 415 亩，耕地面积 1 745 亩。

本次规划范围位于黄尾镇黄尾中心村内，包含镇区范围，是黄尾镇政府所在地，主要为老街和新街两大部分。依托镇域中心村的核心位置，基础设施建设相对完善，村庄主要对外道路均已硬化亮化，给水排水、电力电信、环卫设施齐备。公共服务设施配置相对齐全，建设中的旅游集散中心集旅游接待、村庄综治、文化服务功能"三位一体"，为本地村民及游客提供服务。

2. 特色资源与民俗文化

黄尾村地处山区，森林覆盖率接近 90%，是天然的氧吧，并孕育着丰富的物种资源。村内有彩虹瀑布、黄尾河滨岸带、省级森林公园等景观资源，具备巨大的旅游开发潜力，其中彩虹瀑布景区 2013 年被评为国家 AAAA 级景区，被誉为华东地区第一大瀑布。黄尾村人文胜迹源远流长，人文历史资源丰富，有历史古迹土地庙、祖师殿等；有红色文化遗留，如红军会议旧址、暴动纪念亭。岳西县丰富的非物质文化遗产多项与黄尾村相关，如岳西翠兰制作技艺、岳西高腔、岳西灯会、岳西狮舞等，为其增添了民俗人文气息。此外，黄尾村还有木材、石材、茶叶、毛竹、天麻、金矿、铬矿等丰富的物产资源，并与六潜高速公路互通，是闻名岳霍两县的商贸中心。黄尾河还为村庄带来了丰富的水电资源，村域内现有纱帽及猴河（上街）两座水电站。

在黄尾村漫长的历史发展进程中，历史给黄尾村留下了独特的文化印记。20 世纪上叶的黄尾街因其地理位置的优势成了远近山区居民贸易和交流的场所，号称"小上海"；1930 年在此发生了黄尾河暴动，共上千名村民参与起义，为皖西革命根据地形成做出了杰出贡献，2013 年黄尾村重建黄尾河暴动纪念亭，以纪念这些革命烈士。岳西丰富的非物质文化遗产，各类戏曲、民俗活动、民间艺术、民间技艺赋予了黄尾人独有的文化记忆和认同感。此外，黄尾村的一山一水、一田一屋也都是黄尾文化的一部分，群山与山间的彩虹瀑布、黄尾河与河边的村庄、一亩亩茶园果园与山间的翠竹共同组成了黄尾的乡愁印象。黄尾村的商贸文化、红色文化、民俗文化、农耕文化乃至景观文化都值得进行挖掘并用以黄尾未来的规划建设当中，从而打造"魅力黄尾、独特黄尾、文化黄尾"。这些文化要素与资源在黄尾村文化活动、文化产业、文化空间、乡风文明建设中得以凝聚与体现。

（二）多元共享的设计目标

1. 村民及游客对村庄公共空间的需求及期待

村民与游客对于黄尾村的未来发展有着各自不同的需求，但整体而言，村民对于乡村公共空间最迫切的希望是活动空间的丰富以及交通设施的完善，村内的年轻人希望赶上发展乡村旅游的热潮，发展本地的旅游业，获得更多的就业机会和经济收入。而游客对于黄尾村的期望更多集中在传统文化的体验以及结合休闲农业的娱乐活动体验上，对于优质的乡村环境、休憩设施以及通达的交通设施的需求也十分迫切。

2. 未来图景及理想目标

综合多方的需求以及黄尾村的实际发展状况，黄尾村的规划设计要达到以下几点目标：一要实现村庄内部村民生活的安全舒适及公共空间认同；二要满足游客的需求，为乡村旅游的发展提供更多的发展空间；三要促进乡村的公共利益发展，提高政府及村民的经济收入水平；四要传承发展特色文化，丰富乡村生活图景。通过对公共空间、公共事业及公共利益的追求维护，最终为形成经济繁荣、文化昌盛、环境优美、公共价值最大化的美丽黄尾打下基础。

（三）共建共享下的设计内容

1. 层次分明的空间布局

黄尾村绝大部分居民分布在镇区集中于老街及新街上，根据县域规划，未来将把零星散布的居民点进行集中搬迁，集中于镇区新街范围，因此，规划涉及的公共空间主要节点及设施、景观的规划设计范围将以老街和新街作为公共空间节点及设施的规划范围（图9-1）。

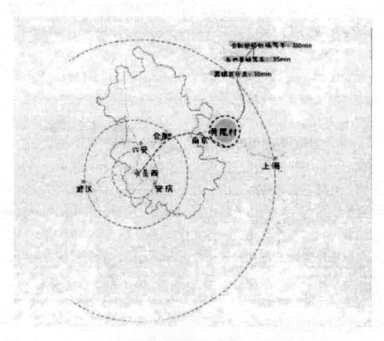

图9-1 黄尾村规划图

黄尾村老街为村庄的主要居住和生活空间，其村庄形态呈现为带状。由于特殊的地形限制，公共空间的布局采用串珠式布局方式，根据不同的服务人群以及功能进行分区开发。对老街的部分建筑进行拆除和改造，设置文化馆、健身广场及多个不同层次的活动节点，通过提升后主干道将各节点串联起来，通过不同层次的有序布置，形成有节奏感的空间序列。将沿河景观向老街内部渗透。

黄尾村新街为镇区规划建设的新区，为面状网格式形态，道路为方格网型路网，建筑的大小、形式、排列方式均相似，呈现规整的网格式格局。新街的公共空间布局采用网络式布局，植入多个公共空间场所，结合现状的活动广场新增度假别墅村、科普馆、生态农庄、科学养殖试验田等多个公共场所，在给村民提供公共活动场所及生产生活用地的基础上，为游客提供了休闲农业体验与文化科普的机会。

2. 通达有序的道路交通

（1）综合交通体系的构建

考虑到黄尾村的公共空间与景区靠近，道路交通的规划设计不能仅仅在新街、老街范围内考虑，应将道路交通规划扩大到村域范围进行综合规划。因此，黄尾村的综合交通体系由三部分构成：高速交通、中速交通以及慢行交通。高速交通是外围的高速机动车路线，为交通性道路。中速交通指的是村庄内部及附近的机动车和非机动车路线，一般为交通性道路。老街部分由于带状形态交通的特殊性，084县道在满足交通畅通的前提下局部结合生活性街道的设计。新街部分则由外围的交通性道路和内部的生活性街道组成。规划范围内的中速交通包括老街、新街内的交通性道路以及居民点外围串联各景观节点的景区道路以及茶园观光部分道路。根据新农村规划中对村庄道路的控制，对外连接高速路的道路设置宽度至少为7米，向北途经黄尾大桥通至黄龙村，南经高速入口处，道路路面为沥青路面。慢行交通分布于人流较为密集的地区，通常包括生活性街道、巷弄等。由于景区的交通是内部管理，因此，在慢行交通范畴内不考虑景区内的观光道路。

（2）断面尺度的设计

在此次设计中，形成三种尺度的道路形式：交通性道路（图9-2）、生活性街道（图9-3）以及巷道（图9-4）。

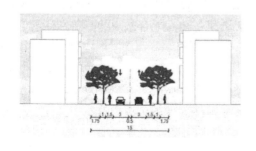

交通性主要道路

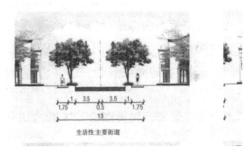

交通性次要道路

图9-2 交通性道路断面设计图

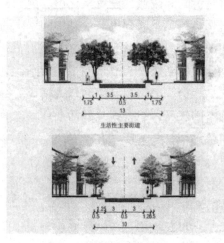

图9-3 生活性街道断面设计图

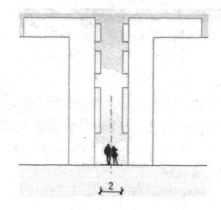

图9-4 巷弄断面设计图

（3）丰富的街道界面

通过对老街的街道界面进行部分拆除改造，使得界面具有尺度、凹凸的相应变化，一方面使得空间界面具有层次，增强趣味性；另一方面也创造出适宜交流的小空间，增加了村民在街道中的停留时间，便于发生更多交流和互动。配合景观的打造和休憩设施的设置，为整个街道空间增添了活力。

3. 氛围适宜的活动节点

根据活动节点的需求及现状结合现状用地的开发、景观打造等情况对老街、新街进行范围内综合规划，设置四个片区的活动节点，为乡村提供集休闲、科普、活动、消费于一体的活动空间。

针对黄尾村老街的活动空间缺失等问题，对老街道路两侧的部分建筑进行拆除或改造，对原本的场地功能进行重构与融合，结合原有遗留建筑和文化，打造具有活力的公共空间节点，提升场地的使用价值与文化氛围。改造建设方案结合户主本身意愿，通过餐饮、手工艺销售或住宿的经营，使其得到利益分红。

（1）民俗特色体验商业区

该区域内包含民俗展览馆以及手作工艺坊，主要提供特色旅游产品销售展示的场所，彰显当地的民俗文化和传统工艺。

（2）文化创意交流区

该区域主要提供艺术家、游客、管理人员等多元参与主体的互动及其他活动场地，主要包括共享办公室以及活动性的健身文化广场。植入茶文化周边，并融入现代技术，通过新技术和创意产品的开发，实现文化的传播与交流。

新街区域内结合附近未开发的空地，针对人气不足，活动场地较少，商业氛围不浓厚及乡村风貌较差等问题，规划发展农业与旅游业相结合的发展方式。通过打造农业与观光体验相结合的休闲农业建设项目，置入新街地区旅游观光、采摘体验、教育科普等新功能，促进新街地区活力的提升，引导鼓励户主参与旅游市场。这不仅给当地居民带来更多就业机会，参与项目建设，提升经济收入，同时也为外来游客提供优良的体验游玩场所、丰富的活动项目和教育科普的实践场所。

（3）休闲农业体验区

休闲农业体验区主要包含麦田画试验田、科学养殖试验田、果蔬采摘等多项农业体验活动空间，在促进村民科学种植生产，提高经济收益的同时给游客提供了多样化的观光体验活动形式，满足了游客对农事体验的不同需求，丰富了旅游项目的开展。

（4）科普教育试验区

科普教育试验区主要包括农业科普馆、科普教育中心、毛竹雕刻学习坊及球场等运动场地。科普教育中心不仅为当地村民、儿童提供了科学知识的指导和教育，还可以作为外来游客进行科普教育教学活动的拓展场地，未来可以承载更多教育体验活动，为课外活动课堂的展开提供场所，有助于寓教于乐、扩展知识面、提升实践能力。各类传统技艺学习坊、工作坊的建立，不仅推动了当地村民对传统工艺的传承，防止传统技艺消失在历史洪流中，成为令人唏嘘的历史记忆，还促进了工艺的传播，这对于许多非物质遗产的保护与传承具有重要价值，当地的旅游特色产品也将更加凸显自己的风格。

4. 功能复合的建筑构筑

（1）农耕文化展示馆

通过对原粮站建筑及其周围建筑的改造，延续传统历史元素，规划设计农耕文化展示馆，提供文化展示、历史教育、活动交流的公共空间。保留原粮站的主体建筑，清除周围地块中乱搭乱建的部分，拆除部分破旧房屋，整合整个场地，将其打造成具有一定开敞空间的文化展示馆区域。室外的广场中置入一些文化雕塑、展示栏以及一些座椅和绿化，给游客提供游览休憩的活动空间。室内主要作为传统农具以及其他具有历史记忆物件的展览区域，并对其进行历史沿革的介绍，彰显了乡村发展的历史文脉及传统生活，对观光游览、乡村文化记忆的传承具有积极影响。

（2）共享办公室

通过对原采石场的废弃建筑进行改造重建，结合场地现状及未来的片区发展设计共享办公的公共空间。结合原建筑主体进行内部改造升级，划分为私人办公区、交流讨论区、共享办公区、餐饮供应区以及室外活动区。外部立面采用镂空石材进行景墙的设计，通过落地玻璃窗以及镂空石墙的搭配，打造独特的光影效果，采用当地石材也可有效利用资源，具有地方特色。整体建筑的改造赋予其全新的功能，注入新的活力，吸引艺术家和其他办公人群入驻，唤醒地区的活力。

5. 人景互动的绿化景观

（1）麦田画试验田景观设计

选取新街内的闲置用地用作麦田种植，将传统农业种植与艺术景观相结合。采用插播套种等方式，使麦田在大地上呈现出预先设计好的图案，在作物成长的不同阶段，颜色随之产生不同变化，呈现四时风景各不同的景观。试验田里可开展体验种植作画等活动，人们可以通过自选图案来绘制属于自己的麦田画。由于作物生长变化需要一定的周期，这一活动还可在某种程度上提升游客的返客率。

（2）街道绿化景观设计

老街的主要道路还要承载一部分交通功能，因此，在规划中只需保障适当距离连续种植即可，植物的搭配也要避免太复杂，避免造成人们的视线混乱，保持绿化的连续性即可。植物搭配通常以乔木为主，如香樟、榆树等；新街地区的生活性街道的两侧绿化则可以加入更多的层次，乔木与灌木相结合形成高低错落的植物组合，让整个街道生机勃勃，充满节奏和韵律，植物配置要考虑四季不同的植物搭配，保证四季有景。

（3）点状绿化景观设计

老街和新街的点状绿化主要为宅院门口的小菜地、道路两侧花坛的设计。小菜地的设置主要就是清除杂乱的垃圾堆物以及小护栏的添加，整理菜地与周围环境的边界保持菜地的整洁有序；花坛的设计结合黄尾村沿河而生的特征，将花池做成小船的造型，结合当地的茶叶特色及竹子的元素，打造竹制的茶篓形式的花池，别具一格体现当地特色。

（4）景观小品设计

为了体现人景互动的景观特色，景观小品在反映乡土化的同时也要注意与人的互动关联。我们将一些乡土气息的景观要素介入到小品的设计中，如木制和竹制的标识牌，当地的天然石块，收录当地的方言，进行提示播报；或设计场景化的小品，引导人们与小品共同完成场景的表达。相关具体设计主要有以下三个小品。

①石磨。该小品位于农耕文化展示馆的广场内部，石磨作为当地传统农具的典型代表，存在于几代人的记忆中，设计师将村内废弃的石磨重新利用起来，作为广场内的一处互动景观。游客可以站在石墨旁边模仿劳动时的场景进行拍照留念，唤起大家对传统

生活的记忆。小朋友们也可通过亲眼所见，了解传统农具的构造及使用方法。

②景观池。结合乡村临水而建的这一特质，在景观小品的设计中引入水的元素，加入船锚等物件，表达记忆里通过船舶运输来进行货物交易的那段乡村历史。人们靠近池边即可听到船舶划过河面的水声，让人们身临其境，营造想象及体验的氛围。

③彩虹标识牌。结合乡村周围景区彩虹瀑布的元素，打造具有彩虹色彩及灯光的入口标识牌。结合黄尾村的建筑风格，以白色为底加上红、橙、黄、蓝、紫五种色彩元素。夜晚时分，五个区域的灯光亮起，形成彩虹灯光，十分亮眼，也可作为供游客拍照打卡的标志性景观小品。

6. 多样丰富的设施场所

（1）停车场设计

黄尾村的静态交通已经出现了规划落后于村民需求的情形，交通工具的停放成为一大难题。根据地形及需求，在各个村民组都设有停车场，依据各村民组实际需求设置不同大小的停车场，其余车辆可结合各自院落进行停放。

根据接待游客需求布置停车场，保证与外界交通的联系的同时不干扰村庄内部交通。停车场布置于景区附近或村庄出入口附近，继而换乘村庄内部交通工具进行出行。考虑停车场的生态环境保护，营造生态停车场，将停车场生态化处理，美化停车场环境。停车场在旅游淡季时还可以一场多用，农忙时晾晒稻谷、麦子等农作物。

在老街部分，对原政府旧址空间进行改造，建设一处集中停车场，形成老街地区机动车停车场及新型交通租赁点，投放共享电动车等共享交通工具，解决老街停车难问题的同时为不同交通需求的游客及居民提供便利的交通设施服务。

（2）休憩设施设计

黄尾村的休憩设施主要分为常规的公共座椅以及辅助性休憩设施，比如石头、花坛等。辅助性的休憩设施需要根据具体的节点尺度进行调整，如树下的休憩设施通常围绕树干的底部布置，让设施尽量处在树冠的阴影之下。这里我们重点来讨论公共座椅的布置。不同的布置形式会形成不同的空间围合，座椅的形式及位置会影响使用者的心理及使用者之间的交谈，不同人群会根据自己的需求选择不同组合形式和位置的座椅。因此，我们提供以下几种布局形式供参考，在规划设计中不同的节点范围可根据实际需求进行选择和调整。

直线型（图9-5）：人与人交谈过程中需要扭转身体才能面对对方，因此，直线型的布局适合独自休憩的人或是需要单独空间的人，一般设置在广场的边缘位置、道路两侧的小尺度空间或是靠墙处。

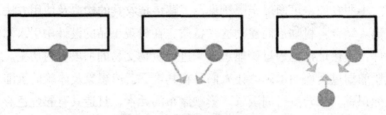

图9-5 直线型座椅模式图

直角型（如图9-6）：适合人数较少的交流，一般布置在广场的角落、墙角、花坛的转折处等空间。

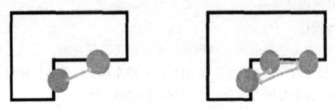

图9-6 直角型座椅模式图

弧形（图9-7）：内弧形状的座椅通常能够容纳两人以上，便于人际交往；外弧形的效果则完全相反，类似于直线型座椅，使使用者互相隔离。通常弧形座椅设置在面朝开敞空间、背靠绿地或花坛的区域。

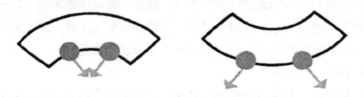

图9-7 弧形座椅模式图

圆形（图9-8）：通常与树、花坛等共同设计，半径不同也会导致交往效果不同。这种形式适合需要安静的独立空间的人。

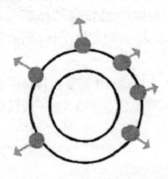

图9-8 圆形座椅模式图

凹凸型（图9-9）：通常与绿地、花坛等共同设计，可以满足不同群体的需求，空间的活泼性强。

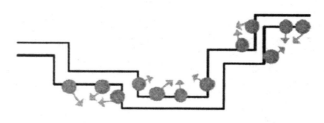

图9-9　凹凸型座椅模式图

（3）环卫设施设计

按照80米的服务半径沿道路两侧及活动节点布置垃圾收集点，对生活垃圾进行统一处理。对环卫设施的放置位置也要注意，避免影响公共空间景观风貌。

（4）健身活动设施

乡村公共空间内的健身活动设施是村民使用率最高、最受青睐的公共设施，村民可以一边运动一边聊天交流。健身活动设施结合街道及广场进行布置，一般布置在边缘处，满足人们的安全感心理，也可以布置在可以遮阳的地方，方便使用者休息。健身设施同时应该具有牢固性，避免尖锐部件的产生，保障使用的安全。健身活动设施的设计注重老人与儿童的需求，应该配备适合老人及儿童使用的简单安全的活动器械及运动场地。儿童设施的设计应注重调动儿童的好奇心理，场地应避免硬质铺装，适宜用橡胶、塑胶或沙子进行场地的铺设。设施颜色要鲜艳明亮，使得整体空间活泼明快，启发儿童的创造力。

7. 传承融合的文化活动

（1）文化活动增强乡村吸引力

结合农耕文化，并充分考虑当地村民文化传承的需要以及外来游客参与体验的需要，以春、夏、秋、冬为时间线，结合重要传统节日与二十四节气，设置与之相应的文化活动。例如，春天开展迎春歌会、茶文化节；夏天开展放河灯活动、露天戏曲节；秋天开展农产大会、秋季美食节；冬天开展舞狮表演、篝火晚会。

（2）文化产业带动乡村发展

以文化与艺术构思结合现状产业，发展黄尾村特色文旅产业、特色农业及附属加工业，使文化成为黄尾村经济产业发展的强心剂。将当地文化与"三产"融合，打造具有黄尾村乡土特色的大地景观，增加可体验性的文化活动，推出多样的特色文旅线，并将文化要素体现于村庄建设的各处。游客能够赏黄尾村特色文化景观、品黄尾村特色美食、住彩虹风情民宿、购精美伴手礼、参与民俗活动；村民能够参与其中获得就业与增收机会，同时有助于提升村民的文化素养与文化认同感。

8. 经济驱动的情感互动

黄尾村的公共空间要实现可持续发展，靠基础设施建设的完善远远不够，要想真正"活"起来，必须发展经济。针对黄尾村现有产业进行产业结构的调整，以第一产业为基础、第三产业为核心、第二产业为助力，推进产业融合，发挥三产乘法效应，依托黄尾村特色农业发展加工及旅游服务产业，依托旅游服务产业带动农业及加工产业，依托加工业助力农业与旅游服务业品牌化和品质化提升。形成黄尾村特色茶文化体验、民俗体验、教育研学、休闲农业观光体验等特色发展模式，同时助推各类农产品及加工制品销售。

向黄尾村原有的产业中植入现代人比较关注的健康产业、文创产业等新业态，为原有产业带来更为多元化的发展空间，也为黄尾村的未来提供了多元化的发展方向；采用"互联网大数据＋"技术，构建一站式数字化线上平台，打造智慧化黄尾村产业。以村民、消费者、村委会三方为主体构成三个平行化生态链，提供信息、销售、物流、管理等一站式服务；在产业发展不断同质化、均质化的当前，深挖黄尾红色文化、民俗文化，结合流行文化创意，实现黄尾村产业及相关产品的时代化、新意化，助力黄尾村一村一产一品建设。通过经济的发展实现乡村公共空间的持续活力，满足村民、游客等多主体在公共空间内的互动交流，使其产生独特的记忆及情感。

9. 文化自信的精神建设

黄尾村的历史发展中存在过于追求经济利益而淡化文化记忆的问题，在倡导建设文化强国的背景下，建立文化自觉、梳理文化自信是提升乡村精神文明建设的基本要求。一方面要重视对村民的文化教育及培训，让村民在生活的方方面面感受文化、体验文化；另一方面要弘扬社会主义核心价值观，使村民在国家、社会、自身层面树立正确的价值观，积极参与乡村建设，成为乡村发展的见证者。通过村规民约、乡规乡约等形式保障乡村精神文明建设，规范社会公德及地方习俗，树立文化自信。

二、共享理念视域下老旧小区公共空间设计典型案例分析

城市的高速发展，带来的是高楼林立、建筑森林。这些冰冷的建筑背后是疏离的人际关系和缺乏信任的自我"保护"，社区作为城市构成的一部分，也面临着人与人之间不愿交往、居民缺乏社区参与感、老邻里温情瓦解等问题。因此，将城市共享的理念植入到社区改造中是十分必要的，既可以增强邻里之间的感情，又可以激活社区的活力，为推进城市建设起到重要作用。

下面将从天津市杨柳青镇柳轩苑社区的改造入手，融合城市共享理念，重拾社区的生机与活力，探索城市共享理念在社区中的可行性，总结其模式体系，为共享理念视域下的公共空间设计提供新的理论与方法。

（一）天津市柳轩苑社区的概况与规划现状

1. 社区概况

（1）项目区位

项目场地位于天津市西青区杨柳青镇柳轩苑社区，社区居民共5 635人。柳轩苑社区东至柳兰花苑，南至南运河，西至锦绣花园，北至新华道，占地面积约为480亩。

杨柳青镇属于暖温带半湿润大陆性季风气候。杨柳青镇将文化旅游产业作为全镇重点发展的主导产业。作为汽车零部件配套产业密集区，杨柳青镇的汽车工业也发展得如火如荼。

（2）上位规划

《天津市城市总体规划（2020—2025年）》规定，西青城区以民俗和民间艺术为特色，大力发展旅游业和制造业，着力形成共建、共治、共享的城市治理格局。项目场地所在地均是城镇用地，均属于可改造范围。

（3）文化分析

天津杨柳青木版年画始于明末，是中国四大年画之首。其表现手法鲜明，年画人物多样，多以古典人物为主，具有浓重的中式色彩。选材方面都是吉祥如意、喜气洋洋、年年有余等有寓意的题材，色彩艳丽，有独特的设计风格（图9-10）。杨柳青木版年画在2016年就被列入国家第一批非物质文化遗产名录。项目场地与天津杨柳青木版年画博物馆距离较近，在15分钟生活圈以内，社区中的居民步行就可以到达天津杨柳青木版年画博物馆。

图9-10　杨柳青木版年画

柳轩苑社区距离京杭大运河分段——南运河5分钟左右的路程。南运河曾经是天津经济繁荣的动脉，于2014年成功申遗，是宝贵的物质文化遗产。明代时期曾经是重要的运输途径，现如今的南运河仅仅作为观赏所使用，河流两边被河堤和围栏所包围，和柳轩苑社区的居民产生了距离感（图9-11）。

图9-11　南运河文化

　　杨柳青石家大院距今已有140多年的历史，明清时期的石家是天津八大家之一，石家大院是当时杨柳青镇的代表建筑（图9-12）。石家大院始建于1875年，建筑布局是四合院，四合院中的《暗八仙》《佛八宝》等石雕图像，具有很高的历史和审美价值。

图9-12　石家大院

　　杨柳青剪纸文化距今已有300多年的历史，天津人爱热闹，剪纸的题材一般是表达人们对生活圆满的美好期望。比如，五谷丰登寓意着来年丰收圆满，团花寓意着对生活的向往（图9-13）。

图9-13　剪纸

2. 规划现状

原有的社区道路无法满足现在车流的需要，部分道路甚至没有人车分离的功能，缺少共享车道，如非机动车道、慢行步道等。现有的道路层级不明确，有很多步行与骑行混合的道路，存在很大的交通安全问题。街边的摊贩占用现有的社区道路，存在无法正常行车的问题。

（1）空间层面

场地内建筑可以分为三种类型，分别是 1970—1980 年的耀华里平房区、1981—1990 年的荣华里家属院和 2001—2010 年的柳轩苑小区。

耀华里平房区是高密度街坊式建筑，建筑容积率为 1.9%，结构为砖木结构，平房楼高不超过二层，70% 为一层，部分平房存在着违规加盖的现象。房屋存在建筑老化、建筑外墙脱落等问题，具有一定的安全隐患。荣华里家属院的建筑结构为砖混结构，容积率为 1.4%，建筑外立面风化严重，影响社区的整体形象。柳轩苑小区为封闭式现代小区，容积率为 1.6%（图9-14）。

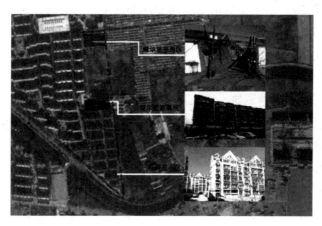

图9-14 空间现状类型

周边的工业用地较多，距离夏利汽车产业园较近，有很多外来务工人员，这些人员大部分以在周边租房为主。社区内的住宅无法满足现有人口的需求，多处住宅存在多人合租的现象，不仅卫生方面有很大的问题，在建筑安全方面也存在着问题。耀华里平房区的建筑因为建筑年代久远，面临着年久失修的坍塌隐患，现有的荣华里家属院建筑外立面风化严重，没有特色。

（2）景观层面

部分道路尚未硬化，沿着道路两旁有很多商贩进行商品贩卖，遇到周日"赶集"的情况，道路基本无法正常通行。虽然距离石家大院等历史景点不足 30 分钟，但是场地内基本无特色景观，绿化方面仅有主要道路旁的行道树和河堤两岸的垂柳。

缺少景观小品和户外活动空间，居民共同参与的活动就是每周日的"赶集"活动。

场地缺乏停车场，路边停车、绿化区内组团停车的现象十分普遍，对人们的出行造成不利的影响。

（3）人文层面

社区邻里关系冷漠，经过调研后发现，很多居民都不知道自己楼上、楼下住了谁，对社区的认同感较低，居民的归属感在下降，社区基本没有什么活动，生机与活力也在逐年下降。

（4）社会层面

居民将很多的闲置用品或者损坏的物品直接丢弃，造成了社区内部的资源浪费。但是从另一个角度来说，闲置物品可能是其他居民家所需要的，社区并没有给居民提供平台来进行闲置物品的出售或者交换，这也是社区的共性问题之一。

（二）改造目标

1. 激活社区活力

在保护柳轩苑社区原有的结构上进行修复和重新规划，运用城市共享的理念进行社区内部模式体系的整理。将前文的策略总结和详细营造运用到柳轩苑社区的实际案例中，通过社区的改造与设计，开设适合全体居民的社区共享类活动，激活社区存量空间资源，结合场地的四种文化特色，为社区注入新的生机与活力。

2. 实现居民自身价值

通过对场地居民的问卷调研，得出相应的改造策略，让居民对社区享有治理权，唤醒居民在社区承担的角色，每一个居民的价值都是不可或缺的。居民作为社区的义务承担者和利益享受者，在社区的改造决策中占据着主导地位。

3. 促进邻里间的交往

鼓励居民积极响应社区开展的活动，组织跳蚤市场、健身活动、学习活动、农业活动、聚餐活动、节日活动等，有助于打破邻里间那层看不见的屏障，重拾社区老邻里的温情，促进邻里间的交往。

（三）详细营造策略设计

1. 存量空间设计

存量空间的设计主要包括共享客厅、共享餐厨空间、共享建筑、老邻里博物馆四个空间节点。其中共享住宅内部包含了私人住宅空间和室内健身房、共享影院、共享图书馆、咖啡吧、公共厨房、共享客厅等空间。另外，考虑到青年创业者这一群体的需求，在共享建筑内部会开发办公类别的空间。

（1）共享会客厅

拆除原有临时搭建的房屋，改造成为社区的共享会客厅。以邻里交往空间为主，场地选取为道路两侧，是开放性建筑，内里主要包含邻里洽谈区、阅读区、卫生间等空间。

（2）共享餐厨空间

在进行问卷调研时发现，柳轩苑社区内部的住宅中，餐厅和厨房区域普遍较小，不能满足家庭聚餐、接待的需要，所以将原有的违章建筑拆除，利用存量空间打造社区共享餐厅，包含烹饪区、配餐区、社区食堂、聚会包厢、厨艺课堂、卫生间等空间。

（3）共享建筑

本社区距离夏利汽车产业园较近，社区内有大量的务工人员，住房问题急需解决，共享住宅的服务群体是夏利汽车产业园区的工作人员（图9-15）。在闲置空地内新建的建筑，建筑风格选用新中式，更有利于融合到社区整体的风格之中，如图9-15和图9-16所示。建筑的第一层是开放性质的，包含共享健身房、共享影院、共享图书馆、邻里咖啡吧、休憩会客厅等空间。第二层和三层用于居住，里面包含私人住宅空间、公共厨房等空间。第四层作为办公空间，分为独立办公室、共享办公室和小型会议室。第五层作为共享自习室使用。

图9-15 共享建筑效果图

图9-16 共享建筑立面图

（4）老邻里博物馆

对原有的老旧平房进行改造，翻新后作为展览场地，不再具备居住功能。改造风格延续石家大院的明清建筑风格，让社区居民可以在家看"历史"。另外，博物馆中的展品征集居民家中废弃的资源，在展示的同时还能促进社区资源的二次利用，避免不必要的消费。

（5）活动与运营

共享会客厅内可开展的活动包括居民会谈、聚会交流、会客接待、小型阅读会、相亲角落等多种共享活动。

共享餐厨空间内可开展的活动包括社区包粽子、社区厨艺比赛、访客接待、节日美食、厨艺教学等多种共享活动。

共享建筑内的活动旨在满足务工人员的居住需求、娱乐需求和工作需求，在健康、学习、工作等方面都会开展不同的活动。

老邻里博物馆作为回忆邻里情怀的地方，有助于激起居民对于曾经亲密邻里关系的美好回忆，周内主要开设观赏类的活动。周末可以在展馆内的空地开设跳蚤市场，居民可以将家中的闲置物品进行出售，在增强邻里关系的同时还有利于社会资源的二次利用（表9-1）。

表9-1　共享空间的活动与运营

存量空间	共享空间	目标人群	共享内容	盈利方式
共享会客厅	共享图书	儿童、青年、中年、老年	图书会、亲子阅读、文笔写作、艺术培训	捐献书籍后可成为会员进行免费阅读
	洽谈区域	青年、中年	联谊活动、居委会活动、聚会交流	免费
	聚会大厅	儿童、青年、中年、老年	社区沙龙、艺术展览、社区讲座	免费
	共享办公	青年、中年	办公活动	低成本租赁，鼓励社区居民创业
共享建筑	共享住宅	青年、中年	除了私人空间外，建筑内多人共享厨房、客厅、健身房等	低成本租赁，减少社区"多人合租"的现象
	共享健身	青年、中年	健身设施、健身培训、养生课堂	设施使用收费，定期进行免费培训
	室内会客厅	儿童、青年、中年、老年	分享社区故事、社区创意节、小型讲座	免费
共享餐厨空间	厨艺课堂	儿童、青年、中年、老年	社区包粽子、社区厨艺比赛、厨艺教学	使用共享厨房需要缴纳少量费用，活动不用缴纳
	社区食堂	儿童、青年、中年、老年	访客接待、节日美食	收费
老邻里博物馆	展示空间	中年、老年	收集居民家中的"老物件"进行展示	免费参观
	户外空间	儿童、青年、中年、老年	周末作为开设跳蚤市场的空间	免费参与

2. 景观空间设计

（1）主入口景观

将原有的入口景观进行优化，采用新中式的风格进行设计。入口喷水雕塑由杨柳青木版年画中的"年年有余"演变而来，寓意着吉祥如意。沿袭杨柳青古镇的风格，结合小区现存的建筑来进行改造（图9-17）。

图9-17 柳轩苑主入口景观图

（2）次入口景观

相较于主入口的设计更加简约，也采用新中式的风格（图9-18）。

图9-18 柳轩苑次入口景观图

（3）共享绿地

现有的庭院绿地成了居民的停车位，绿化被严重破坏。改造后将会增加休憩、交流的空间，让居民可以在楼下进行聊天、聚会、休息等活动。运用场地文化中的南运河文化，将雕塑设置成河流的艺术形态（图9-19）。

图9-19　庭院景观效果图

　　对社区内的废弃空地进行设计，改造成为迷踪花园，融合杨柳青剪纸文化，设计景观廊架（图9-20）。

图9-20　迷踪花园效果图

　　社区内的儿童喜欢在户外进行攀爬类的活动，利用场地原有的高差，将场地内的部分地形进行局部抬高，形成微地形景观，在欣赏景观多样性的同时还能发挥娱乐的作用（图9-21）。

　　雨滴广场在周内作为社区内的广场（图9-22），承载居民休闲、娱乐、舞蹈等多种功能。利用土地下渗、雨水收集等设施，将搜集的雨水用于雨滴广场的日常用水维

图9-21　微地形景观效果图

护。在周末，居民可以开设集市，避免在道路上出现售卖的现象。

图9-22　雨滴广场效果图

（4）共享菜园

社区内的居民可以认领1平方米左右的空间体验种植，鼓励自带蔬菜种子在种植池里种植。还有专门为儿童设计的盒子菜园，定期开展儿童种植体验的课程，让儿童参与到农事之中，认识植物的种类，让儿童在娱乐中学习（图9-23）。设置农业课堂，日常为居民提供休息、聊天的空间，定期在农业课堂中开展科普类活动（图9-24）。

图9-23　盒子菜园效果图　　　　9-24　农业课堂效果图

在菜种的选择方面，推荐适合居民进行劳作的植物，要兼顾观赏性与生产性，例如，生菜、菠菜、白菜、包心菜、紫甘蓝、油菜、辣椒等。在果树方面可以选择冠幅较小的无花果树、李子树、石榴树、橘子树等树种。鼓励居民将家中的植物进行移植，在共享菜园内种植，更有利于植被的生长。

（5）活动与运营

优化场地内现有的景观，结合地域文化进行设计。共享绿地需要满足多种人群的需求，如庭院景观可以给青年、中年、老年人群提供休憩、交谈的场所；微地形景观则可以满足儿童攀爬娱乐的需求；雨滴广场不仅在生态上体现出水资源的共享，还在周末开设周末市集让更多的居民参与进来；共享菜园的设计满足了中老年人群种植的喜好，开设农业课堂促进了社区学习活动和交流活动（表9-2）。

表 9-2 共享景观的活动与运营

景观空间	共享空间	目标人群	共享内容	盈利方式
景观优化	主入口	儿童、青年、中年、老年	结合场地文化、有利于提升居民幸福感和归属感	免费
	次入口	儿童、青年、中年、老年	结合场地文化、有利于提升居民幸福感和归属感。	免费
	庭院景观	青年、中年、老年	分享社区故事、交流会谈、社区棋牌	免费
共享绿地	微地形景观	儿童、中年	儿童游戏、亲子互动、攀爬比赛、草坪分享会	免费，活动视情况收费
	雨滴广场	青年、老年	广场舞、社区剧场、篝火晚会、社区舞会、烧烤	活动视情况收费
	跳蚤市场	儿童、青年、中年、老年	居民将家中的闲置物品进行售卖或交换	免费提供场地
共享菜园	平方菜园	青年、中年、老年	共享菜种	少量收费
	盒子菜园	儿童	农耕体验、亲子活动	少量收费
	植物漂流	青年、中年、老年	鼓励居民将家中的植物移植到菜园中	免费
	农业课堂	儿童、青年、中年、老年	自然科普、种植经验分享、社区公开课	免费，活动视情况收费

3. 公共设施改造设计

（1）共享洗衣房

考虑到居民在家晾洗衣服并没有消杀的条件，社区开设共享洗衣房，居民可以自主选择是否使用，每两栋单元楼中间的空地设置小型洗衣房与晾晒空间，能够大大提升居民的生活品质。

（2）社区体育设施

将原有的老旧体育设备进行翻新，满足社区居民的健身需要。

设计慢跑步道，鼓励居民进行低碳共享的运动，减少交通工具的使用（图9-25）。

图9-25 慢跑步道效果图

（3）儿童活动区

在原有场地的基础上，设置儿童专门的活动区域（图9-26）。

图9-26　儿童活动区效果图

（4）地下停车场

设计地下停车场，解决道路不平整、停车位不好找的问题（图9-27）。

图9-27　地下停车场效果图

（5）共享停车场

原有的停车场不能满足居民的需求，设计共享停车场，居民可以在社区公众号上进行预约和查找剩余车位，满足居民和外来人员临时停车的需求（图9-28）。另外，在楼与楼之间开设临时车位（图9-29）。

图9-28　共享停车场效果图　　　　图9-29　临时停车位效果图

（6）活动与运营

共享设施的共享类别与内容如表9-3所示。

表9-3　共享设施的活动与运营

共享类别	共享空间	目标人群	共享内容	盈利方式
服务共享	共享洗衣房	青年、中年、老年	自助式衣服清洁与消毒	收费
	共享晾衣竿	青年、中年、老年	提供户外晾晒衣服的场地	免费
资源共享	体育场	青年、中年、老年	体育活动、体育比赛、健康课堂、健身知识讲座	免费，活动视情况收费
	慢跑步道	青年、中年	跑步比赛、社区马拉松	免费，活动视情况收费
	儿童设施	儿童	亲子互动、儿童交流与娱乐	免费
空间共享	地下停车场	青年、中年	方便停车	收费
	共享停车位	青年、中年	社区公众号查询与预约车位	收费

三、共享理念视域下商业综合体公共空间设计典型案例分析

在倡导公园城市、集约型现代城市建设、城市空间立体化、建筑与城市一体化发展和体验式消费时代的背景下，屋顶作为商业综合体的第五立面和维护结构，不仅是建筑内部空间秩序的外延，也是城市空间系统的重要组成部分，是介于建筑与城市之间的复合性空间或中介空间，因此，对其利用价值的挖掘对于城市和商业综合体的发展具有重要意义。但在大多建筑设计和城市规划中往往忽略这一空间的存在，或设计品质欠佳，成为一种与城市或建筑相互割裂的剩余空间资源。

基于对商业综合体屋顶公共空间与城市空间和综合体建筑关系的思考，下面以成都来福士广场屋顶公共空间设计为例，引入共享理念，将屋顶公共空间与城市、与商业综合体看作共享主体，从城市设计角度出发，宏观把控屋顶公共空间与主体建筑、城市空间的多维共生关系；微观层面深入屋顶公共空间本身的设计，在其空间形态布局、功能设置、流线组织和景观环境营造上响应主体建筑、其他城市公共空间整体化设计，以促进三者之间的有机融合与协作发展，使商业综合体屋顶公共空间不再是建筑或城市中的附属体，而是有机组成部分。

（一）成都来福士广场概况

成都来福士广场位于成都东二环核心圈，成都市主干道人民南路与一环路交会处以南，延续"城中之城"的概念，中心屋顶广场形成城市中的院落，最大化地建造城市公共开放空间并还公共空间于市民，促进了建筑的"微城市化"（表9-4）。

表 9-4 成都来福士广场概况

项目名称	成都来福士广场	建成时间	2012 年
项目定位	中高端"微型都市生活体"、切开的"泡沫块""城中之城",低碳环保,最大化地建造城市公共开放空间,还公共空间于市民,促进建筑的"微城市化"	建筑规模	①总占地面积：3.2 万平方米 ②总建筑面积：30 万平方米 ③裙房地下四层（一、二层商业区,三、四层停车场）,地下四层,塔楼三座,裙房屋顶休闲广场面积约 10 000 平方米
地理位置	①位于成都东二环核心圈 ②成都市主干道人民南路与一环路交会处以南	综合体业态	甲级写字楼、超五星级酒店、高端公寓、珍藏单位、购物中心
区位交通	①与成都地铁 1 号和 3 号线接驳 ②周边有人民南路北段四站与一环路南二段站,16 条公交线路	屋顶功能业态	餐饮、观光休闲、主题活动

（二）成都来福士屋顶公共空间设计要点解析

1. 平面形态与空间布局

（1）围合式布局

整个综合体采用围合式布局,体现出以川西林盘建筑中三合院为空间原型的空间布局方式,围合而成的中心屋顶休闲广场则如同承载公共活动的院坝空间,营造出静谧的空间氛围,并得以体验院子带来的美好记忆,如在屋顶空间形成的院坝中悠闲地喝茶、聊天、用餐、晒太阳……体现出与传统建筑文化和成都市井民俗休闲文化的融合共生。此外,屋顶广场以开放包容的空间形态融入城市街区,提升了屋顶空间的可达性、公共性和使用价值,变消极界面为积极空间,并在寸土寸金、公共空间缺乏的市中心丰富了城市公共活动空间,促进与周边城市街区形成功能互补的共享关系。

（2）退台式布局

商业裙房采用退台式的处理手法,形成三个不同高差、形态规整、层层叠起、平面近似 45 米 ×60 米的矩形的屋顶水景广场,并以"三峡"为寓意,与地域自然风光特色融合共生,凸显空间主题和文化内涵,并通过长阶梯和自动扶梯相连,层层递进,由动到静,步移景异,使三大节点空间既相互独立又紧密联系,形成具有整体感、层次性、序列感的城市立体公共空间,带来空间体验的连续性和丰富性（图 9-30）。

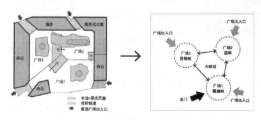

图 9-30 来福士屋顶的退台式布局

此外，层层屋顶退台与四川山地地区的梯田意象契合，体现出与城市地域自然环境的融合共享。退台式布局也消解了场地的体量感，形成宜人的公共空间尺度，与周围塔楼建筑形成的整体比例以及整体建筑造型协调（图 9-31）。

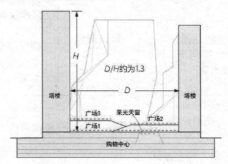

图 9-31　来福士屋顶公共空间整体尺度

（3）积极的边界空间营造

避免由塔楼围合而成的中庭屋顶空间过于封闭，结合场地周边的交通条件、主要人流方向、光照、通风等因素，通过塔楼的切割开口形成不规则倾斜状的开放性边界界面，从而模糊屋顶公共空间与相邻城市空间之间的界限，促进了与周边城市景观的相互渗透。人民南路为主要人流方向，因此屋顶公共空间边界界面在人民南路一侧完全开放，有利于提升屋顶空间的可识别性和开放性，对内与对外视野开阔，在屋顶可凭栏远眺，与四川省体育馆、街景、远处的城市风光对话。此外，成都常年属于静风城市，按主导风向进行开口也有利于促进空气对流，营造微气候进而引导自然通风驱散雾霾（图9-32）。

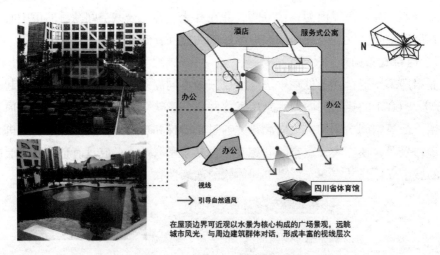

图 9-32　来福士屋顶开放的边界界面

除了开敞的边界界面，周围塔楼也是构成屋顶边界界面的重要因素。塔楼与屋顶广场也不是生硬的过渡，如在交界处，塔楼采用局部架空形成可遮阳避雨的边界连廊空间，以作为建筑内部与屋顶公共空间之间过渡的灰空间，丰富建筑和屋顶公共空间的层次，形成内外的共享（如图9-33）。

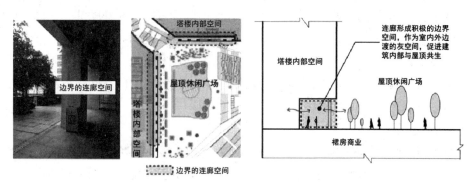

图9-33 来福士屋顶边界灰空间的内外共享

2. 多元复合的空间功能

（1）商业功能

在边界建筑内部植入了面向屋顶开放的商业空间，而相邻的屋顶公共空间则作为具有弹性的餐饮外摆空间。从业态分布情况来看，一层广场临界商业空间，包括咖啡厅、轻餐饮、索尼直营店，人气较旺，气氛活跃；二层广场临界商业空间，以传统川菜和私房菜为主，氛围相对较安静；三层广场临界商业空间，为瑜伽馆和少儿英语培训中心，氛围比较安静。屋顶边界空间通过商业功能的植入与建筑内部形成功能互补，进而促进内外共享，主要表现为：对建筑内部空间而言，可以拓展内部商业业态，提供丰富的就餐环境，增加建筑的盈利面积和经济效益；对屋顶空间而言，可以提供休憩、用餐、交流的边界逗留空间，从而吸引公众停留，提升屋顶空间活力（图9-34）。此外，在阳光明媚的天气人们可以在露天平台上喝茶聊天、晒太阳、呼吸新鲜空气，体现出对本地居民生活方式的尊重，以及与成都悠闲的生活文化的融合共生。

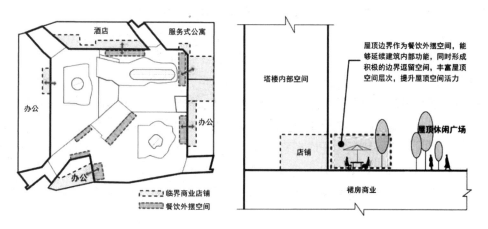

图9-34 来福士屋顶空间与建筑商业业态耦合共生

（2）休闲娱乐

来福士屋顶广场不仅丰富了建筑空间层次和室外休闲活动场所，为建筑内部提供了一个景观中心，提升了建筑环境品质，与综合体内部形成功能互补的共享整体，还以开放包容的形态融入城市空间，形成承载着地面城市广场功能的立体城市公共空间，不同使用群体可以自由进入广场进行散步、驻足休憩、交流、观光、游戏等休闲娱乐活动，提升屋顶公共性的同时也丰富了城市观光休闲场所，提升了街区空间环境品质，进而促进了与周边城市区域的共生。

（3）主题活动

自 2018 年起，成都来福士在每个周五都会举办"超级星期五"主题活动，屋顶广场依托自身良好的环境氛围，成为开展各种主题活动的空间场所，如平台演出、音乐会等，能够打造轻松愉悦的场域氛围，成为人们忙碌一周后释放身心的场所。主题活动能够提升屋顶空间的吸引力与公共性，并为城市街区生活以及综合体建筑增添空间活力。

（4）交通功能

屋顶广场作为综合体与城市、综合体内部空间与内部空间之间的中介空间或过渡空间，承担了建筑交通流线组织和消防疏散的功能，对进入建筑内部的人流进行分流。同时可以作为疏散平台将综合体内部人流疏散至不同高差的屋顶广场，缓解内部疏散压力。通过与主体建筑交通功能的复合共享，提升屋顶空间可达性与开放性的同时，强化综合体与城市、综合体内部空间与内部空间之间的整体性，从而促进屋顶与主体建筑、相邻城市空间的关联和共生。

（5）空间整合

屋顶广场作为建筑与城市、内部与内部空间之间的中介空间和中心景观空间，在形态上和行为上都强化了建筑与城市以及综合体自身的整体感。

通过以上分析可以看出，来福士广场通过多元化功能的植入以及与城市空间职能、建筑职能的复合互补促进建筑、屋顶、城市形成协作共生的整体。

3. 交通组织

三个不同高差的屋顶休闲广场通过台阶坡道、扶梯与城市广场道路直接衔接，形成四个出入口，同时于综合体内部空间也设置了出入口，保证了屋顶空间与综合体内部空间、相邻城市空间在行为上的可达性和开放性，从而使之融入城市街区并成为街区的一部分，促进与综合体内部、周边城市空间形成有机联系的共生整体。

而三个不同高差的屋顶水景广场之间则通过大台阶和自动扶梯进行衔接，并结合水景布置进行人流的引导，观赏流线明晰，空间的序列性和引导性较强（图 9-35）。第二层广场与第三层广场之间的大台阶与跌水灯光设计相结合，以丰富步行体验。

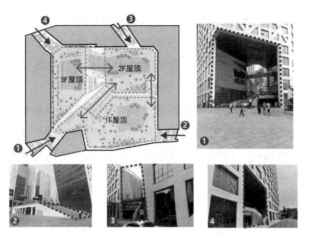

图9-35　来福士屋顶与城市的衔接、三个不同高差平台的衔接

4. 景观环境与场所氛围营造

（1）诗意的中心院落

中心广场的设计灵感取来伟大诗人杜甫的名句"支离东北风尘际，漂泊西南天地间，三峡楼台掩日月，五溪衣服共云山"。整个屋顶公共空间被划分为三个层层退台的水景广场，并以"三峡"为寓意，分别对应商业裙房内部的三个商业核心——西陵峡、瞿塘峡、巫峡，彰显城市地域自然特色。而水池作为三个广场上的景观核心融入了时间观念，分别象征了年、月、日，传统时节文化通过特定的空间形式和景观得以传承和表达，同时赋予建筑和屋顶空间主题氛围和文化内涵，提升对建筑和屋顶公共空间的文化认同感，体现了与传统文化的相融共生。

此外，三个水池也是下方购物中心的采光天窗，阳光透过水景天窗洒进购物中心的中庭，满足自然采光并营造出波光粼粼的光影效果，人们从购物中心内部通过流动的水和光线可以感知外界的真实时间。屋顶广场的景观功能与建筑内部的采光和景观功能复合共享，使得整个屋顶空间和购物中心内部空间富有诗意和韵味，表现出一种内部与外部、建筑与自然和谐统一的共生秩序（图9-36）。

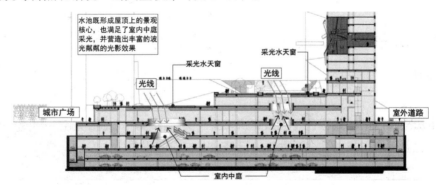

图9-36　来福士屋顶景观功能与内部空间采光、景观功能复合共生

　　广场中巨大的水池不仅作为重要的景观构成要素，增加了空间的灵动感，带来视觉和心理上的美好体验，还具有重要的生态作用：调节小气候，增加空气湿度，减少粉尘，降低屋顶和室内温度。还可回收雨水满足屋顶绿化用水和室内部分用水，以及消防用水，体现出屋顶景观功能与建筑、城市生态功能的复合共生。

　　屋顶绿化景观以小型乔木和零星镶嵌在地砖之间的小巧别致的草坪为主，减轻建筑荷载的同时带来了天然的冷却效果和遮阳空间，在树种的选择上主要采用了适宜当地气候和土壤条件的乡土植物——成都人喜爱的银杏，也和人民南路两边的银杏形成呼应，体现出一定的地域性。

　　相关休息设施结合"边界效应"布置在建筑边界或景观边界，形成能够吸引公众停留的逗留空间，如结合内部商业业态形成的外摆区，以及在水池边界布置的座椅，形成多义空间，人们在休息的同时也可以观赏水景。

　　（2）空中展馆凸显文化内涵

　　屋顶广场边界塔楼体块的三个巨大的切割开口不仅保证了屋顶公共空间的通透，对自然光线进行裁剪并投射到屋顶广场，形成光影变化，还将开口形成的局部屋顶平台打造为三个以巴蜀文化为主题的空中展馆，分别是斯蒂文·霍尔建筑师事务所设计的历史馆、利布斯·伍兹设计的光之馆和中国雕塑家韩美林设计的本土艺术馆，不仅丰富了屋顶边界界面和视线景观，还集国际性与地域性文化于一体，形成与城市多样文化的互利共生。[①]（图9-37）

①杜甫苑　　②时光阁　　③巴蜀馆

图9-37　来福士屋顶与塔楼界面开口形成的空中展馆对话

四、共享理念视域下历史文化保护区城市公共空间设计典型案例分析

　　城市历史片区的地域特色，包括建筑风貌、文化标志、外部公共空间以及体现其独特城市文化氛围和形象的社会活动等，已经成为城市吸引投资、发展文旅产业及激活老

---

① 斯蒂文·霍尔，李虎，Iwan Baan，等. 成都来福士广场——切开的通透体块 [J]. 城市环境设计，2013（06）：66-77.

城区的重要手段之一。历史片区所体现的城市公共职能、文化情感价值、政治经济成就等，都逐渐成为打造城市名片的重点对象。

下面选取北京大栅栏历史片区改造建设项目，借以了解掌握其成功的设计经验，以期为历史片区城市公共空间设计提供思路和参考。

（一）北京大栅栏历史片区概况

北京大栅栏历史片区位于北京南中轴线上的前门外，是著名的老字号商业街区，具有传统建筑风貌、历史文化气息以及浓厚的商业氛围（图 9-38）。这是一片独具老北京韵味的胡同片区，具有传统且浓郁的生活气息，是天安门附近保留完好且规模最大的历史文化片区之一。历史上的大栅栏历史片区极其繁华，但是在 20 世纪 80 年代以后，商业氛围逐渐消逝，传统建筑风貌也由于缺乏有效监管与保护而逐渐失去特色。近些年，北京市政府对该片区多次进行更新与保护，重塑公共空间活力。

图 9-38　北京大栅栏历史片区的原始风貌

北京大栅栏历史片区，过去几十年在经济高速发展下被人们所遗忘，大规模的传统民居面临空间阴暗狭小，人居环境较差，街巷缺少绿化，人群构成也比较复杂等问题，由于缺少资金使该片区的更新一直停滞不前。整体公共空间缺少基础服务设施，空间布局依然为传统线性布局，缺乏节点广场或庭院；空间界面保持传统风格，传承深厚的历史文化与城市记忆；空间尺度大小不一，既有商业街的大尺度空间，也有胡同巷子的近人尺度，能够促进居民交往；同时也缺乏人性化关怀，对空间活动的创造和对使用人群的行为引导不够明确。

如今，大栅栏历史片区已经发生了巨大的变化。其中位于最北侧的北京坊项目（图 9-39），试图通过建筑大师对原有历史建筑的改造与更新，延续大栅栏历史片区的城市肌理，恢复传统建筑的历史风貌，展现中西合璧的建筑形式，并试图创造一个集文化艺术展示、休闲娱乐体验为一体的文化街区，体现北京作为国际化大都市的朝气、先进、开放与融合。各大节点空间既独立又相互联系，与城市公共空间系统紧密相连，和谐共生。

图 9-39　北京坊更新后整体效果图

（二）北京大栅栏片区公共空间设计解析

笔者选取大栅栏历史片区内部的广场空间、绿地空间、街巷空间，从空间布局、空间界面、人性化、历史功能与作用四个方面进行分析。

1. 空间布局

（1）延续城市肌理

历史上在元朝时期，当地居民就自发性地形成了大栅栏本身的街巷肌理。随着朝代更替与历史演变，大栅栏历史片区逐渐形成独具特色的 4 条斜街，与老北京棋盘式路网格局形成鲜明对比。直到 2000 年以后，该历史片区的空间肌理变化也并不大，仅仅是对内城墙拆除和对护城河的修缮，使该区域具拥有更强的可达性。通过延续原有空间肌理，体现了对北京历史文化的传承与保护，对胡同文化与生活空间的续存与展示。

（2）空间尺度

笔者选取煤市街东侧的施家、蔡家胡同，以及大栅栏街、煤市街改造前后的街巷空间进行尺度分析（图 9-40）。

煤市街东侧胡同　　　　　　　大栅栏街改造前　　　　　　　煤市街改造后

图 9-40　大栅栏历史片区街巷空间尺度分析

该片区存在最多的小尺度街巷空间就是胡同巷子，两侧建筑高度在 2.6~3 米左右，巷子宽度在 2.2~2.8 米左右，巷深 30~60 米。其底界面宽度与两侧界面高度的比值为 1，整体给人较为亲切、围合感较强的空间感受，近人尺度有利于激发邻里之间的交往行为。其次是中等尺度的街巷空间，如大栅栏西街，宽度约为 7 米，长度约 330 米，其底界面宽度与两侧界面高度的比值在 1~1.5 之间，是让人感到最舒适的商业街区的空间尺度，具有一定方向性和围合感。煤市街则为大尺度的街巷空间，主要用作城市交通，2004 年其街道宽度由 8 米扩宽至 25 米，其底界面宽度与两侧界面高度的比值在 2~4 之间，营造出开阔的城市公共空间尺度，能够满足城市交通职能。

2. 空间界面

笔者对大栅栏历史片区公共空间界面的研究，主要从空间风貌、立面材料、景观铺地等几个方面入手。首先，进行改造的区域就是北京坊区域，建筑风貌在整个历史片区中脱颖而出，用现代手段演绎传统建筑元素。其次是对其他街巷空间的梳理与更新，拆除质量较差的建筑，协调建筑空间形式、建筑立面材料与装饰元素、色彩和比例等界面细节，维持传统建筑风貌的统一与和谐。大量的胡同结合历史院落，展现出整个片区古朴、厚重的历史文化；民居建筑色彩以冷灰系为主，商业建筑则以赭石、朱红等暖色点缀为主，丰富的空间界面带给游客多元的空间体验，产生最直观、最深刻的公共空间印象。

3. 人性化

首先，疏解人口密度与年龄结构优化，以及让当地居民自发地参与到历史片区公共空间的更新过程中，增加本地居民的空间归属感与认同感，延续原有的生产生活秩序与胡同记忆。其次，在街巷的节点空间，结合景观绿化，以及遗留下来的古树等环境遗产，布置公共活动广场或休闲娱乐空间，同时利用四合院遗迹中的柱子、柱础等物质要素创造更多的活动载体，激发人与人之间的主动交往。

4. 历史功能与作用

大栅栏历史片区地处北京新城与老城过渡地带，其公共空间重塑依据"区域系统考虑，微循环有机更新"的整体策略，建立更加具有活力和多变的公共空间，形成广场、绿地、街巷网络式的有机共生。同时，基于物质空间展示了北京的社会历史文化与城市空间文脉。通过针灸式节点改造，尊重原有的胡同肌理与风貌，创造新旧公共活动共存、不断渗透的城市公共空间系统。

综上所述，大栅栏历史片区更新的最大特点是采取自生长的模式进行有机更新，其内部城市公共空间保留原有街巷肌理，对空间界面进行更新，局部节点进行拆除或放大，优化公共空间的景观小品布置。整体上保留原始风貌和原始生活气息，试图以空间织补的形式激活该历史片区。

第十章　共享理念视域下共享建筑公共空间设计典型案例分析

国内对于共享型建筑的相关理论研究主要集中在两个方面，一是建筑内部空间共享，二是建筑外部社区共享。本章以共享型青年公寓、共享型办公空间、共享型高校图书馆和共享型养老院公共空间设计为例，并选取成功的经典案例进行设计解读，为公共空间的共享性设计提供了重要的案例参考以及理论支撑，具有很好的指导作用。

一、共享型青年公寓公共空间设计典型案例分析

在社会经济快速发展的背景下，年轻人的居住问题、"城市病"等现象日益严重。现代城市中的居住方式所导致的人际关系冷漠、邻里之间缺乏沟通的弊端也在显露。如今"90后""00后"的青年群体在步入社会时面临的首要问题就是如何解决居住问题，受到自身经济能力的影响，能够买房居住的年轻人只占据小部分的比例，更多人还是选择单独租房或者与他人合租的形式。因此，租房所带来的不稳定性对于年轻人的生活还是有很大的影响，并且造成了他们自身归属感与安全感的缺失。

共享经济的发展模式下所展现的共享理念已经逐渐成为我们生活的主流，而在此背景下产生的共享居住模式也为青年群体提供了一种新的居住选择方式，让年龄相仿、志趣相投的年轻人共同生活在一个"大空间"中，不仅可以解决自身的居住问题，还可以在功能、形式多样的共享空间中拓展交际圈，在共享居住的模式下将缺失的归属感、安全感重新建立起来。

下面以加拿大 Windsong 社区、"400个盒子"共享社区、吉林松花湖新青年公社为例，探讨共享型青年公寓公共空间设计。青年公寓的设计核心就在于将共享理念融入科学合理的空间规划、功能分布等设计方法中，在解决青年群体居住问题的基础上进一步促进人与人之间的交往，不仅为青年群体提供了一个理想的生活环境，还努力满足了他们更高的精神需求。

（一）加拿大Windsong社区

1996 年，在不列颠哥伦比亚南部的兰利市，加拿大第一个由居民自行组织建造的合作居住社区建设完成，Windsong 社区由 34 户大约 100 位居民组成，整个社区占地面积 2.39 公顷左右。（图10-1）

图10-1　加拿大windsong社区鸟瞰图

为了更好地让居民感受到归属感和社区感，尽快形成社区共同体，设计着重对社区内的公共空间、交互活动以及社区的整体管理进行构建。社区内设置了社区广场作为主要的公共空间，并且与社区主入口、公共广场、街道、地下停车场等相连，便于居民出行。此外，私人住宅沿着街道两侧分布，为了让居民在户外可以多活动，同时增进居民的交往，在室外的社交空间打造上特意在街道上方设置了玻璃屋顶，这样也起到遮风挡雨的作用。

公共用房的作用在上文的合作居住模式中曾提到过，对于拉近邻里关系，促进居民交往起到非常重要的作用。Windsong 社区中的公共用房面积约为 560 平方米，包含了多种功能空间，如共享厨房、餐厅、儿童游乐区、艺术创作工作室、洗衣房、多媒体室等，可以在很大程度上满足居民的各种需求。同时，公共用房还承担着举办各种交互活动的作用，由于居民较多，存在的差异性也相对较大，活动种类比较丰富，如聚餐、艺术创作、商业沙龙等。

Windsong 社区是合作居住模式从丹麦发展到其他国家的成果，其原则始终是为了维护社区利益，居民们共同解决问题。因此，居民之间需要建立良好的社交关系。社区还会通过定期召开会议，大家一起商讨和决策社区内的相关事务。通过公告、广播、文字通知等形式帮助居民接收信息。

Windsong 社区中居民所营造的良好社区氛围、友善的邻里关系，对于后期青年社区的设计有很好的指导作用。

图10-2 "400个盒子"共享社区

（二）"400个盒子"共享社区

"400个盒子"共享社区（图10-2）是日本设计师青山周平对广东省清远市的一栋宿舍进行的空间改造项目，其面对的目标群体就是在广州及周边城市工作和生活的单身青年群体。青山周平曾经在北京的老胡同里生活过很长的时间，中华人民共和国成立初期出现的"大杂院"的共享居住形式，对他产生很深的影响，也将这种居住形式体现在了对"400个盒子"的设计中。

在该案例中，与平常通过墙体对空间进行划分的方式不同，青山周平将居住空间最小化，使所有的功能空间转化成了上百个可移动的标准化盒子，代替传统的空间形式。每个标准化盒子的宽度为1.8米，长度和高度均为2.4米。盒子的内部是只设有单人床的小型居住空间，而外部则可以让居民根据自身的需求自由安装所需的家具。此外，每个家具模块都设定为300毫米的固定模数，这样可以通过将房间内的尺寸统一来进行不同功能的灵活转换，从而可以更好地适用于更多类型的空间。利用这种功能模块化的形式可以使居住者更加自由地布置空间，丰富室内空间的设计，提升空间完整度（图10-3）。

图10-3 "400盒子"共享社区平面图

社区中设有书架、工作台、衣柜等日常使用家具，居民可根据自身的需求组合成多种多样的空间。并且每个模块化盒子的底部都装有滚轮，可以随时移动，具有很强的灵活性。由于盒子内部仅为私密居住空间，因此其他的家具都置于盒子外部。其他的厨房、卫生间等功能空间都布置在楼层的中心位置，由居民们共用。家具的组合在设计师手里变成了传递信息的一种媒介，每个人都会渴望沟通与交流，渴望找到志同道合之人，但完全封闭的居住空间往往让人们无法了解彼此的性格特点。设计师通过家具多样化组合以外露的形式，让居住空间成为居住者的个性展示平台，也为社区居住者之间的共享与交流提供了更多的契机。[①]在举办一些社区活动时，可以随时将盒子移开，这种极具灵活性、自由性的空间，很大程度上为居民的感受共享、促进交往提供了契机。

（三）吉林松花湖新青年公社

吉林松花湖新青年公社是为探索当下共享居住模式而设计的实验性建筑，也是建筑师王硕带领其团队对空间的公共性和私密性进行的探讨。建筑共有4层，面积约1万平方米，可以满足将近800人的居住需求。由于公社附近设有度假区和滑雪场，因此主要为在此工作的员工提供住宿，而一层则是为到此处参加夏令营等活动的人员安排的，人员的流动性相对较大。

在空间的设计上不同于常规的集体宿舍布局，整体建筑外形被分为前后错落的4部分，但是内部空间以中庭相连，仍然是一个连续的整体。为了满足现代年轻人较为丰富的日常活动，利用中庭的空间置入了连廊、楼梯以及阶梯式的座位，形成畅通的交通流线，连接内部的各个空间。

另一点区别于平常居住空间的是，为了更好地促进邻里交往，将原本应该设于室内的独立卫生间外置，变成相邻的两户居民共用卫生间，以及洗浴的空间也设置在了半公共空间中，将室内的空间压缩到只具备睡眠休息的功能（如图10-4所示）。因此，外部空间则承担了会客、用餐等其他起居功能，这也在无形中为居民的社交提供了条件和空间载体，当居民有了固定的社交空间，进而也就保证了居住空间的私密性。受到自身领域感的影响，

图10-4　内部实景图

① 漆雪薇. 共享型社区住宅空间设计探究——以"400盒子的社区城市"为例 [J]. 工业设计，2019（05）：136-137.

人们在使用共享空间时都会下意识地就近选择使用。[①]

规划设计松花湖新青年公社时，设计师从空间的总体布局、功能分区组织等方面探讨了"公共性"与"私密性"在空间中的关系。空间公共性的问题不仅需要依靠建筑学空间和设计形式来解决，还要借助空间参与者的意愿以及对管理措施的配合，对于空间公共性的思考还需要在不断的设计实践中进行。[②]

通过对国内外青年社区案例的分析可以得出，良好的社区氛围离不开供居民使用的公共空间载体、拉近关系的社交活动以及能够激发居民社区责任感的社区管理工作。青山周平的"400个盒子"共享社区案例展示出可移动的模块化盒子对于共享空间的营造具有很强的灵活性以及自由性，同时别出心裁地将其余空间功能置于房屋外侧，展示出自己的兴趣爱好，更加方便地促进了社交。吉林松花湖新青年公社同样也是在室内只保留居住功能，其他功能外置成为邻居共用的空间为邻里沟通创造了契机。

二、共享理念视域下办公空间设计典型案例分析

随着2016年"人人共享城市"理念的提出，共享经济迎来发展契机，带动办公空间跨越到3.0时代；城市建设进程的加快，使得建筑存量空间达到上限，在城市更新浪潮的推动下，既有建筑空间结构的优化改造实践如火如荼地进行；国家对创新创业的大力支持，使得共享办公空间的需求量激增。在这一时代背景下，政府的支持、地产的开发和公众力量的主动参与，推动"共享办公空间"纳入既有建筑改造进程，能够有效整合资源、减少能源浪费、降低资金投入、落实国家政策。

下面以既有建筑改造为核心，以共享办公空间特征为导向，对北京启城联合办公空间、上海舆图科技有限公司办公空间提质改造项目进行分析，为共享办公空间设计提供参考。

（一）共享办公空间的特征

1. 室内空间

传统办公室的功能固化单一，办公空间、会议室、打印室、接待室等仅供其自身功能属性的活动使用。共享办公理念即打破这种僵硬的以功能划分空间的组织模式，通过空间隔断和多功能家具的合理布置，实现同一空间可随意切换为不同功能的灵活布局模式。如单调普通的空间原型，通过家具的随意堆叠，可演化为会议室、展览空间、休闲空间、小组讨论空间、接待区、健身运动空间等多种功能的空间部分（图10-5）。灵活办公空间的规划要求办公家具不再是以往单一、繁重的款式，而是符合现代审美的简

---

① 李晨光，徐苏宁. "公私"平衡下的青年共享社区空间层次探析——以吉林松花湖新青年公社为例[J]. 低温建筑技术，2019（02）：29-34.

② 刘涤宇. 触发公共性——吉林松花湖新青年公社的尝试[J]. 时代建筑，2016（06）：96-103.

约风格，让员工身处其中也能产生更强的行动力。

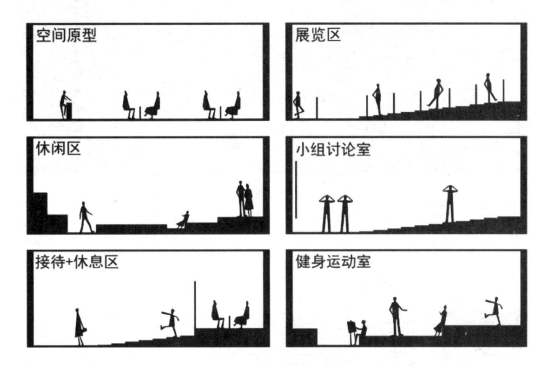

图10-5　单一空间的多功能适应

2. 交通组织

（1）交通方式

①电梯。当共享办公空间设置在楼层较高的建筑中，或是在独栋的办公大楼内时，电梯可以解决人流的快速输送问题，是共享办公空间交通组织的"主心骨"，为办公效率的提升打好基础。另外，电梯作为员工出入公司的主要交通方式，其设计应美观大气，是企业权力和形象的象征。

②楼梯。在共享办公空间中，楼梯不仅作为交通疏散的一部分，更是发展出许多灵活的构成形式，其功能也不限于交通，人们有可能在楼梯上进行阅读、交谈、汇报、休息等其他非正式工作行为，甚至还可作为大型文化平台和共享储物空间，如将楼梯下部分割出大小各异的方格，充分利用成为共享书架，激发员工的阅读热情。楼梯也可作为共享办公空间中景观的一部分，技术的进步使得楼梯拥有不同的形式。

③滑梯。根据人们抄近路的行为习惯，多层办公空间中传统的通过楼梯、电梯的交通方式显得烦琐和低效，设计师尝试探寻更为快捷的交通方式。受到游乐场儿童滑梯的影响，这一富有童趣而又灵动的集交通和游玩于一体的设施开始运用到办公空间中。在平面布局中，分为直线型与螺旋型的布局方式，其中螺旋型滑梯一般设置在中庭空间中，成为空间内的一大亮点；而直线型滑梯多设置在便于联系上下层交通的狭窄位置处（图10-6）。

图10-6　共享办公空间中的室内滑梯

　　④坡道。坡道在共享办公空间中的运用主要是为了解决垂直高度差异较小处的交通问题。在办公建筑设计规范中，高差不足0.30米时应设坡道。因此，坡道在办公空间中的大量运用将会导致建筑面积和空间的浪费，一般仅作为处理少量高差或是有特殊风格的办公室内交通形式（图10-7）。

图10-7　共享办公空间中的室内坡道

　　（2）交通体所处位置

　　办公空间中的交通体是维持工作高效进行、实现人员有序疏散、激活空间形态、点缀空间环境的重要部分。在共享办公建筑中，交通体常位于中庭中，既能实现观光的效果，又能分散大量人流；或位于建筑一侧的角落处，满足人员疏散要求；或悬挂在建筑外部，打造丰富灵动的立面效果。表10-1所示为楼梯在共享办公建筑中的位置

表10-1　楼梯在共享办公建筑中的位置

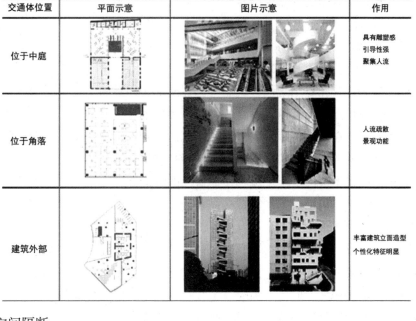

交通体位置	平面示意	图片示意	作用
位于中庭			具有雕塑感 引导性强 聚集人流
位于角落			人流疏散 景观功能
建筑外部			丰富建筑立面造型 个性化特征明显

3. 空间隔断

（1）隔断位置

①平面空间隔断。平面空间隔断主要是基于建筑平面图视角，利用材料分隔出不同的空间，实现高效的平面人流组织。平面空间隔断使得在二维空间层面上，不再依赖于传统实墙的分隔模式，发展出家具、绿化、材料等多种形式划分空间的方法（表10-2）。

表10-2　共享办公空间室内隔断位置

隔断位置	图片示意	实例	特征
平面空间隔断	团队办公　管理用房 共享办公　会议室 团队办公　团队办公 **作用于平面**		在平面维度划分空间功能
竖向空间隔断	**作用于剖面**		在竖向维度划分空间，同时保证空间的通透性和安全性

②竖向空间隔断。共享理念引入办公空间和技术的进一步发展，楼层之间以楼板分隔的方式被打破，建筑师们开始探寻基于剖面的创意设计方法。基于剖面视角，中庭、庭院为丰富建筑空间、打造共享节点带来优势。在办公建筑空间中，竖向空间隔断的灵活利用也能为共享注入新的生命力。

（2）隔断形式

在共享理念未普及和应用之前，我国办公建筑的室内隔断主要为实墙或者通高的板材，不仅导致室内自然采光通风环境较差，更严重影响了人们的工作交流，从而影响工作交接的整体效率。在将共享理念引入办公空间后，隔断形式也发生了颠覆性的变化，传统的实墙板材被通透性更好的玻璃、家具或者自然绿化取代，在视觉上扩大了办公空间的实际面积，也赋予人们自由交流和便捷行动的可能性。

4. 建筑立面

（1）表皮构成

建筑造型构成人们对建筑的第一感受，建筑表皮能够为建筑造型增添光彩，门窗洞口则是联系建筑室内的重要媒介，同时也是组成建筑表皮不可或缺的要素。我国建筑窗洞形式的发展，很大程度上取决于当时建造技艺的进步。办公建筑的表皮设计不仅可以体现建筑精神，也能满足使用者的需求，是设计中需要考虑的重点。既有建筑改造为共享办公空间时，内部功能随着办公模式的改变必须做出适当的调整，外部环境则需要根据建筑所处的环境进行二次设计和优化。

窗洞在建筑外表皮上的排列创造出虚实对比的视觉美感。在老式办公建筑中，窗洞是建筑内部功能的直观体现，多为点式、直线状地排列在建筑立面上，其位置和大小的确定取决于建筑内部功能的采光需求。线形窗洞即一个长条形的窗洞，让人联想起一条线，它与墙面形成强烈的明暗虚实对比，传递着延伸、生长的趋势，并可以通过位置、方向的设计改善建筑外立面的比例关系，如在规整的办公建筑体量中，对于较高的建筑可以选用垂直式的线形窗洞，让建筑更显威严和挺拔，也可选用横向条窗，削弱建筑的惊人尺度感，是办公建筑立面窗洞形式的一大突破。点、线、面三者的有序组合才能构成一个富有设计感的立面，随着建筑技术的进步，窗户不再需要依靠梁柱等结构的支撑，可以自成体系、独立设计。因此，办公建筑外立面开始出现大面积的开洞形式，建筑更显通透和轻盈，使得建筑立面设计拥有更多的可能性。

门是内外部人员自由出入建筑的屏障，也是办公建筑内部实行人员统一化管理的交通枢纽。在传统的办公建筑中，人员数量较为稳定，为便于内部管理和减少人力成本，多数办公建筑仅设置两个左右的门洞。随着人们行为模式的改变和物质生活水平的提高，门洞的数量大幅增加。另外，门洞的设计形式也发生了巨大的变化，传统办公建筑的门洞为规整的长方形，外加一个雨棚的形式，如今门的设计可能结合雨棚一起设计，或是通过雕塑感的表达，突出建筑出入口，丰富建筑的立面形式（表10-3）。

表10-3 共享办公建筑立面表皮构成对比

	图片示意	特征
传统办公建筑的窗	 	点式、直排形排布，是内部使用功能的直观体现
共享办公建筑的窗	 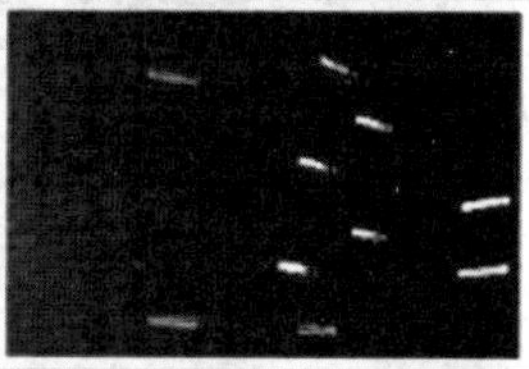	根据建筑所处环境，设计地域通透，或具有个性
传统办公建筑的门	 	门洞形式单一，一般位于建筑轴线中部，展现建筑威严感
共享办公建筑的门	 	门洞所处位置不再单一，设计形式复杂多样

（2）立面设计

门窗洞口作为现代共享办公建筑立面的主要构成元素，对共享办公企业文化的构建发挥着重要作用。传统办公建筑立面是通过门窗来直接表达，随着共享理念的引入，建筑立面表皮也可以实现从二维到三维的突破，打破"皮"的形式束缚，构建连接室内外的共享体系。办公建筑本身的物质环境构成对于人们自发参与社会交往没有必然的直接影响，但建筑规划师对于空间的合理设计却能影响人们相遇以及交流的概率。在办公建筑立面设计中，具体设计手法可运用双层表皮模式，在建筑原有结构的基础上，拓宽建筑室内界面，营造类似于雨棚的灰空间形式，构建一个"人看人"的特殊空间，诱导人们进行休息、冥想、观察、散步、闲聊等一系列行为，激发人们"走出去、说出来"的欲望，成为介乎于室内和室外的中间共享节点（表10-4）。

表10-4　共享办公建筑立面设计形式对比

形式	图示语言	图片示意	塑造方式	特征
单一立面	 室内　室外		简单地用实墙分隔建筑室内外空间，墙面开窗用于采光	抑制人们进行交流的欲望，室内外活动基本呈现割裂状态
开放立面	 室内　室外		打破实墙的束缚，立面采用玻璃或通透性好的材质	有效打通室内外空间，塑造人看人的空间体验，增进共享交流
复合立面	 室内　半室外　室外		在建筑原有立面附加一层表皮结构的基础上，形成室内外过渡空间	营造半室外空间，给人们休闲交流提供场所，且不会打扰室内活动的进行

5. 色彩环境

伴随着办公空间的不断发展，人们发现老式办公楼内非黑即白的色彩氛围不仅使得空间更为昏暗，还给人们带来严肃死板的心理感受，因此，色彩作为室内设计的一大要素被人们重视起来。笔者尝试从办公空间色彩分类和色彩界定空间两种形式来阐述色彩对共享办公环境的影响，并期望启发人们对探索以色彩表达空间的深度思考。

（1）色彩分类

共享办公空间企业常通过对室内整体色彩环境的精心把控来展示其特色和文化理念。色彩具有一定的象征性和情感关联性，不同温度感的色彩环境会给人们带来视觉上的冲击和艺术上的享受，也能在不同程度上激发人们的创造欲望。

①冷色调。蓝色、绿色、紫色为冷色调，运用于办公空间中会让人联想起大海、森林、天空，使人感觉到放松、安心、开阔、通透、凉爽。适量的冷色调空间处理形式能带给工作人员镇定、宁静的心理感受，但是大量冷色调的植入将会使人感觉到冰冷、缺乏人气和陌生。

②中性色调。黑色、白色、灰色被定义为中性色调，它们不能给人们带来心理上的跌宕起伏。在办公空间的色彩环境设计中，黑、白、灰常被称作不会出错的颜色搭配，这也是其在传统办公建筑空间中得以延续下来的关键。

③暖色调。红色、黄色等为暖色调，使人们容易联想到火焰和大地，是目前共享办公空间中运用较多的色彩形式，能带给办公人员激情，有助于激发创业团队对工作的积极性。

总的来说，首先，在色彩的选用上应注重空间的整体性，采用中性、简练、明快的色彩混合搭配；其次，注意配合办公企业整体形象定位和文化特征属性，选择最能有效表达企业精神的色彩组合方式；最后，在对办公家具的定制、空间景观小品的设计、视觉平面设计中也应注意与室内环境的相互关联。

（2）色彩界定空间

色彩不仅能作为空间情绪的催化剂，也能够参与到室内空间功能的划分作用中。在共享办公空间中，通过色彩来界定共享空间，减少了家具、墙板等实际物体对空间的隔断作用，在视觉上放大了空间。在共享空间色彩的配置中，一般选用明暗搭配色彩，营造活泼灵动的视觉感受和强烈的视觉冲击，否则单一的亮色会使人产生眩晕之感，而单一的暗色则会使人心情低沉。另外，界定特殊空间的色彩也要符合办公企业的文化和整体氛围。

（二）基于共享办公空间的既有建筑改造模式

共享办公空间的特征演变使得共享模式的塑造有了更多的可能，为既有建筑改造为共享办公空间提供了丰富的空间原型。通过对垂直向度空间体系和水平向度空间体系的分析可以明确既有建筑改造的基本策略。

1. 垂直向度共享体系构建

从建筑空间垂直向度着手，对多层建筑体量拆除部分楼板或梁架，对单层高大空间植入横向夹层或错层体系，打破原有空间水平向度上的功能组织模式，丰富空间的层次。植入共享交通或共享单元，形成功能空间与垂直交通空间的融合渗透（表10-5）。

表10-5　垂直向度共享体系

垂直向度 共享体系	概念图示	案例名称	实例图示	实例场景
竖向交通 体系	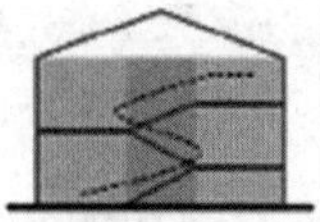 整体植入	Hive蜂巢 办公总部	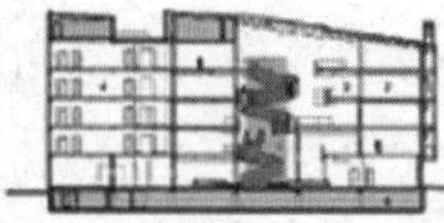	
		曼德拉联合 办公空间	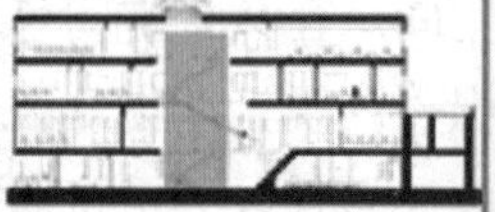	
庭院空间 体系	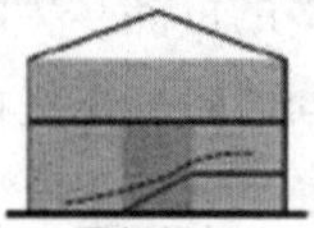 局部植入	corporate-c	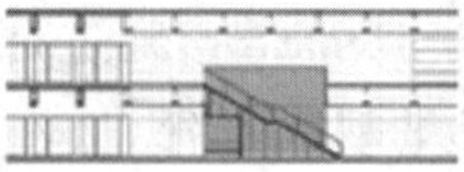	
		伦敦办公 空间	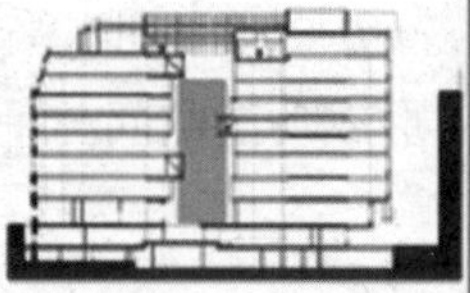	
		The Platform 办公楼	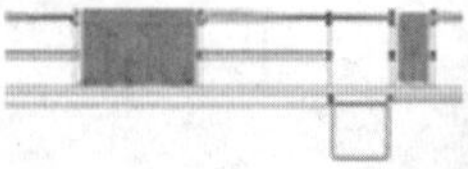	

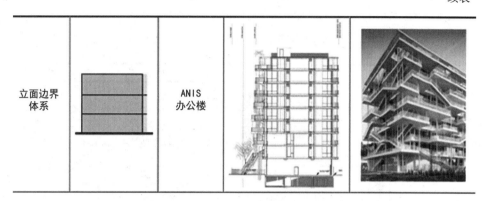

（1）竖向交通体系

交通体系是组织办公建筑内外部人员有序工作的主要元素，在共享办公空间中，交通体系的交通功能逐渐被削弱，人们不再把楼梯当作通达上下层的唯一工具，而是作为休闲、交流的公共空间。因此，在既有建筑改造中设计形状各异的交通体系，可成为激活共享办公场所活力的源头。

（2）庭院空间体系

对于封闭昏暗的既有建筑，在改造时应设计采光天窗形成庭院空间，将每层露台的开口朝向建筑内部，最大限度地将天光引入昏暗的底层空间，为建筑内部带来柔和的自然光。在庭院中配以绿植，可增加建筑本身的绿化比例，为城市喧嚣中辛勤工作的人们打造出一处幽静雅致的绿洲。另外，庭院不仅是一处放松眼球的休息区，更是一个可以在不同时间段方便人们交流的共享公共空间，这是室内空间的外延效果，它模糊了室内外的界线，为人们提供了亲近自然的城市空间。

（3）立面边界体系

既有建筑立面往往带有时代的鲜明印记，在共享理念驱动下，立面不仅是围合形成建筑空间和维护建筑内部使用功能的特定构建，还可构建垂直花园，引导人们使用户外空间。共享步道与立面结合为建筑室内提供了最大的自由，也活跃了建筑界面空间。立面材质的透明化使得阳光进入，同时立面共享阳台悬挑的结构提供了自然的遮阳，室内也可实现最大限度的通风，创造了一个可调节气候的环境，营造了一个可持续的共享环境。

2. 水平向度共享路径构建

在既有建筑的改造中，对原本单一乏味的平面空间路径进行精心组织，可使人们在繁忙的工作之余放慢行动的步伐，创造出适宜偶遇与交流的环境，形成自发性的公共共享氛围。通过共享办公水平向度路径特征分析发现，既有建筑改造的平面交通可分为秩序导向的直线型路径和效率导向的自由型路径两种（表10-6）。

表10-6　水平向度共享路径

水平向度共享路径	类别	类别系细分	概念图示	实例图示
直线型路径	直线式	尽端式		CWITM办公室 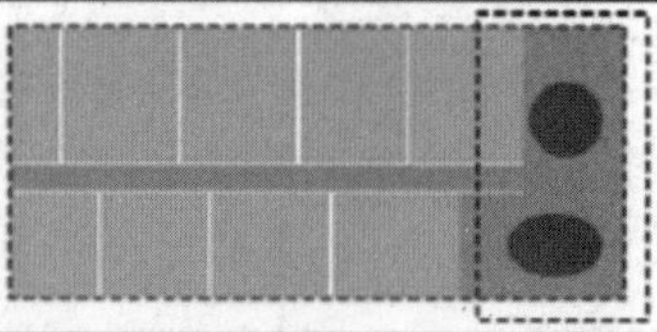
		转折式	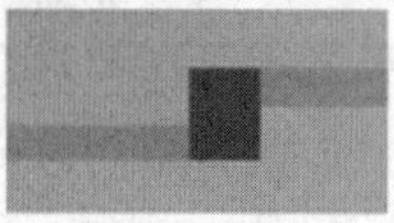	FNG总部 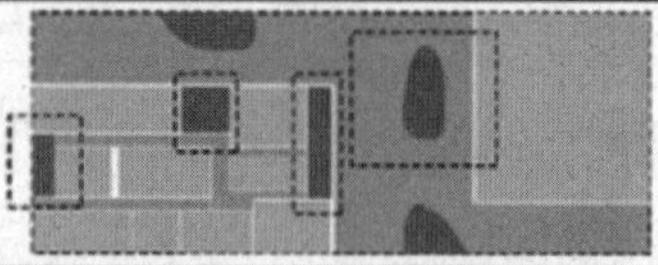
		中心放大式		Cze ch Promotion office 
	网格式	单一环状式	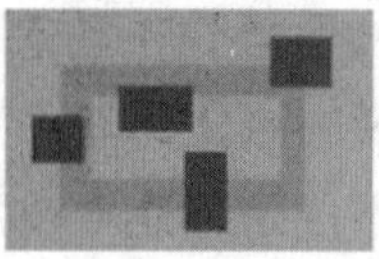	深圳海汇联合办公空间 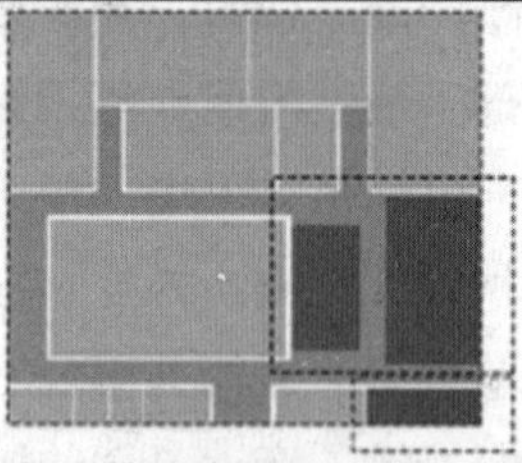
		复合网格式	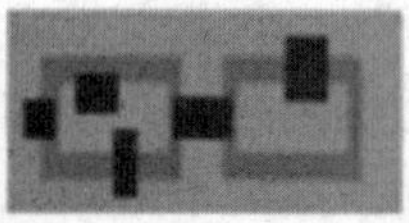	麦当劳总部办公空间 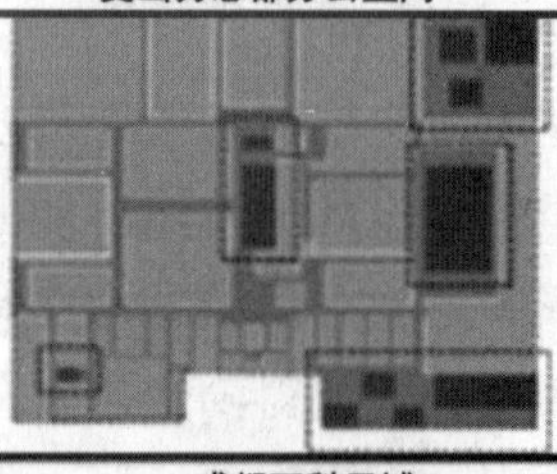
自由型路径			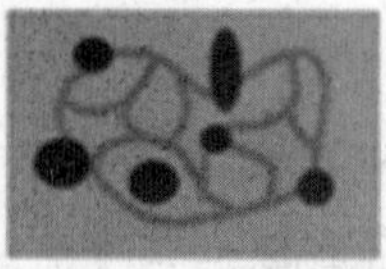	成都万科云城 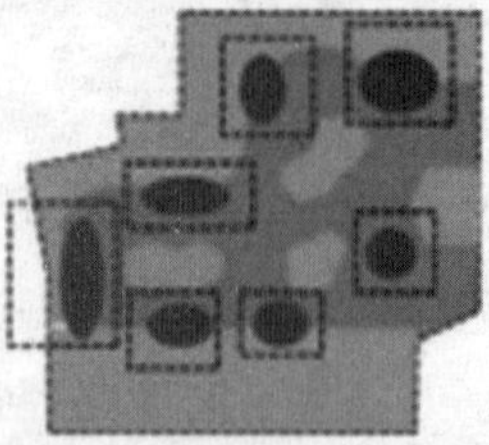
注释			办公空间　交通空间　共享空间　共享节点　建筑外轮廓	

（1）直线型路径

直线的有序排布会带给人们秩序井然的感觉，在企业团队的运营管理中，线形的平面交通组织方式能够兼顾员工的独立工作环境需求与管理职能需求。主要可通过直线式路径和网格式路径来引入共享空间节点，其中，直线型路径与共享空间的组合方式可分为尽端式、转折式和中心放大式；网格式路径与共享空间的组合方式包括单一环状式与复合网格式结构。

①直线式路径。

a. 尽端式：在宽度较宽、进深较窄的狭长形既有建筑中，为了达到内部功能空间利用最大化，往往采取在建筑尽端布置共享节点，营造动静分区的办公环境。

b. 转折式：转折意味着营造一种突然偶遇的社交时刻，相对于单一的过道，人们的思绪更为集中、专注，并会放慢步伐，共享行为随时可以发生。转折式路径组织可运用于空间较为开敞宽阔的既有建筑改造中。

c. 中心放大式：在狭长的既有建筑改造中，也可通过单一路径的中心局部放大，结合绿化景观或垂直向共享要素来聚集人流，形成共享节点，营造开放的交流空间。

②网格式路径。a. 单一环状式：在建筑长宽比适宜但面积不够宽敞的空间中，可采用环状结构路径，串联建筑功能，打通各共享节点，实现联动的办公路径组织。

b. 复合网格式：在建筑开间十分宽阔的空间中，为了将建筑面积有效利用，并满足人们办公的尺度舒适度，建筑功能多为线性行列式排布，形成复合的网格式平面路径体系，连接多个大小各异的共享节点空间，构建多中心复合的共享序列。

（2）自由型路径

自由组织的平面路径能够为人们提供无拘无束的办公方式。在共享办公空间中，入驻的多为初创团队或独立工作者，这两类人群在工作空间的选择上，需要相对私密的办公环境；在休闲环境的选择上，则更倾向于能与他人交流和分享的公共空间。自由型路径能有效将团队工作空间与个人工作串联起来，形成一个高效互动的办公联合体，为人们提供多种路径选择的可能性，为空间增添灵活感与趣味感，让人们享受办公的乐趣。

（3）共享组团在空间中的分布（表 10-7）

表10-7　共享组团在空间中的分布

类别	概念图示	适用情况	案例名称	实例图示
中心性聚集		面积较小，而交流需求较高的办公空间	newlab	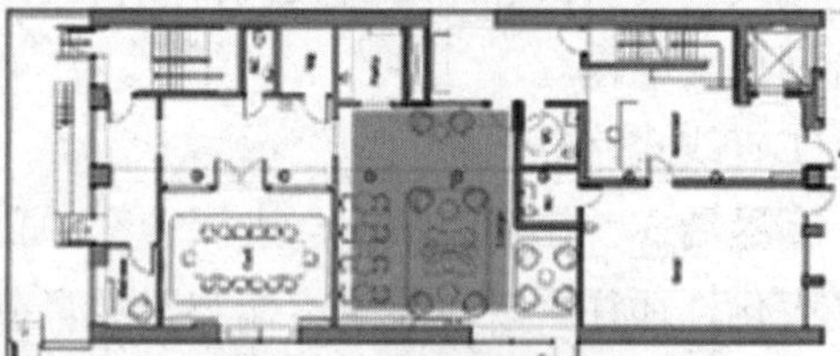
边缘性分散	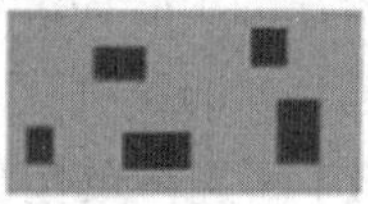	隐私性较强的独立空间	三联生活传媒公司办公室	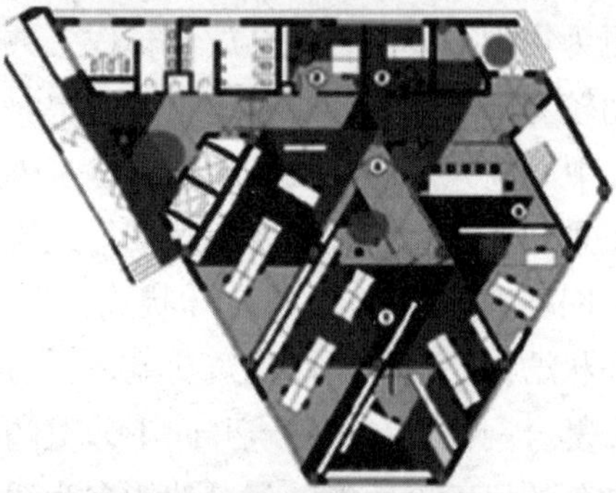
中心性与边缘性相结合		面积较大、开阔的空间	名创优品墨西哥办公空间	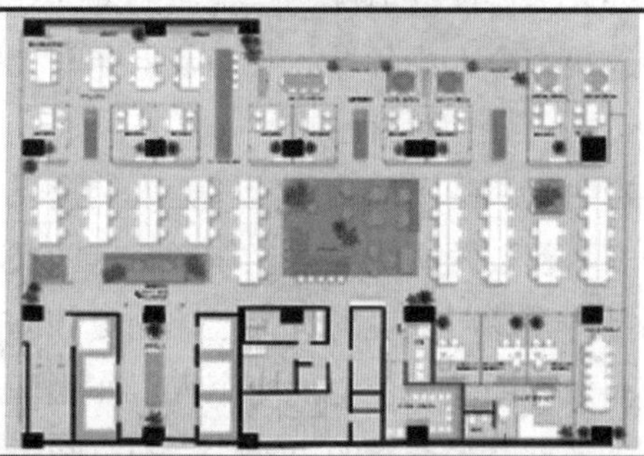

（三）典型案例分析

下面通过两个实际案例，分析在既有建筑改造中，如何运用垂直向度共享体系的建构和水平向度共享路径的建构，达到激发空间活力的效果。

1. 北京启城联合的办公空间

位于北京丰台科技园的总装车间始建于 2003 年，共 3 层，南北向长 100 米，东西向长 25 米，是典型的狭长形工业生产车间。改项的初心是建立一个引领未来发展方向的共享办公区，吸引有潜力的企业入驻，希望为各团队提供一个相对独立、交流无界限的空间，不在建筑内部的交通和公共区域加以限制和约束。设计者首先梳理出办公所必需的功能空间临外墙布置，然后在建筑中间 3 米宽的极限尺寸内通过立体交通的植入，建立一个立体长桥的多功能带状空间，容纳共享办公所需的公共空间体系（图10-8）。狭长的桥体结构为建筑内部营造了多处中庭空间，有效分隔开办公区域与公共区域，在狭窄的空间中保证了公共区域使用者最舒适的距离，结合绿化景观的布置，创造了一条集等候、休闲、社交于一体的共享长廊，长廊上有咖啡吧、健身房等公共空间，成为办公区日常故事发生的活化器。启城联合办公空间中的共享空间集中在桥体上下部以及交通体所在位置（图10-9）。建筑装饰以木质为主，配以矮柜绿植，尺度适宜、氛围清新，吸引人们走出办公室围坐交流，发生思想与灵感的碰撞。

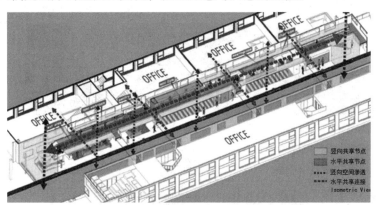

图10-8　启城联合办公空间共享交通组织重构

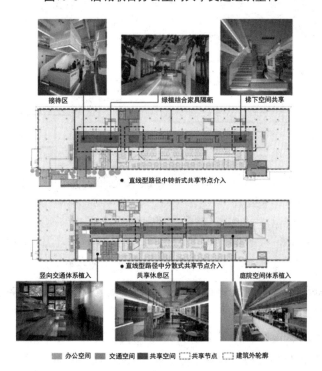

图10-9　启城联合办公空间中的共享空间

2. 上海舆图科技有限公司的办公空间

上海舆图科技有限公司的办公空间原建筑为传统的内部单一走廊式办公空间形式，层高介于5~6米之间，建筑内部采光通风等物理性能较差，业主希望改造成一个开阔通透并具有趣味性的共享办公场所。首先，室内空间改造以水平整合为基础，不断向空中拓展，利用层高优势，植入一个十字形公共交通体系重新组织内部交通路径，通过垂直交通体系的整体介入，自然地划分公共办公区域与私密办公区域，也带来水平与垂直两种不同的公共空间体验（图10-10）。

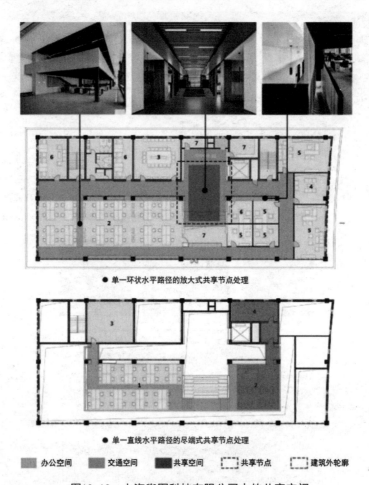

● 单一环状水平路径的放大式共享节点处理

● 单一直线水平路径的尽端式共享节点处理

| ■ 办公空间 | ■ 交通空间 | ■ 共享空间 | ⌐ ⌐ 共享节点 | ⌐ ⌐ 建筑外轮廓 |

图10-10 上海舆图科技有限公司中的共享空间

建筑面积的限制使得平面上的共享节点聚集在置入的垂直交通体系中，创造一个连接垂直向度与水平向度的共享核心。建筑内部整体采用统一的木质竖向格栅作为空间的隔断，增加了墙体的通透性。在二层木质夹层功能空间与格栅的缝隙之间设计了隐藏的滑梯，给员工下楼带来了便利，为共享办公体验增添不少乐趣。

三、共享理念视域下高校图书馆空间设计典型案例分析

随着人类经济文化的不断发展，城市居民的生活方式也在不断改变，许多便民设施涌现出来，各种共享模式颠覆着人们的生活和认知。公共图书馆既是现代城市文化传播的重要载体，也为社会大众的终身学习提供了不可或缺的文化空间，然而，现有的公共图书馆的数量及资源已逐渐不能满足社会人士的需求。高校图书馆占据独特的地理位置，拥有专业的知识体系、信息资源和技术设备，社会的发展及其自身变革的需求，除了致力于培养高素质人才外，面向社会提供共享服务越来越成为高校图书馆的重要延伸职能，也是顺应时代发展的表现。

下面以东华大学延安路校区图书馆更新设计为例，探讨以社会共享为前提的高校图书馆空间设计，为高校图书馆社会共享提供新的方向，有助于改善高校图书馆的空间环境，进而吸引更多的人自发地来到图书馆进行自我提升，提高高校图书馆的空间利用率，同时有助于整合社区、社会资源及对社会的文化氛围产生积极影响。

（一）东华大学延安路校区图书馆概况

东华大学图书馆由延安路校区图书馆和松江校区图书馆两部分组成，其中，延安路校区是较早建设的校区，也是本案例讨论的图书馆。

东华大学延安路校区图书馆总面积约为6 985平方米，采用集藏书、阅览、办公为一体的集中式布局方式，一共有5层楼（图10-11、图10-12）。一层为文艺和中文书库、储备书库、学生自修室和工作室；二层包含管理阅览室、留学生之家、馆长室、办公室、工作室、会议室和外文书库；三层为服装艺术阅览室、编目工作室、教工之家和外文书库；四层为综合阅览室、计算机房、多媒体阅览室和过刊库；五层是特藏书阅览室、报告厅和参考咨询信息技术值班室。

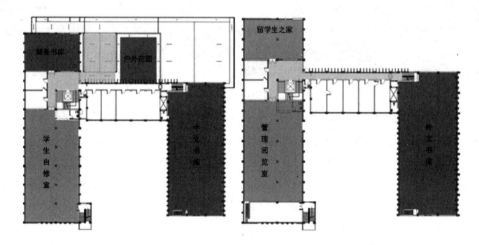

图10-11　图书馆一层和二层平面图（从左至右）

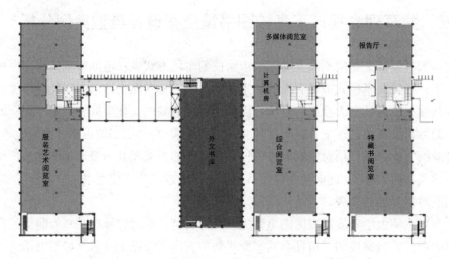

图10-12　图书馆三、四、五层平面图（从左至右）

（二）东华大学延安路校区图书馆空间现状分析

东华大学延安路校区图书馆空间形态是比较传统的形式，均衡稳定，每层都设置了不同的功能空间，囊括了延安路校区的学院设置。

图书馆的入口大厅面积较小且不够开阔，高度也较低，但天窗的设计给人宽敞明亮的空间意向（图10-13）。入口处自助还书设备和电子信息查阅设备都体现了人性化的服务。入口处一般为人流量聚集和疏散区域，但目前却只有较少的休闲交谈空间，而且整体视觉上也不够美观，减少了对人的吸引力。

图10-13　图书馆入口大厅实景图

图书馆一层有一间很大的自修室，主要为学生提供自习的空间（图10-14）。但就目前来看也存在众多问题。自修室采用最简单的成排成列桌椅摆放，形式上没有任何变化，稍显沉闷。自修室为全开放空间，没有考虑到图书馆使用者的多种需求，且从使用状况来看出现插座不够用、个人物品没有地方存储等问题。在自修室的尽头摆放了储物柜，简陋且过于凌乱，影响整个空间的特质。

图10-14 图书馆自修室实景图

　　阅览空间布局基本为分为三个区域，阅览区域、藏书区域和管理区域相结合，从平面布局来看，阅览桌、书架之间相对宽敞，学生穿梭自如。但静态的阅览区域和管理区域并没有任何隔挡，易产生干扰，空间的利用也不够充分，有很大一块区域人流量很少，得不到很好的利用，属于闲置区域，且在阅览区域中，空间布局形式较为单一（图10-15）。

图10-15 图书馆管理阅览室实景图

　　位于四层的综合阅览室也是大开间格局，书架与阅览桌椅分区摆放，使用者可以在其间自由活动。综合阅览室空间开阔，较多玻璃窗的设计为室内提供了自然采光。浅木色的书架、红棕木的阅览桌和阅览椅的选择营造出一种安静温馨的环境（图10-16）。但大理石地面和吊顶使空间看起来比较陈旧，且缺少私密性与开放性空间的区分。

图10-16 图书馆综合阅览室实景图

　　图书馆二层有专为留学生提供的阅览空间（图10-17）。空间层次感较强，多种形式相结合。暖色调的光线营造出温馨轻松感，白色曲线型书架的设计，除了起到分隔空间的作用，也为空间增加了流动感。

图10-17　图书馆留学生之家实景图

（三）东华大学延安路校区图书馆室内空间设计

1. 设计理念

以图书馆对社会共享理念为前提的图书馆更新设计，首先结合了延安路校区的服装艺术特色，以及东华的纺织优势，提取了线的元素，空间中运用了大量的线条。线在空间中无所不在，只要是有形的物质就会有线的存在，中国画中善于用线条来表达灵活有韵味的画面，艺术家们甚至为线条的不同形式命名，如"十八描"：行云流水描、铁线描、钉头鼠尾描等。线条的构成可复杂可简单、可柔软可坚硬、可粗可细、可虚可实，变幻多端。将线条运用于东华大学延安路校区图书馆的设计中，不同的语素形成不同的情感，不仅保留着学校特色，也符合现代图书馆空间简约的趋势。

以开放和包容的姿态设计出舒适、优雅、朴素的空间。充分结合自然，如自然光线、纯粹的材质、自然的物质等为空间营造生命感，是东华大学延安路校区图书馆构建高品质空间的不二选择。

2. 东华大学延安路校区图书馆室内空间设计

（1）入口大厅

入口处是人流的集散处，至关重要。入口大厅的空间效果应是通透的。图书馆原本的入口大厅面积较小，与入口大厅相邻的室外花园常年荒废，建筑师将两者之间的阻隔界面去掉，使空间面积变大，给人以宽阔的感受，符合共享的理念。

整个空间的色彩为素雅的颜色，以白色、木色为主，较多白色的使用让空间更加明亮，大厅中室内花坛的设计让空间多了几分绿意，能够调节人的心情。为契合东华大学服装纺织的特色，在入口处的天花板上悬挂了很多整齐排列的布艺，特色化体现的同时也增加了艺术性（图10-18、图10-19）。

图10-18　图书馆大厅入口效果图一

图10-19　图书馆大厅入口效果图二

　　大厅中增加了不同组合形式的交流休闲区域，提高了空间的利用率，有利于活跃空间气氛，同时也设计了用于检索信息的区域。

　　（2）公共阅览室

　　东华大学延安路校区图书馆现有的一楼自习室是一个较大的学习空间，原有的自习室就像一个大的教室，当里面坐满人就会产生凌乱压抑的感受，不利于使用者沉浸于知识中，容易造成紧张的情绪。

　　通过重新规划，桌椅的更新和空间色彩的改变让空间更轻盈。将原有的单一的正式学习空间变为复合的非正式学习空间，根据使用需求包含了私密学习空间、开放学习空间、小组交流区以及休闲放松区（图10-20、图10-21）。

图10-20　公共阅览室效果图一

图10-21　公共阅览室效果图二

　　（3）服装阅览室

　　服装设计为东华大学延安路校区的特色专业和重点专业。墙面的圆形刺绣盘装饰是一大亮点，体现服饰艺术特色的同时，传统的刺绣图案为空间增加了韵味（图10-22、图10-23）。空间功能齐全，丰富了原有的单一学习形式，分别有适合个人、四人和八人的学习空间，也有可用于小组讨论的半遮蔽型区域，像屏风一样的八边形隔板，以布艺和木板为装饰，温馨又灵活。

图10-22　服装阅览室效果图一

图10-23　服装阅览室效果图二

（4）展厅

设计师将位于三层原本为过期杂志储藏书库的空间改为展厅。

展厅应是开放性的文化交流场所必备的区域。通过展览人们可以感受美好事物、激发思维碰撞、接受最前沿的思想潮流等。尤其对于一个以艺术为特色的校园，展厅的存在也可使在校师生的作品得以展现。

同样是干净开阔的空间，展厅基本由两大部分组成，彩虹展览走廊是最吸睛的区域，五彩的颜色加以流动的曲线；彩虹走廊之外是亭亭玉立的展架，透明亚克力材质的线条型展架由地面直达天花板，上面展示着各类书籍，若忽略掉展架，书籍像是轻盈地飘在空中，与空间有很强的交流性（图10-24）。白色墙面上用英文字母书写的展厅字样，不仅有标识作用，还创新地设计成了书架，一举两得。

图10-24　图书馆展厅效果图

（5）艺术走廊

位于图书馆三层的艺术走廊是通向展厅的通道，原本为办公区域。艺术走廊的设计为展厅渲染了气氛，强调了体验性。走廊一面墙壁做了多个大小不一的休息亭，有的墙壁上设计了内置书架，有的则是一整面的涂鸦，充满了艺术气息。木材质地板搭配各色家具使空间充满了活力（图10-25）。

图10-25　艺术走廊效果图

四、共享理念视域下养老院公共空间设计典型案例分析

随着老龄化问题日渐严重，养老问题引起社会广泛关注和思考。机构养老作为养老的重要方式，不仅要满足老人的日常生活需要，更要满足老人精神层面的需求，提高老人晚年生活质量。养老机构中，公共活动空间作为老人的娱乐休闲场所，对老人的精神生活有着较大的影响。

下面以西安市颐安老年公寓为例，对公共活动空间进行改造设计，以期对养老机构公共活动空间提供设计参考。

（一）案例概述

1. 案例背景简介

中颐（西安）颐安老年公寓成立于2019年3月4日，位于高新区丈八六路锦业二路十字南200米，占地面积30余亩，有260张床位，分别设有豪华套房、豪华标间、单间、标间、三人间等，康复理疗室、营养膳食餐厅、多功能影视厅、书画阅览室、棋牌娱乐室、手工艺活动室以及户外休闲凉亭、养生长廊等。收住有自理、介助、介护老人。

2. 公共活动空间设计概述

该老年公寓位于高新区丈八六路，属于中心密集混合居住区。该老年公寓附近分布有重工业工厂以及石油管工程技术研究院、航空工业西安航空计算研究所、技术产业园区等，是工业与高新技术产业混合型区域。接收的多为附近的老人，对于公共娱乐活动内容要求较高，活动内容主要以知识阅读型、锻炼型、生产型为主。老年公寓中原公共活动区域为室外凉亭、长廊以及锻炼区域。室内分自理型老人居住楼和介助介护型老人居住楼，两座楼之间相互分割，主要的室内公共活动区域分布于自理型老人居住区域，且分布较为集中，分布于每个楼层最西端位置。一层为餐厅，二层为书画阅览室，三层为会议室，四层为未投入使用区域。介助、介护型老人居住区的主要公共活动区域为走廊，娱乐活动设施较匮乏。

该设计内容主要拟解决以下问题：

①合理规划老年公寓内公共活动空间在老年公寓中的位置，改善原公共活动空间的布局，使活动空间以水平散布型方式呈现在老人日常行为发生频率较高的地点，做到让活动空间在位置分布上融入老人的生活。

②完善公共活动空间的功能配置，其一是根据老年公寓中老人的喜好进行活动内容种类划分，并针对不同身体状况的老人合理安置功能空间在老年公寓中的所在位置；其二是根据主要公共活动空间考虑老人可以用到的与之相配合使用的辅助空间在空间中的配置。

③打破静态化的区域分配，通过对节点等区域的改造设计，有效指引老人在老年公寓公共空间的行为发生轨迹，让老人更积极地参与活动并使得院内交通流线得以改善，打造动态活动空间。

④从人文关怀的角度出发，以老人所熟悉的事物作为设计元素，一方面，改善老年公寓对于老人心理上的距离感。另一方面，颐安老年公寓是连锁型旅居老年公寓，在其中融入关中特色可以为原住老人提供熟悉的文化环境，为旅游老人提供新鲜的旅居体验。

（二）颐安老年公寓公共空间设计分析

1. 合理化空间布局

该老年公寓中的公共活动空间集中分布于自理型老人所居住楼的最西端，其中一楼是餐厅、二楼是书画阅览室、三楼为会议室、四楼未使用。老人在参与一些公共活动时，由于活动区域位置较偏不利于老人抵达，且活动空间在老年公寓中的面积较小，活动区域不能满足老人的日常需求，所以需要对老年公寓中的公共活动空间进行合理化分配。

（1）公共活动空间水平散布

为便于自理型老人及介助型老人的抵达使用，将原本较为集中的公共空间进行保留，为平衡其公共空间分布不均衡和活动面积较小的情况，在楼梯处增设休闲聊天区，当老人们偶然会面时可作为聊天场所。走廊内设有小型的娱乐区域，平衡老年公寓内老人的活动位置，使老人在居住位置附近可进行娱乐活动，提高老人参与公共活动的频率。

（2）良好的视觉联系

公共活动空间需要一定的开放性，同时也需要一些遮蔽，为老人提供心理上的安全感，因此，良好的视觉联系尤为重要。视觉联系主要包括三个方面的内容：室内活动空间与室内各区域的联系、室内空间与通道的联系、室外空间向室内空间的渗透。为增加活动空间的联系，使老人可以更加便捷地更换活动地点，在上下层活动空间增设直梯，连通上下楼层，缩短老人的行走路线。在走廊转角处设置活动空间，遮蔽的墙体使空间显得闭塞且单调，可将墙体去掉，利用地面铺装分割空间，保持走廊与活动空间的联系。室外空间向室内空间的渗透其一可通过在门厅处的活动区域设置，让老人在室内外过渡的空间内与室外有所互动。其二是通过将窗台高度降低至 700 毫米使窗户可以满足坐轮椅及佝偻的老人向窗外观望的行为。

（3）静区、动区的合理划分

较偏的原活动区域可以作为影音视听空间、康体空间、娱乐空间。与老人居住区域保持一定的距离，以免打扰老人的日常休息。这些活动区域与老人居住区之间以老人静坐观望区域、休闲区分割，形成以动态活动区—静态活动区—住宿区的形式组合的空间。其中动态空间与静态空间之间的分割采用半遮蔽的效果，使参与两类活动的老人之间可以有所互动。

2. 完善空间功能配置

在该老年公寓内，公共空间功能类型的丰富性较为欠缺，以及支持主要功能类型空间的辅助空间类型也相当缺乏。还有针对介护型老人的公共空间在老年公寓中考虑较少。

（1）适合介助、介护型老人的公共空间

介助、介护型老人主要的活动方式为静坐观望，在活动空间中对于这一部分老人对公共空间的需求考虑较少。在改造设计中可在介助、介护型老人所住楼的走廊中靠窗的一侧设置预留轮椅的位置（图10-26），使坐轮椅的老人可以与室外环境产生互动。为老人的观望行为提供一个场所，也增加了在走廊中与其他人偶然接触的机

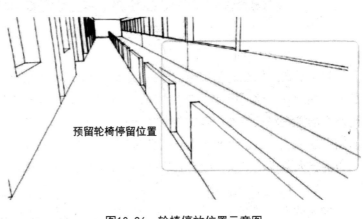

预留轮椅停留位置

图10-26　轮椅停放位置示意图

会。在设计中区分出轮椅停留通道和老人正常行进通道，以免道路阻挡产生安全隐患。

（2）空间的多功能运用

老年公寓中公共活动场所的面积有限，根据老人的生活习惯，将一天当中固定时间所要进行的活动进行分类观察，可将时间上相互没有冲突的活动设置在同一个空间中，提高空间的使用效率。如将早晨使用频率较高的康体空间与下午使用较多的视听空间设置在同一区域，将只有用餐时间会使用的餐厅与聊天场所设置在同一空间，在其家具摆放时需注意老人要长时间静坐情况下的舒适性。

（3）辅助空间的运用

辅助空间相对于主要活动空间来讲，不可避免地需要一些休息、储存、滞留的空间。如阅读性空间需要书籍储存空间，老人饮水休息的空间，在功能上应考虑其能否有效为老人提供便捷，如图10-27所示，在饮水区设计细节处设置把手为坐轮椅老人的移动提供支点。也可在位置相近的不同功能区域划分一个共同使用的辅助空间，如饮水区可服务周边较近的主要功能区，考虑到与主要功能空间的有效结合，空间划分方式应避免其封闭性，可通过家具摆放、绿植、铺装进行空间分割。

饮水区设置扶手，便于辅助坐轮椅的老人在该空间的移动

扶 手

图10-27　饮水区示意图

3. 营造动态空间

游走是老人们在老年公寓的常见行为，游走区域需要进行合理的设计，其一为老人的安全性考虑，通过设计为老人预留出游走路径，避免一些不必要的遮挡物的出现，将走廊中的游走路径与停留区域相互平衡且相互联系。其二，需要在游走路线中增设一些有特色的节点区域，以便老人在走路过程中临时参与活动或停留休息。不同的节点位置可以为老人提供记忆点，改善长廊带给老人心理的不适感。

（1）节点空间的使用

老人的游走路径需与节点空间相结合，游走路径可通过特殊的铺装来指引老人的活动方向，铺装的材质可采用塑胶等软性材质，减少意外对老人的损伤。所设节点区域可为老人在行走过程中提供短暂的停留休息的位置，该老年公寓由于走廊空间较为狭窄，老人在扶墙行走的过程中停留休息会影响其他老人的行走，所以需要将旁边的居住区域向内收缩600毫米，在相隔一段距离的位置设置休息的座椅（图10-28）。除座椅外，还可根据老年公寓内老人的喜好设置小型开敞的休闲娱乐区域，这些小型娱乐区域的种类需多样，如观望区、小型阅读区、手工制作区等。在装饰风格上可以颜色作为主要区分，增加老人对于区域的辨识度及记忆点，以此来帮助老人辨别行进过程中的所在位置。

图10-28　走廊设计示意图

（2）外部空间的延展

门厅是老人游走路线中最常停留的地方，较之其他公共活动空间此处更加靠近室外空间，可以给老人更加接近自然的感觉。门厅是老年公寓中老人常聚集且人流来往最多的地方，增加了老人们交流的机会。所以在设计中不仅需要考虑交通这一基本功能，此处还应与其他使用功能相结合，需要与室外环境密切联系（图10-29）。可将此处空间区域以绿植进行分割以呼应室外，在门厅入口处增设静坐晒太阳的区域，削弱室内与室外的明显分割。以此改善老人停留时

图10-29　门厅入口处效果图

间较长而带来的相对拥挤感。

（3）看护点的增设

该老年公寓中的看护点只有门厅入口处的前台，看护人员不能实时关注老人的活动状况，不利于保障老人在活动中的安全，需在楼梯口、公共活动空间较为密集的位置增设看护点，保证其行走路线通畅，视野较好，方便看护人员观察以及紧急状况下的抵达处理。服务台设置在较低的750毫米的高度便于坐轮椅的老人咨询。

4. 地域化改造

首先，从地理位置考虑该老年公寓位于高新区丈八六路，附近多科技产业园、研究所，除此之外周围工厂密布，知识密集区与工业区聚集于此。老年公寓内收住的老人多为附近居住的老人，老年公寓内的公共活动空间需要更贴近老人们的生活习惯。其次，出于对该老年公寓的经营模式的考虑，该老年公寓是一家旅居型老年公寓，其他城市同一旗下老年公寓的老人会旅居于此，将关中特色渗入老年公寓可以为旅居老人带来新鲜的感受。

（1）老人生活习惯对设计改造的影响

在该老年公寓中，以知识密集区和工业密集区的老人为主，老人的生活习惯较为固定，需根据老人的日常生活习惯进行设计，工业密集区老人熟悉的生活场景更多的是厂房、工厂家属院的生活场景，设计改造主要为以下几点：①对于生活习惯的延续。老人喜欢闲话家常，可在老年公寓中室内外过渡区设置可供闲话家常的区域，该区域位置的选择在夏天炎热时需要满足老人吹风纳凉的需求，秋冬时满足老人晒太阳的需求。因此，廊檐宽度与太阳高度角的适度结合在该区域极为重要。该区域除了纳凉、晒太阳还可与其他娱乐方式相结合，如娱乐类的棋牌活动。②根据老人的兴趣点，设置与手工制作相关的活动区域、阅读区域、益智类游戏区域。手工制作区域设置在采光较充足且交通流线较为集中的区域，便于老人相互交流（图10-30）。由于一些老人行动不便，在阅读区域需控制座椅位置与书架位置不宜过远，以方便老人换取书籍。益智类游戏区可穿插在走廊节点位置，吸引游走老人参与活动。③室内装饰点缀可以依据工业时代的旧物品及绿植进行装饰，旧物品有其特有的温度，以久别的生活记忆为老人提供较强的亲切感。

图10-30　手工制作区域效果图

（2）关中文化在老年公寓中的运用

该设计中将自理型老人所居住的四楼空间作为关中文化体验区，为该公寓老人提供熟悉的当地文化娱乐内容，也为旅居的老人提供关中特色的文化体验。空间色彩是营造环境氛围的主要因素，不同色彩会带给人们不同的心理暗示，为体现关中特色，将走廊内主色调定位为石雕文化提取的浅灰色，以马勺脸谱中饱和度较高的色彩进行小面积点缀。在功能分区中，结合关中传统文娱活动进行区域划分，增设秦腔文化体验区、传统工艺制作区，使老人在生活之余可以参与到传统文化活动中，丰富其精神世界。

综上所述，设计者结合老人生理、心理特点以及西安地域特征下的老年人的生活习惯、兴趣爱好，对老年公寓的公共活动空间从功能组织、区域划分、空间氛围营造方面入手，提供了以下设计策略：

①在走廊节点处增设小型公共活动空间，重视对小空间的运用，为老人的偶发性活动提供机会，促进老年人的使用。

②以老人的习惯性行为作为研究基础，对老人常进行静坐观望、游走行为的区域进行合理设计。

③注重空间的地域性表达，尊重老人原有的生活习惯和认知，结合老人的兴趣爱好，营造亲切的活动环境。

④通过研究老人的活动时间和活动类型的关系，进行空间的复合设计，使不同时间段在同一空间满足不同活动类型。

希望未来的老年公寓在提高院内建设及老人生活品质的过程中更多地考虑当地老人的生活习惯和最常见的行为方式，不一定要设计最高档次的老年公寓空间环境，但需要朝着适宜老人的方向发展，使老人在养老院中更加有归属感，为老人提供安全、舒适、丰富的晚年生活环境。

参 考 文 献

[1] 莫伯治，吴威亮，林兆璋，等. 山庄旅舍庭园构图[J]. 南方建筑，1981（01）.

[2] 胡荣. 符号互动论的方法论意义[J]. 社会学研究. 1989（02）.

[3]（美）凯文·林奇. 城市意象[M]. 项秉仁，译. 北京：中国建筑工业出版社，1990.

[4] 周俭. 城市住宅区规划原理[M]. 上海：同济大学出版社，1999.

[5]（美）威廉·小米切尔. 比特之城[M]. 北京：三联书店，1999.

[6]（美）曼纽尔·卡斯特. 网络社会的崛起[M]. 北京：社会科学文献出版社，2001.

[7] 王鹏. 城市公共空间的系统化建设[M]. 南京：东南大学出版社，2002.

[8] 国家技术监督局. 城市居住区规划设计规范[M]. 北京：中国建筑工业出版社，2002.

[9]（丹麦）扬·盖尔. 交往与空间（第4版）[M]. 何人可，译. 北京：中国建筑工业出版社，2002.

[10]（美）C. 亚历山大. 建筑模式语言——城镇·建筑·构造[M]. 王听度，周序鸣，译. 北京：知识产权出版社，2002.

[11] 王鲁民，马路阳. 现代城市公共空间的公共性研究[J]. 华中建，2002（03）.

[12] 莫伯治，莫京. 岭南建筑创作随笔[J]. 建筑学报，2002（11）.

[13]（英）布莱恩·劳森. 空间的语言[M]. 杨青娟，等，译. 北京：中国建筑工业出版社，2003.

[14]（德）托马斯·史密特. 建筑形式的逻辑概念[M]. 肖毅强，译. 北京：中国建筑工业出版社，2003.

[15]（澳）克里斯·亚伯. 建筑与个性——对文化和技术变化的回应[M]. 张磊，等，译. 北京：中国建筑工业出版社，2003.

[16] 刘锡良. 现代空间结构[M]. 天津：天津大学出版社，2003.

[17] 王建国. 城市传统空间轴线研究[J]. 建筑学报，2003（05）.

[18]（日）黑川纪章. 黑川纪章城市设计的思想与手法[M]. 覃力，等，译. 北京：中国建筑工业出版社，2004.

[19] 李志明. 从"协调单元"到"城市编织"——约翰·波特曼城市设计理念的评析与

启示[J]. 新建筑，2004（05）.

[20]（英）马修·卡莫纳，等. 城市设计的维度：公共场所——城市空间[M]. 冯江，等，译. 南京：江苏科学技术出版社，2005.

[21]（日）芦原义信. 街道的美学[M]. 天津：百花文艺出版社，2006.

[22]（加）简·雅各布斯. 美国大城市的死与生：纪念版[M]. 金衡山，译. 2版. 南京：译林出版社，2006.

[23]（美）罗伯特·文丘里. 建筑的复杂性与矛盾性[M]. 周卜颐，译. 北京：中国水利水电出版社，2006.

[24] 孙施文. 城市中心与城市公共空间——上海浦东陆家嘴地区建设的规划评论[J]. 城市规划，2006（08）.

[25]（美）林文刚. 媒介环境学：思想沿革与多维视野[M]. 北京：北京大学出版社，2007.

[26] 孙俊桥，李先逵. 新旧合体的文脉追求——大昌古镇搬迁设计中的以新补旧[J]. 新建筑，2007（04）.

[27] 骆可. 拉图雷特修道院与影响其设计过程的三个先例[J]. 建筑师，2007（06）.

[28] 王锋. 公共空间与公共管理的互动与变迁——以浙江为例[R]. 浙江省公共管理学会年会，2008.

[29]（英）比尔·希利尔. 空间是机器——建筑组构理论[M]. 杨涛，张佶，王晓京，译. 北京：中国建筑工业出版社，2008.

[30]（美）罗杰·特兰西克. 寻找失落空间——城市设计的理论[M]. 朱子瑜，等，译. 北京：中国建筑工业出版社，2008.

[31]（美）罗杰·特兰西克. 寻找失落空间——城市设计的理论[M]. 朱子瑜，张播，鹿勤，等，译. 北京：中国建筑工业出版社，2008.

[32]（英）柯林·罗，罗伯特·斯拉茨基. 透明性[M]. 金秋野，王又佳，译. 北京：中国建筑工业出版社，2008.

[33] 秦红岭. 城市公共空间的伦理意蕴[J]. 现代城市研究，2008（04）.

[34] 泉州市城乡规划局. 闽南传统建筑文化在当代建筑设计中的延续与发展[M]. 上海：同济大学出版社，2009.

[35]（美）Jerde 事务所，维尔马·巴尔. 零售和多功能建筑[M]. 高一涵，杨贺，刘霈，译. 北京：中国建筑工业出版社，2009.

[36]（法）勒·柯布西耶，明日之城市[M]. 李浩，译. 北京：中国建筑工业出版社，2009.

[37] 吴剑. 浅析住宅室内设计中的人文要素[J]. 湖北成人教育学院学报，2009（01）.

[38] 陈竹，叶珉. 什么是真正的公共空间？——西方城市公共空间理论与空间公共性的

判定[J]. 国际城市规划，2009（03）.

[39] 魏春雨. 类型与界面——魏春雨营造工作室的设计思考与实践[J]. 世界建筑. 2009（03）.

[40] 龙元. 公共空间的理论思考[J]. 建筑学报，2009（z1）.

[41] 陈竹，叶珉. 西方城市公共空间理论——探索全面的公共空间理念[J]. 城市规划，2009（06）.

[42] 刘宇波，何正强，陈晓红. 体量组合 空间营造 肌理建构——广州市城市规划展览中心设计[J]. 建筑学报，2009（07）.

[43] 吴志强，李德华，等. 城市规划原理[M]. 上海：同济大学出版社，2010.

[44] 胡跃武. 公共空间研究线索简述[J]. 北京规划建设，2010（03）.

[45] 章明，张姿. 事件建筑——关于2010年上海世博会永久性建筑"一轴四馆"的思考与对话[J]. 建筑学报，2010（05）.

[46] 冯江，杨颋，张振华. 广州历史建筑改造远观近察[J]. 新建筑，2011（02）.

[47] 杨震，徐苗. 消费时代城市公共空间的特点及其理论批判[J]. 城市规划学刊，2011（03）.

[48] 孟彤. 城市公共空间设计[M]. 湖北：华中科技出版社，2012.

[49] 李超. 城市功能与组织[M]. 大连：大连理工大学出版社，2012.

[50] 夏昌世，莫伯治. 中国古代造园与组景[M]//莫伯治. 莫伯治文集. 北京：中国建筑工业出版社，2012.

[51] 宋立新，周春山，欧阳理. 城市边缘区公共开放空间的价值、困境及对策研究[J]. 现代城市研究，2012（03）.

[52] 刘扬. "构筑自然"——劳伦斯·哈普林西雅图高速公路公园（Freeway Park）设计思想浅析[J]. 文艺生活：下旬刊，2012（06）.

[53] 杨晓春，周晓露，万超. 城市公共开放空间可达性综合评价的研究框架[R]. 中国城市规划年会，2013.

[54] 戴志康，陈伯冲. 高山流水：探索明日之城[M]. 上海：同济大学出版社，2013.

[55]（澳）斯科特·麦奎尔，媒体城市[M]. 邵文实，译，南京：江苏教育出版社，2013.

[56] 许凯，Klaus Semsroth. "公共性"的没落到复兴——与欧洲城市公共空间对照下的中国城市公共空间[J]. 城市规划学刊，2013（03）.

[57] 杨贵庆. 城市公共空间的社会属性与规划思考[J]. 上海城市规划，2013（06）.

[58] 斯蒂文·霍尔，李虎，Iwan Baan,等. 成都来福士广场——切开的通透体块[J]. 城市环境设计，2013（06）.

[59]（英）卡蒙纳，蒂斯迪尔. 公共空间与城市空间——城市设计维度[M].（原著第二

版）. 马航, 等, 译. 北京: 中国建筑工业出版社, 2014.

[60] 韩晶. 城市消费空间: 消费活动·空间·城市设计[M]. 南京: 东南大学出版社, 2014.

[61] （美）潘德明. 有心的城市[M]. 北京: 中国建筑工业出版社, 2014.

[62] 王春程, 孔燕, 李广斌. 乡村公共空间演变特征及驱动机制研究[J]. 现代城市研究, 2014（04）.

[63] 唐燕, 梁思思, 郭磊贤. 通向"健康城市"的邻里规划——《塑造邻里: 为了地方健康和全球可持续性》引介[J]. 国际城市规划, 2014（06）.

[64] 王勇, 李广斌. 裂变与再生: 苏南乡村公共空间转型研究[J]. 城市发展研究, 2014（07）.

[65] 杨文平. 城市公共空间的行为特征[J]. 科学时代. 2014（18）.

[66] （英）马修·卡莫纳, 史蒂文·迪斯迪尔, 蒂姆·希斯, 等. 公共空间与城市空间——城市设计维度[M]. 马航, 张昌娟, 刘堃, 等, 译. 北京: 中国建筑工业出版社, 2015.

[67] 俞孔坚, 李迪华, 刘海龙. "反规划"途径[M]. 北京: 中国建筑工业出版社, 2005.

[68] （日）三浦展. 第四消费时代[M]. 马奈, 译. 北京: 东方出版社, 2015.

[69] （荷）雷姆·库哈斯, 癫狂的纽约[M]. 唐克扬, 译, 北京: 三联书店出版社, 2015.

[70] （美）刘易斯·芒福德. 机器的神话[M]. 宋俊岭, 译, 北京: 中国建筑工业出版社, 2015.

[71] 李倞, 徐析. 巴塞罗那交通基础设施的公共空间再生计划, 1980—2014[J]. 风景园林, 2015（09）.

[72] 王一. 健康城市导向下的社区规划[J]. 规划师, 2015（10）.

[73] 空间研究所, Astudio事务所, 李媛. 矢来町共享住宅[J]. 城市建筑, 2016（04）.

[74] 张栩萌. 七人住宅[J]. 城市建筑, 2016（04）.

[75] 郭谦, 李晓雪. 广州南汉宫苑药洲遗址保护与更新研究[J]. 风景园林, 2016（10）.

[76] 张轲, 张益凡. 共生与更新 标准营造"微杂院"[J]. 时代建筑, 2016（04）.

[77] 李虎, 黄文菁. 六边体系[J]. 筑学报, 2016（06）.

[78] 汤海孺. 开放式街区: 城市公共空间共享的未来方向[J]. 杭州（我们）, 2016（09）.

[79] （法）古斯塔夫·勒庞. 乌合之众: 大众心理研究（中英双语·典藏本）[M]. 冯克利, 译. 北京: 中央编译出版社, 2017.

[80]（美）凯文·林奇. 城市意向[M]. 方益萍，何晓军，译. 2版. 北京：华夏出版社，2017.

[81]（日）芦原义信. 外部空间设计[M]. 尹培桐，译. 南京：江苏凤凰文艺出版社，2017.

[82]（日）芦原义信. 街道的美学[M]. 尹培桐，译. 南京：江苏凤凰文艺出版社，2017.

[83] 田中央工作群. 在田中央——宜兰的青春·建筑的场所·岛屿的线条[M]. 台北：大块文化，2017.

[84] 篠原聡子. シェアハウス図鑑[M]. 東京：彰国社，2017.

[85] 虞刚. 走向互动建筑[M]. 南京：江苏凤凰科学技术出版社，2017.

[86] 庄惟敏，张维. 市政设施综合体更新探讨——北京菜市口输变电站综合体（电力科技馆）设计[J]. 建筑学报，2017（05）.

[87] 韩秀琦，赵爽. 开放式住区规划理念与案例分析[J]. 城市住宅，2017（06）.

[88] 王思斌. 积极托底的社会政策及其建构[J]. 中国社会科学，2017（06）.

[89] 郑联盛. 共享经济：本质、机制、模式与风险[J]. 国际经济评论，2017（06）.

[90] 李怡，肖昭彬. "以人民为中心的发展思想"的理论创新与现实意蕴[J]. 马克思主义研究. 2017（07）.

[91] 夏帅琦，张青萍. 缝合·行为：一种城市更新设计法——以南京玄武湖东岸锁金街区改造更新概念方案为例[J]. 园林，2017（08）.

[92] 杨迪，杨志华. 计划型城市到经营型城市的公共空间生产研究[J]. 城市规划，2017（10）.

[93] 张东，唐子颖. 参与性景观[M]. 上海：同济大学出版社，2018.

[94] 吴宓漳. 共享经济新趋势对城市空间的影响与规划应对[A]//中国城市规划学会、杭州市人民政府. 共享与品——2018中国城市规划年会论文集（16区域规划与城市经济）[C]. 中国城市规划学会，杭州市人民政府：中国城市规划学会，2018.

[95] 上海张唐景观设计事务所. 静谧与欢悦——张唐景观 Z+T STUDIO：2009—2018[M]. 上海：同济大学出版社，2018.

[96]（美）珍妮特·萨迪-汗，塞斯·所罗门诺. 抢街：大城市的重生之路[M]. 宋平，徐可，译. 北京：电子工业出版社，2018.

[97] 沈雷洪，蒋应红. 本土化的完整街道设计体系初探——上海市完整街道设计导则编制有感[A]//中国城市科学研究会，江苏省住房和城乡建设厅，苏州市人民政府. 2018城市发展与规划论文集[C]. 中国城市科学研究会，江苏省住房和城乡建设厅，苏州市人民政府：北京邦蒂会务有限公司，2018.

[98] 张东，唐子颖. 参与性景观：张唐景观实践手记[M]. 上海：同济大学出版社，

2018.

[99] 猪熊纯，成濑友梨. 共享空间设计解剖书[M]. 郭维，林绚锦，何轩宇，译. 南京：江苏凤凰科学技术出版社，2018.

[100] 莫洲瑾，曲劼，翁智伟. "第四代商业综合体"的概念与空间特征解析[J]. 建筑与文化，2018（02）.

[101] 夏皓轩. 从共享经济到共享城市——谈共享城市发展新思路[J]. 房地产导刊，2018（02）.

[102] 张馨. 共享发展理念下城市公共空间的价值探讨[J]. 南通职业大学学报，2018（03）.

[103] 聂晶鑫，刘合林，张衔春. 新时期共享经济的特征内涵、空间规则与规划策略[J]. 规划师，2018（05）.

[104] 赵四东，王兴平. 共享经济驱动的共享城市规划策略[J]. 规划师，2018（05）.

[105] 李君甫，戚伊琳. "无缘社会"的来临及其应对[J]. 信访与社会矛盾问题研究，2018（05）.

[106] 申洁，李心雨，邱孝高. 共享经济下城市规划中的公众参与行动框架[J]. 规划师，2018（05）.

[107] 石楠. 共享[J]. 城市规划，2018（07）.

[108] 朱怡晨，李振宇. 作为共享城市景观的滨水工业遗产改造策略——以苏州河为例[J]. 风景园林，2018（09）.

[109] 李纯. 从空间设计到审美维度的实践跨越[J]. 建筑与文化，2018（10）.

[110] 汤强，吴卫. 低碳生态策略下的体验性建筑空间实践——以广州番禺"纸竹居"建筑为例[J]. 美术大观，2018（12）.

[111] 张鹤鸣，王鹏. 智慧共享城市——共享经济导向的智慧城市空间响应[J]. 城市建筑，2018（15）.

[112] 朱小地. 中国城市空间的公与私[M]. 北京：中国建筑工业出版社，2019.

[113] （日）山崎亮. 社区设计：比设计更重要的，是连接人与人的关系[M]. 胡珊，译. 北京：北京科学技术出版社，2019.

[114] 侯志仁. 反造再起：城市共生ING[M]. 新北市：左岸文化出版社，2019.

[115] 刘宛. 共享空间——"城市人"与城市公共空间的营造[J]. 城市设计，2019（01）.

[116] 李素馨，刘柏宏. 打开绿生活，社群共创都市社区景观[J]. 景观设计，2019（02）.

[117] 卓健，孙源铎. 社区共治视角下公共空间更新的现实困境与路径[J]. 规划师，2019（03）.

[118] 高元，王树声，张琳捷. 城市文化空间及其规划研究进展与展望[J]. 城市规划学刊，2019（06）.

[119] 公伟. "开放社区"导引下的老旧社区公共空间更新——以北京天通苑为例[J]. 城市发展研究，2019（11）.

[120] 杨植元. 基于人的行为心理视角下的城市公共空间边界设计探析[J]. 城市建筑，2019（24）.

[121] 袁野. 住区边界——城市空间与文化研究[M]. 北京：中国建筑工业出版社，2020.

[122] 徐媛，李家华. 基于口袋公园理论的城市慢行空间研究——以呼和浩特为例[A]//世界人居（北京）环境科学研究院. 2020世界人居环境科学发展论坛论文集[C]. 世界人居（北京）环境科学研究院；国景苑（北京）建筑景观设计研究院，2020.

[123] 陈甦阳. 促进信息交互的室内竖向空间设计研究[D]. 徐州：中国矿业大学，2020.

[124] 杨柳，张路峰. 从冲突到共生——伦敦博罗市场与城市交通基础设施的整合设计[J]. 世界建筑，2020（04）.

[125] 华晓宁，吴琅. 交通基础设施作为城市节点的形态演进——以巴塞罗那加泰罗尼亚荣耀广场为例[J]. 新建筑，2020（04）.

[126] 郑婷婷，徐磊青. 空间正义理论视角下城市公共空间公共性的重构[J]. 建筑学报，2020（05）.

[127] 陈晶莹. 开放街区理念下居住区多元化公共空间网络布局初探[J]. 住宅科技，2020（05）.

[128] 陈梦烂，王明非. 共享视角下建筑外部开放空间特性及价值探讨[J]. 建筑与文化，2020（10）.

[129] 马亮，林坚. 我国健康城市发展的关键要素[J]. 人民论坛，2021（08）.